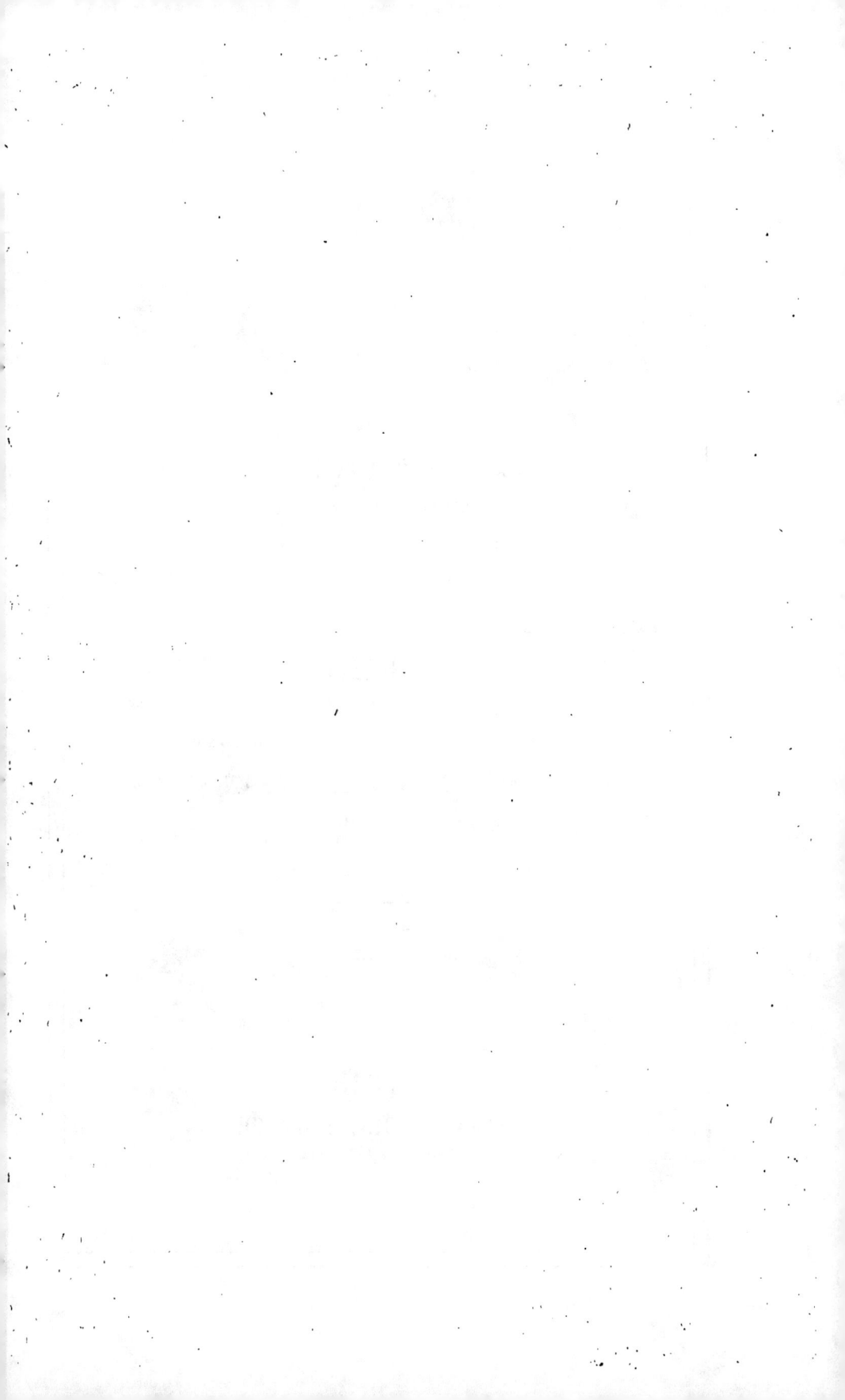

MANUEL

DE

ZOOTOMIE

GUIDE PRATIQUE
POUR LA DISSECTION DES ANIMAUX

VERTÉBRÉS ET INVERTÉBRÉS

A L'USAGE DES ÉTUDIANTS EN MÉDECINE
ET DES ÉLÈVES QUI PRÉPARENT LA LICENCE ÈS SCIENCES NATURELLES

PAR

AUGUST MOJSISOVICS EDLEN VON MOJSVAR

Privat-Docent de Zoologie et d'Anatomie comparée à l'Université de Graz

TRADUIT DE L'ALLEMAND ET ANNOTÉ

Par J.-L. DE LANESSAN

Professeur agrégé d'histoire naturelle,
chargé du cours de Zoologie médicale à la Faculté de médecine de Paris

---

AVEC 128 FIGURES DANS LE TEXTE

PARIS
OCTAVE DOIN, ÉDITEUR
8, PLACE DE L'ODÉON, 8

1881

MANUEL

DE

ZOOTOMIE

382. — PARIS, IMPRIMERIE A. LAHURE
9, Rue de Fleurus, 9

MANUEL

DE

ZOOTOMIE

GUIDE PRATIQUE
POUR LA DISSECTION DES ANIMAUX
VERTÉBRÉS ET INVERTÉBRÉS

A L'USAGE DES ÉTUDIANTS EN MÉDECINE
ET DES ÉLÈVES QUI PRÉPARENT LA LICENCE ÈS SCIENCES NATURELLES

PAR

AUGUST MOJSISOVICS EDLEN VON MOJSVAR
Privat-Docent de Zoologie et d'Anatomie comparée, à l'Université de Graz

TRADUIT DE L'ALLEMAND ET ANNOTÉ

Par J.-L. DE LANESSAN
Professeur agrégé d'histoire naturelle
chargé du cours de Zoologie médicale à la Faculté de médecine de Paris

AVEC 128 FIGURES DANS LE TEXTE

PARIS
OCTAVE DOIN, ÉDITEUR
8, PLACE DE L'ODÉON, 8

1881

PRÉFACE DE L'AUTEUR

Il est à peine nécessaire d'indiquer pourquoi je publie ce Guide — aucun ouvrage de ce genre n'existant encore, à ma connaissance, en Allemagne, et cependant le besoin s'en faisant sentir.

La partie générale contient une explication succincte des méthodes généralement usitées de préparations, d'injections et de conservation; elle rendra probablement service à ceux qui veulent connaître ces méthodes, et qui n'ont pu faire des études médicales pratiques préparatoires.

Dans la partie spéciale, je me suis efforcé d'exposer les procédés de dissection à l'aide d'un certain nombre de représentants de types, en y joignant une courte indication des particularités morphologiques, telles qu'elles se présentent sous le scalpel ; naturellement je me suis occupé surtout des Vertébrés, beaucoup moins des Cœlentérés et des Protozoaires, parce qu'il n'entrait pas dans le plan de cet ouvrage de donner des détails concernant l'élude microscopique.

Une liste alphabétique des ouvrages généraux dont j'ai fait usage est placée en tête du livre. Les écrits spéciaux sont cités dans le texte ; je pense avoir rendu service à ceux qui désirent s'instruire sérieusement, en donnant plus d'indications bibliographiques qu'on n'en trouve habituellement dans les manuels.

Il me reste à exprimer mes remerciements les plus chaleureux à l'éditeur, qui s'est obligeamment prêté à tous mes désirs concernant l'exécution du livre ; — on a dû faire un grand nombre de figures dont plusieurs sont très compliquées et difficiles ; il y en a vingt-quatre dessinées d'après nature ; — les autres sont ou bien des copies, ou bien empruntées à des livres parus chez l'éditeur M. Engelmann.

Puisse le livre remplir son but modeste !

Graz, Novembre 1878.

L'Auteur [1].

1. Je n'ajouterai qu'un seul mot à la préface de M. Mojsisovics. Le motif qui l'a décidé à faire ce manuel, c'est-à-dire l'absence de tout livre analogue, est le même qui nous a déterminé à en publier une traduction française.

[Trad.]

LISTE

DES OUVRAGES LES PLUS FRÉQUEMMENT CITÉS DANS LE TEXTE. ILS SONT INDIQUÉS PAR LEUR NUMÉRO D'ORDRE PLACÉ ENTRE PARENTHÈSES.

1. F. W. Assmann, Quellenkunde der vergleicheden Anatomie. Braunschweig, 1847.
2. Bergmann et Leuckart, Anatomisch physiologische Uebersicht des Thierreichs. Stuttgard, 1855.
3. G. H. Bronn, Klassen und Ordnungen des Thierreichs, etc., fortgesetzt von A. Gerstacker, Giebel, C. K. Hoffmann, A. A. W. Hubrecht et Selenka, Bd , 1-6. Leipzig et Heidelberg, 1859-1878.
4. C. B. Brühl. Zootomie allen Thierklassen, etc. Heft, 1-10. Wien, 1875-1878.
5. C. G. Carus, A. W. Otto et E. d'Alton. Erläuterungstafeln zur vergleichenden Anatomie. Leipzig, 1826-1855.
6. J. V. Carus, Icones zootomicæ. Leipzig, 1857.
7. J. V. Carus et C. E. Gerstacker. Handbuch der Zoologie. Leipzig, 1868-1875.
8. J. V. Carus et W. Engelmann. Bibliotheca Zoologica. Leipzig, 1860-1861.
9. C. Claus. Grundzüge der Zoologie. Marbourg et Leipzig, 1876.
10. G. Cuvier. Vorlesungen über vergleichenden Anatomic, übersetzt von J. H. Froriep et J. F. Meckel. Leipzig, 1809-1824.
11. L. Franck. Handbuch der Anatomie der Hausthiere. Stuttgard, 1871.
12. H. Frey. Das Mikroskopische Technik. Aufl. 4. Leipzig, 1873.
13. C. Gegenbaur. Grundzüge der vergleicheden Anatomie. Aufl. 2. Leipzig, 1870.
14. C. Gegenbaur. Grundriss der vergleichenden Anatomie. Aufl. Leipzig, 2. 1878.
15. C. Glasl Excursionsbuch, etc. Wien, 1865.
16. A. Grae et Th. Samisch. Handbuch der gesammten Augenheilkunde. Band 1. Leipzig, 1874.
17. J. Henle. Handbuch der systematischen Anatomie der Menschen. Braunschweig, 1855-1871.

18. Th. H. Huxley, A. Manual of the anatomy of vertebrated animals. London, 1871.

19. Th. H. Huxley. Grundzüg der Anatomie der wirbellosen Thiere. Deutsche Ausgabe von J. W. Spengel. Leipzig, 1878.

20. J. Hyrtl. Handbuch der praktischen Zergliederungskunst als Anleitung zu den Sectionsübungen und zur Ausarbeitung anatomischer Präparate. Wien, 1860.

21. F. Leydig. Lehrbuch der Histologie des Menschen und der Thiere. Frankfurt a. M., 1857.

22. F. Leydig. Tafeln zur vergleichenden Anatomie. Tübingen, 1864.

23. Ph. L. Martin. Die Praxis der Naturgeschichte. Theil : 1. Taxidermie 2. Theil : Dermoplastik und Museologie. Weimar, 1869-1870.

24. J. F. Meckel. System der vergleichenden Anatomie. Halle, 1821-1833.

25. G. H. Meyer. Anleitung zu den Praparirübungen 3. Aufl. Leipzig, 1873.

26. J. Fr. Naumann. Taxidermie, etc. Halle, 1848.

27. G. Neumayer. Anleitung zu wissenschaftlichen Beobachtungen auf Reisen. Berlin, 1875.

28. A. Nuhn. Lehrbuch der vergleichenden Anatomie. Heidelberg, 1875-1877.

29. J. Orth. Cursus der Normalen Histologie. Berlin, 1878.

30. R. Owen. On the Anatomy of Vertebrates. London, 1866-1868.

31. H. A. Pagenstecher. Allgemeine Zoologie. Berlin, 1875-1877.

32. H. Rathke. Vorträge zur vergleichenden Anatomie der Wirbelthiere. Leipzig, 1862.

33. G. Rolleston. Forms of animal Life being outlines of zoological Classification based upon anatomical Investigation, etc. Oxford, 1870.

34. Schmarda. Zoologie. Wien, 1878.

35. Stannius et Siebold. Lehrbuch der vergleichenden Anatomie. Berlin, 1846.

36. Stannius et Siebold. Handbuch der Zootomie. 1854-1856.

37. E. O. Schmidt. Handbuch der vergleichenden Anatomie. Jena, 1876.

38. Fr. Hofmann et G. Schwalbe. Iahresbericht über die Fortschritte der Anatomie und Physiologie, Leipzig. 1873-1878.

39. R. B. Todd. Cyclopœdia of Anatomy and Physiology. London, 1858.

40. R. Wagner, H. Frey et R. Leuckart. Lehrbuch der Zootomie. Leipzig, 1843-1847.

41. — Icones zootomicae. Leipzig, 1841.

MANUEL
DE ZOOTOMIE

LIVRE PREMIER

PARTIE GÉNÉRALE

CHAPITRE PREMIER

Dissections, préparations et exercices de préparations.
Indications générales.

On donne généralement le nom de « dissection » à toute division d'un animal faite dans un but scientifique.

La manière d'opérer diffère d'après le but spécial qu'on veut atteindre en faisant une dissection ; elle n'est pas la même pour les dissections dans lesquelles on recherche le *situs viscerum*, la disposition topographique des différents organes, que pour celles qu'on pratique dans le but de rechercher les causes des maladies et de la mort (dissections pathologiques) ; autres encore sont les cas dans lesquels la dissection d'un animal rare et précieux peut servir à éclairer, outre les questions purement zootomiques, des questions de classification, etc., etc.

1

La préparation consiste dans la dénudation artificielle, ou bien dans l'isolement des différents systèmes organiques, des différents organes, etc., qu'il s'agisse du corps entier ou d'une partie. On entend aussi par préparation le traitement approprié qu'on fait subir à un animal dans le but de le conserver, par exemple : quand on fait sécher et qu'on étend des Papillons, des Scarabées, des Crustacés, etc. Le résultat de la préparation est, *ceteris paribus*, la conservation, — désignée ainsi pour la distinguer de la préparation simple dont nous parlerons plus tard.

Remarque. — Les exercices de préparations zootomiques, qui sont exclusivement destinés à faire connaître aux étudiants, par un certain nombre de représentants typiques, les principaux groupes du règne animal, et à leur faire connaître le *motus secandi*, ne doivent pas être entrepris avant le second ou le troisième semestre des études ; le commençant ne peut retirer aucun profit de la pratique de la zootomie tant qu'il n'a pas une idée générale (théorique) tout au moins de la structure grossière des organes, de leur coordination morphologique et des différents rapports des classes d'animaux. Dans les universités où se font des cours généraux de zootomie, on observe ordinairement cette règle ; mais, quoi qu'il en soit, je recommande très expressément aux étudiants, avant chaque heure destinée aux exercices de zootomie, de se renseigner théoriquement sur l'anatomie de la classe d'animaux dont on leur donnera un exemplaire à étudier ; non seulement ils comprendront ainsi plus facilement ce qu'ils verront, mais encore ils donneront l'occasion au directeur des exercices de s'étendre sur la démonstration de détails spéciaux importants.

La patience, le calme et une propreté excessive pendant le travail ne peuvent être trop recommandés aux élèves. Ordi-

nairement, le commençant s'imagine rendre service à lui-
même et au préparateur, en éventrant les corps avec la plus
grande prestesse, en déchiquetant les différents organes le
plus vite possible, et garnit rapidement le bord de la planchette de leurs débris. Beaucoup de gens se contentent, en
effet, de cette manière de *perscrutatio naturæ* ; la mémo-
risation de quelques noms latins rehausse la satisfaction
qu'on éprouve de « connaître » l'organisation animale, et le
futur professeur, ainsi exercé dans la pratique, croit pouvoir passer en toute sécurité à une autre branche de la
science !

Chaque incision doit être faite dans un but déterminé, et
les organes ne doivent jamais être séparés à l'aveugle ; c'est
la tâche du professeur de dire au commençant comment et
dans quel ordre il doit travailler. Les recommandations
d'observer la plus extrême propreté, faites si instamment à
l'étudiant en médecine dans tous les livres et manuels spéciaux d'anatomie de l'homme, sont encore plus de mise
pour l'élève en zootomie. On a toujours à se repentir d'avoir
fait du travail malpropre et hâtif ; on perd le véritable intérêt
qui s'attache à l'objet traité, et on n'atteint jamais le but
espéré, qui est de réunir dans une figure d'ensemble, parlant par elle-même, ce que la leçon théorique du professeur n'a
pu exposer qu'en paroles et dans une démonstration rapide.

Celui qui travaille avec soin n'a pas besoin de prendre
de mesures de précaution particulières en faisant ses dissections. Cependant, si l'on se fait une blessure quelconque,
il est bon d'y faire attention, surtout si le cadavre date déjà
de quelques jours, ou si l'animal, conservé dans l'alcool,
était déjà arrivé à un état avancé de putréfaction, lorsqu'il y
fut mis. J'ai vu maintes fois, après des blessures faites en
disséquant des cadavres d'animaux, des abcès cadavériques

suivis de gonflement des ganglions lymphatiques, et, dans
ces cas, on est aussi exposé à devenir gravement malade
qu'après des blessures faites en disséquant des cadavres
humains. A la moindre égratignure, on ne doit pas négliger
de presser fortement, de laver à l'eau fraiche, de sucer et de
fermer la blessure avec du collodion ou avec des bandes
de taffetas gommé ; si l'on est forcé de continuer le travail,
on fait bien de se mettre un doigt de caoutchouc, dont il
faudrait avoir toujours différentes grandeurs sous la main ;
si le poignet ou le métacarpe est blessé, et s'il n'est pas possible de poser un bandage qui permette de continuer le travail, on doit renoncer provisoirement à toute manipulation
zootomique. Les petites coupures faites en disséquant des
animaux frais se ferment rapidement, si l'on tient pendant
huit à dix minutes le membre blessé dans de l'alcool absolu
ou à 95°, et si on le couvre légèrement.

Dans de rares cas, il est utile d'avoir, pendant qu'on dissèque, un vêtement en toile ; mais il est très pratique d'avoir
des manches de toile cirée allant jusqu'aux coudes et fermant étroitement aux poignets.

Pour diminuer la puanteur, souvent très pénétrante, il
est recommandable d'arroser les cavités viscérales et les
intestins avec une faible solution d'acide phénique[1]. Pour
se nettoyer les mains on peut employer, outre le savon et la
brosse, du permanganate de potassium à très faible dose, ou
(si l'on opère sur des organes très pourris) de l'acide chlorhydrique fumant, dont on laisse tomber quelques gouttes
dans la main mouillée ; après quoi on s'en frotte les deux
mains, ou bien on en met un peu dans un bassin rempli
d'eau, avec laquelle on se lave les mains.

---

1. Hyrtl recommande une solution de 35 grammes d'acétate d'alumine dans
210 grammes d'eau distillée.

CHAPITRE II

Instruments zoologico-zootomiques. —Ustensiles divers. — Planches et vases destinés aux préparations. —.Emploi des instruments. — Seringues à injections, leur maniement.

Le fait qu'aucun fabricant d'instruments ne s'est encore occupé de composer une trousse zootomique pour les étudiants, s'explique par l'introduction récente des exercices pratiques dans nos universités. Les petits étuis employés ordinairement par les étudiants en médecine contiennent beaucoup d'objets superflus, et n'offrent pas les plus nécessaires.

1. Scalpels.

Trois scalpels suffisent : 1° un à forte lame convexe, à dos large et à manche de bois solide, bien rivé, pour couper la peau, l'enveloppe extérieure de l'animal qui est souvent très dure et les parties cartilagineuses ; on appelle ce scalpel un scalpel à cartilages ; 2° un scalpel de même forme, mais de plus petites dimensions, pour la dissection des muscles

Fig. 1. — Couteau de J. L. Petit.

et des viscères, et 5° un petit scalpel très pointu (fig. 1), le couteau à cataracte de de Graefe, ayant le dos aussi mince que possible. Si l'on peut s'en procurer un à manche de bois,

Fig. 2. — Couteau de Wenzel.

cela vaut mieux; cet instrument rend d'excellents services pour la préparation des petits animaux.

Si l'on peut faire plus de frais, on prend quelques scal-

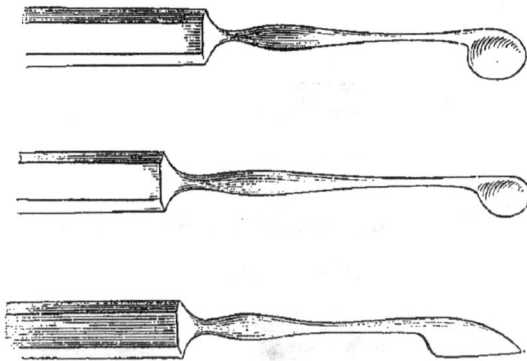

Fig. 3. — Couteaux de Meyer à longue tige.

pels convexes de plus, de différentes grandeurs. G. H. Meyer recommande de petits couteaux à longue tige (fig. 3), pour

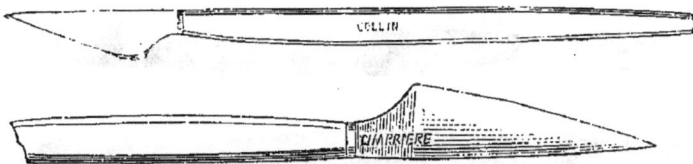

Fig. 4. — Couteaux à cataracte de Collin.

opérer dans la profondeur des organes, sans courir le risque d'endommager les parties superficielles.

Les couteaux à double tranchant pour couper les nerfs ont à bon droit perdu leur renommée; nous ne nous en servons jamais; un petit scalpel droit à pointe fine est, au contraire, fort utile pour la préparation délicate des rami-

Scarificateur du docteur Desmarres.

Fig. 5. — Couteau de Collin.

Fig. 6. — Couteau staphylotome.

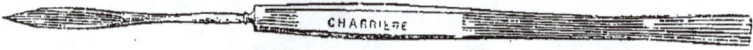

Scalpel fin pointe au milieu.

Scalpel fin pointe rabattue.

Scalpel fin ordinaire.

Scalpels fins convexes.

Fig. 7. — Formes diverses de scalpels de Collin.

fications des nerfs, pour l'enlèvement du tissu conjonctif enveloppant les faisceaux nerveux.

Cependant on peut s'en passer facilement, si l'on se procure le couteau faiblement convexe, pointu, représenté dans la figure 8. La lame a environ 8 centimètres de longueur, le

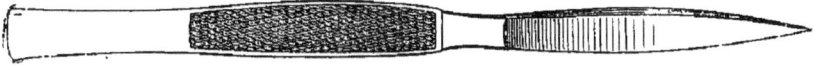

Fig. 8. — Scalpel pointe au milieu.

dos est taillé en biseau. Comme cette lame mince, mais haute de plus d'un centimètre, n'agit pas à la façon d'un coin massif, ce couteau peut aussi servir à préparer le cerveau des petits Vertébrés et les membranes sèches et tendues.

De grands couteaux, minces comme une feuille de papier, à tranchant arrondi à l'extrémité, sont indispensables pour couper les organes volumineux, insufflés et desséchés, comme les poumons, l'estomac, et pour faire des séries de sections grossières dans le cerveau des grands animaux.

2. Ciseaux.

De bons ciseaux sont fort utiles pour les préparations zootomiques. Ce n'est pas seulement ici qu'on se plaint d'en trouver rarement de bons.

Il importe surtout d'en avoir une paire à lames arrondies et une autre à lames pointues. Les lames ne doivent pas être trop longues et les anneaux doivent être grands, épais et sans arête. Hyrtl[1] choisit des ciseaux dont la longueur des lames est à celle des anneaux de leur branche dans la proportion de 1 : 3 1/4. Il est bon d'en avoir deux paires de cette forme, de tailles différentes : une paire pour

1. (20).

les tissus solides et une paire plus fine (c'est-à-dire à lames plus fines) pour les parties qui demandent plus de délicatesse ; au besoin ces deux paires suffisent. Il est commode d'en avoir aussi une paire courbée sur le dos, à extrémités

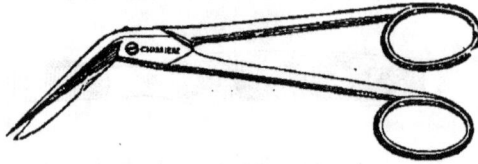

Fig. 9. — Ciseaux coudés.

pointues, et une autre courbée sur le plat, à lames minces et larges. On peut avoir les deux sortes de ciseaux de deux tailles différentes.

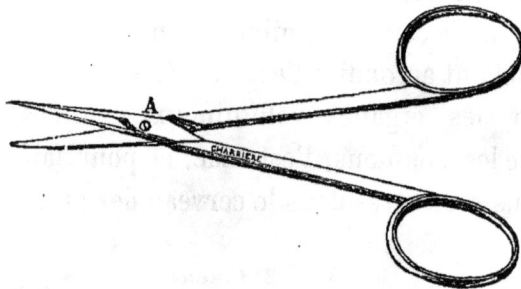

Fig. 10. — Ciseaux droits.

Certaines grandes trousses anatomiques contiennent en-

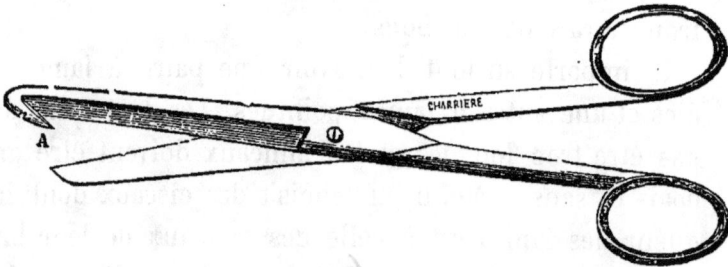

Fig. 11. — Ciseaux entérotomes.

core une paire de ciseaux pour les intestins; la lame inférieure est plus longue que l'autre et est arrondie et boutonnée à son extrémité; ces ciseaux sont excellents pour ouvrir rapidement le canal intestinal des grands animaux ; on peut cependant s'en passer.

Il est désirable que les anneaux soient fixés aux branches de telle manière que celles-ci ne se touchent pas quand les ciseaux sont fermés, mais qu'elles restent séparées par un intervalle de la largeur de l'index ; on obtient cela en ne fixant pas les branches à la périphérie intérieure des anneaux, mais à la périphérie extérieure (en regard du tranchant).

Pour couper rapidement des tissus résistants, ayant même la dureté de cartilages, nous nous servons des ciseaux et des pinces destinés aux os. S'ils sont de bonne qualité, ces instruments rendent de grands services pour l'anatomie des

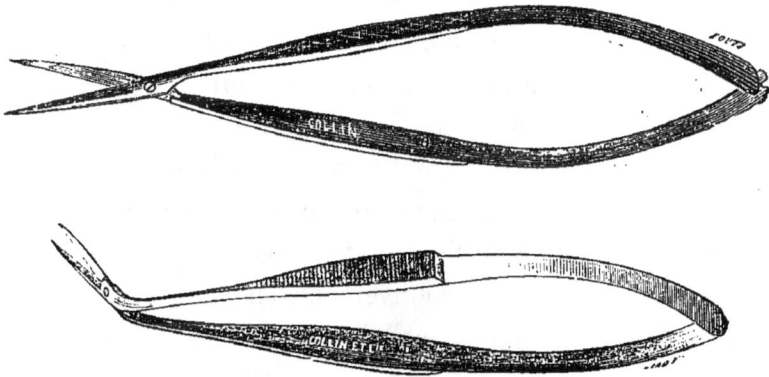

Fig. 12. — Ciseaux droits et courbés à ressort de Collin.

grands Vertébrés, mais pour les petites espèces ils sont trop lourds et trop massifs; ils valent moins encore pour ouvrir des animaux inférieurs à enveloppe dure (des Echinidés, des Astéridés, des Crustacés, des Céphalopodes à coquilles, etc.), parce qu'ils ne produisent que des cassures fendillées, crevassées (on ne peut plus appeler cela des coupes). D'ailleurs, cette espèce de ciseaux se trouve dans

tous les cabinets zoologiques et est prêtée, s'il le faut, pour
les exercices des étudiants ; elle n'est donc pas une pièce
nécessaire dans une trousse.

Le fabricant d'instruments H. Thürriegl, de Vienne, m'a
fabriqué, d'après un dessin de mon collègue le D' A. von

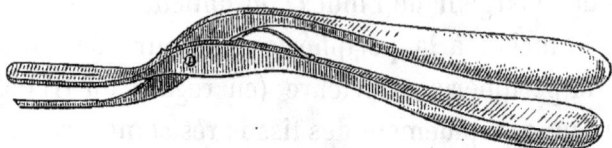

Fig. 13. — Ciseaux-pinces.

Heider, des ciseaux-pinces que je recommande comme très
pratiques, et qui me sont fort utiles pour la préparation
des animaux à coquille calcaire ou à peau chitineuse dure.

La branche supérieure de ces ciseaux-pinces (fig. 13) est
horizontale, c'est-à-dire en droite ligne avec l'axe longitudinal, assez massive, à extrémité arrondie. Elle est pourvue
d'une entaille, dans laquelle vient se loger la branche inférieure qui est munie de fines arêtes, mais qui ne coupe pas
véritablement. A chaque mouvement, on obtient donc une
entaille de même longueur et à bords nets dans l'enveloppe
calcaire ou chitineuse.

Au moyen d'un ressort, les branches fermées s'ouvrent
dès que la main ne les presse plus, et on peut de nouveau
les faire avancer.

Dès qu'on a introduit la branche inférieure, qui est tranchante, sous la coquille qu'on veut couper, la branche supérieure doit toujours reposer à plat sur la surface : elle permet ainsi d'avancer toujours avec précaution et d'exercer
une plus forte pression, sans danger pour l'objet qu'on prépare. Je n'ai pas encore pu essayer suffisamment des ciseaux

de même forme, mais pourvus d'une branche inférieure très tranchante.

Ces ciseaux doivent être dans tous les cas de bonne qualité, et, même lorsqu'on doit exercer une forte pression, la branche inférieure, suffisamment solide, doit remplir exactement et complètement l'entaille de la branche supérieure.

5. Pinces.

Pour faire des préparations délicates, il est souvent très important d'avoir de bonnes pinces. « Ce n'est qu'après l'invention des pinces, dit Hyrtl, que l'anatomie a été élevée à la hauteur d'un art, » et, en effet, quiconque s'est occupé sérieusement de travaux anthropotomiques ou zootomiques connaît la valeur et l'utilité pratique de cet instrument.

De bonnes pinces, soit qu'elles aient des extrémités émoussées, pour faire le gros ouvrage, soit qu'elles aient des extrémités ténues pour saisir les objets les plus fins, doi-

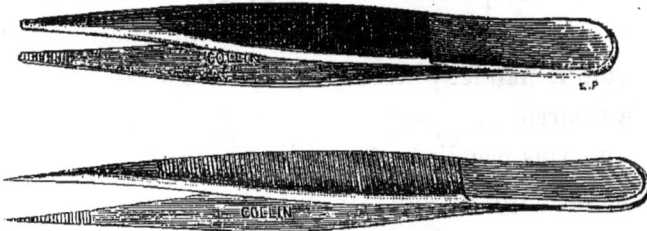

Fig. 14. — Pinces.

vent avoir des branches suffisamment longues, fortes et bien cannelées, pour qu'elles soient faciles à manier ; elles doivent être pourvues d'un bon ressort, s'ouvrir largement au repos, et être munies de rayures à arêtes vives, parallèles, s'engrenant exactement, afin de bien saisir les objets. Des pinces lisses, très pointues, ne servent absolument à rien. Les pinces en acier se détériorant rapidement sous l'influence des acides et des sels employés pour la conservation, le durcissement, la macération, etc., on doit les remplacer, dans ces cas, par de petites pinces en métal anglais; pour repêcher des préparations dans des liquides mordants, on se sert de pinces de différentes grandeurs dont les branches sont en bois de hêtre, et dont le ressort et la virole seuls sont en acier. Pour repêcher de petits objets, on se fabrique aussi des cuillères, en aplatissant une petite barre de métal à une de ses extrémités qu'on recourbe ensuite à angle droit. Des pinces recourbées sur le côté, dans la direction de leur axe longitudinal, sont commodes pour faire des ligatures ou pour saisir des nerfs ou des artères cachés sous d'autres organes.

Il est indispensable d'avoir au moins deux pinces d'égale grandeur, mais dont les extrémités sont différentes; il vaut mieux encore en avoir trois. On a rarement l'occasion d'employer les pinces à crochets; cependant pour les vivisections de grands animaux on ne peut guère s'en passer. Je recommande les pinces chirurgicales à crochets de Fricke ou de Charrière.

Je ne vois pas l'avantage d'avoir des pinces à branches tranchantes, qui ne sont, à vrai dire, que des ciseaux modifiés et à ressort; on en trouve quelquefois l'emploi dans les préparations d'Insectes; leur peu d'utilité tient peut-être à leur construction qui, est encore très défectueuse.

4. Crochets.

Pour écarter ou étendre des parties tendres, nous nous servons de crochets doubles, qu'on peut fort bien fabriquer soi-même, en aiguisant avec une lime et en recourbant ensuite les extrémités d'un fil de fer ; Schleifer, de Vienne,

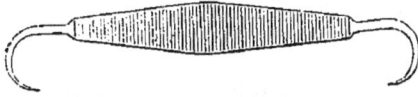

Fig. 15. — Crochet double.

m'a fourni, il y a des années, à des prix très modérés, des
crochets avec une pièce de milieu rayée (fig. 15).

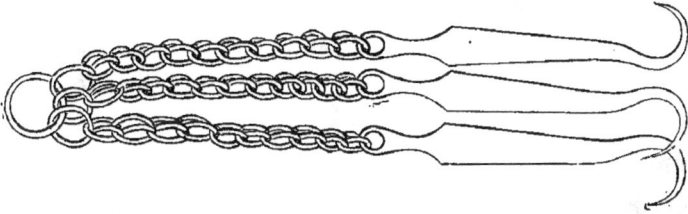

Fig. 16. — Érignes anglaises.

Les crochets anglais appelés *érignes* sont excellents ; on
se les procure très facilement ; on en trouve souvent l'em-

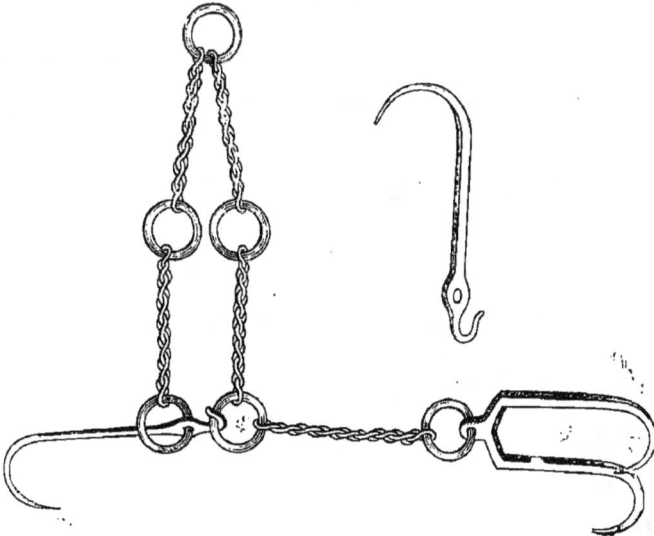

Fig. 17. — Érignes de Meyer.

ploi lorsqu'il s'agit d'écarter des parties tendres déjà iso-

lées, afin de préparer des organes sous-jacents (fig. 16).
G. H. Meyer recommande une érigne modifiée (fig. 17) ; son
emploi s'indique de soi-même.

Le crochet double à manche n'est plus employé, et avec
raison.

5. Epingles et aiguilles.

a. Épingles. — On se sert généralement des épingles dites
de Karlsbad, qu'on peut se procurer de bonne qualité et de
différentes grandeurs, sans vernis, ou avec vernis blanc ou
noir[1], chez le fabricant Joseph Müller à Vienne, Leopoldstadt,
Karmeliterstrasse, n° 2. On les appelle aussi épingles à Insectes. Les épingles en acier, à grosses têtes de verre, ne
sont pas pratiques, parce qu'on casse fréquemment la tête en
pressant un peu violemment l'épingle, qui s'enfonce alors
dans le doigt.

Mieux valent les pointes en fer forgé; on fait passer leur
extrémité supérieure, aplatie, à travers un gros bouton de
bois, on la recourbe ensuite deux fois et on l'enfonce à
coups de marteau dans le bouton ; toutefois ces épingles ne

Fig. 18. — Porte-aiguille à coulant.

sont bonnes que pour les préparations grossières de grands
animaux.

Des morceaux de fil de laiton, aiguisés avec la lime à
une extrémité, et percés ou garnis à l'autre d'une tête, ce
que l'on peut faire soi-même, rendent souvent de bons services.

---

1. Les épingles à vernis noir ne se couvrent pas de vert-de-gris, et sont par
suite préférables pour fixer les préparations sèches (Martin).

b. Aiguilles. — Les aiguilles destinées aux préparations

Fig. 19. — Aiguille coupante de Vidal.

doivent être en acier de bonne qualité et non pourvues
d'un manche fixe. Il faut qu'on puisse les fixer,
au moyen d'une virole, dans un manche de laiton,
afin d'employer à volonté des aiguilles plus fines
ou plus fortes. Un pareil porte-aiguille épargne
l'achat de plusieurs petits crochets, lancettes,
faucilles, etc., qui ne servent qu'à encombrer les
trousses, tandis qu'on réunit facilement différentes
tailles d'aiguilles dans une petite boîte, et d'après
les besoins on les fixe avec une virole au porte-
aiguille[1].

6. Sondes, tubes et dilatateurs.

Il est indispensable d'avoir de fortes sondes en
acier, avec ou sans œil, terminées par une tête ou
une spatule, et quelques autres plus fines, en métal
anglais, ayant les mêmes formes. La sonde creuse
des chirurgiens est souvent fort utile.

1. Je trouve un grand avantage à me servir, pour la dissection des
petits animaux, d'aiguilles à cataracte terminées par une petite lame
très plate, triangulaire, très aigue et très tranchante sur les deux
bords. Cet instrument, très employé par les botanistes de l'école
de M. Baillon, me rend de grands services dans les dissections

Fig. 21. — Aiguille à extrémité aplatie et tranchante.

zootomiques délicates. A l'aide de l'une des aiguilles on fixe la
petite pièce qu'on veut disséquer, tandis que l'autre incise les
tissus. La figure 21 représente l'une de ces aiguilles. [TRAD.]

Fig. 20. — Couteau de de Graefe.

Des soies de porc noires et blanches sont, comme Hyrtl le dit, non seulement les sondes les plus économiques et les plus fines, mais aussi, pour bien des usages, les meilleures ; leurs avantages sont multiples ; leur flexibilité et leur solidité les rendent très propres à l'exploration de la lumière de vaisseaux à peine visibles à l'œil nu, des canaux les plus fins des os, à la recherche des communications entre les plus petites cavités, etc., etc. Si la soie est trop épaisse, on la fend ; on peut aussi l'employer pour des ligatures. Lorsqu'on désire fixer une soie dans un canal, on doit la munir d'une petite boulette de cire à une de ses extrémités ou aux deux.

Les fabricants d'instruments font des tubes pour insuffler l'air, en laiton ou en métal anglais ; pour des raisons faciles à comprendre, les tubes en verre valent mieux ; sur la flamme à souder, ou sur une lampe à alcool, on peut en préparer de toutes les grosseurs et longueurs, amincis ou non à leurs extrémités.

Si on les fixe dans un vaisseau ou dans un canal, ils les tiennent ouverts et peuvent y être laissés sans détériorer la préparation, même à la longue, comme le feraient les tubes de laiton, qui ont de plus l'inconvénient d'être trop coûteux.

Si l'on veut tenir ouverts des *lumina* plus considérables, par exemple l'aorte ascendante d'un grand Mammifère, dans le but de montrer ses valvules, on se sert de verres de lampe, qui sont plus larges et plus épais, ou d'autres verres cylindriques, à bords lisses et polis ; il est aussi très facile de fabriquer avec la flamme, à l'aide d'une petite barre de verre, des anneaux dont on peut se servir comme dilatateurs.

7. Instruments destinés à la préparation des os.

a. *Scies.*

La scie la plus pratique (quoique un peu encombrante) est la scie arquée des chirurgiens ; ensuite vient la scie à lame. La première suffit dans la plupart des cas ; on y enchâsse à volonté des scies à dents fines ou fortes et on règle la tension au moyen de la vis. Mais s'il s'agit de scier dans un endroit

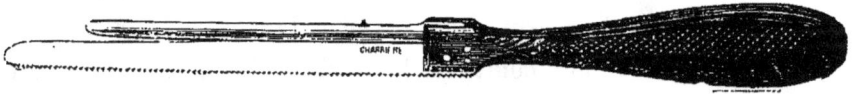

Fig. 22. — Scie droite à dos mobile.

qui n'est pas accessible, parce que l'arc de la scie n'est pas assez élevé pour tous les cas, on choisit des scies à lame plus maniable et qu'on peut se procurer de différentes formes, plus ou moins pointues ou larges à leur extrémité.

b. *Grattoirs.*

Les grattoirs les plus ordinaires sont plats, terminés en pointe de lance à deux tranchants ; on en fait de toutes les

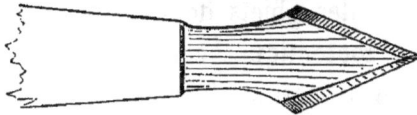

Fig. 23. — Grattoir à os. 1/2 gr. nat.

grandeurs ; ils doivent être en acier dur, de bonne qualité et pourvus d'un manche fort, épais, bien rayé ; pour cer-

Fig. 24. — Grattoirs. 1/3 gr. nat.

taines préparations d'os on ne peut guère se passer de plusieurs grandeurs de grattoirs.

Les grattoirs qui ont la forme de cuillère (fig. 24) sont aussi fort utiles.

c. Ciseaux, élévateurs et marteaux.

Ces instruments se trouvent rarement dans la trousse d'un étudiant; ils sont ordinairement fournis par les laboratoires.

Dans les laboratoires d'anatomie on se sert de deux formes de ciseaux : le ciseau pour briser et le ciseau pour couper ; pour leur emploi comparez H. G. Meyer[1]. On doit en avoir de différentes grandeurs pour la préparation des petits os. Nous pouvons facilement remplacer par des instruments plus simples et moins coûteux l'élévateur et le marteau anatomique à faces plates des deux côtés : le repoussoir et le marteau de menuisier suffisent parfaitement pour les travaux ordinaires ; lorsqu'on veut arranger, rattacher des os avec du filigrane, on doit se procurer des outils plus fins.

L'inventaire des objets dont on a besoin pour faire des préparations zootomiques compliquées, comprend encore des pinces de différentes formes et grandeurs, des tarières mises en mouvement par un arc, un petit étau, des couteaux à découper, des ciseaux ordinaires, etc. — On ne peut guère en avoir trop.

Pour disséquer de petits animaux, jusqu'à la grosseur d'un Lapin environ, on les fixe sur une planche quadrangulaire, garnie d'un rebord oblique d'environ trois centimètres de hauteur. Comme l'alcool altère les couleurs à l'huile, on passe simplement du vernis sur les planches à dissection ;

1. *Anleitung zu den Präparirübungen.* Leipsig, W, Engelmann, 1873.

cela les rend plus durables et plus faciles à nettoyer. Il est bon de faire creuser deux gouttières, qui commencent aux angles de la planchette et se croisent au centre dans un léger enfoncement, auquel est adapté un tuyau. L'eau surabondante s'écoule par ce tuyau dans un vase placé au-dessous de la table ; il s'entend que ces planchettes doivent avoir des pieds dont la hauteur correspond au diamètre du tuyau.

Dans les bords de la planchette on fixe 8-16 pitons pour attacher les ficelles au moyen desquelles on maintient l'animal dans la position voulue, ou la préparation dans la tension nécessaire.

Pour disséquer de grands animaux on doit avoir à sa disposition des locaux particuliers, si l'on ne veut pas avoir des conflits avec la commission d'hygiène.

On prépare sous l'eau les petits Vertébrés (les Souris, les Passereaux, les Perches, les Tritons, etc.) ainsi que la plupart des autres types ; on se sert à cet effet de plats en fer-blanc, à bords évasés, assez élevés ; le fond est recouvert d'une lame de liège fixée à l'aide de la cire rouge (ou bien d'un mélange de cire, d'huile de térébenthine, de suif et de noir de fumée, etc.); il est indispensable d'avoir plusieurs de ces plats de différentes grandeurs ; on fixe l'animal avec des épingles sur le fond.

Maniement des instruments.

Il est très difficile de donner des indications précises pour tenir et manier les instruments ; le savoir-faire et l'adresse manuelle acquise dans d'autres exercices rendent souvent tout conseil superflu ; en général on peut cependant recommander ce qui suit : pour le maniement des couteaux on doit distinguer les couteaux dont on se sert avec la main libre et ceux dont on se sert avec un appui sous la main.

On prend les premiers à pleine poignée, en posant le pouce sur le côté gauche du manche, et on coupe à grands traits réguliers et sans s'arrêter la surface sur laquelle on opère ; cette manière de couper est usitée pour diviser toutes les grandes surfaces, pour les coupes en croix de la peau qu'on fait habituellement avant d'ouvrir la cavité abdominale, pour trancher les téguments de cette cavité ou les muscles volumineux, etc.. Pour ces sortes de coupes, on doit employer le couteau à os, dont le véritable tranchant est du côté le plus convexe ; l'angle que le couteau forme avec la surface à diviser doit être aussi aigu que possible.

Il en est autrement lorsqu'on dissèque avec un appui sous la main : on tient alors le scalpel comme une plume à écrire et on le dirige dans la ligne voulue avec l'annulaire et le petit doigt. Cette manière de tenir le couteau est la plus usuelle dans toutes les préparations qui exigent des précautions. On agit surtout avec la partie antérieure du tranchant, c'est-à-dire avec la partie voisine de la pointe. Quoique les coupes faites ainsi soient ordinairement courtes, elles doivent pourtant se suivre sur une ligne régulière, et chaque nouvelle coupe doit être autant que possible la continuation de la précédente.

On doit surtout se garder de faire des mouvements saccadés, hachés, avec le couteau ; on obtiendrait une préparation qui aurait l'air d'avoir été rongée par les souris.

Dans le maniement libre du couteau on doit aussi quelquefois le tenir de préférence comme une plume à écrire, par exemple pour les préparations délicates faites au fond des grandes cavités, etc. Ces licences s'indiquent d'elles-mêmes. (Voyez, dans la *Partie spéciale*, la position du bras et de la main, ainsi que la direction des coupes.)

On tient les petits ciseaux en passant le pouce et l'annulaire dans les anneaux, et en appuyant le plat de l'index sur la virole pour rendre la coupe plus sûre.

On manie les grands ciseaux (pour les intestins) comme les ciseaux à couper le papier.

Ordinairement on prend les pinces de la main gauche, à peu près comme une plume ; on travaille souvent aussi avec deux pinces à la fois : alors celle de la main droite est naturellement tenue dans la direction opposée ; pour étendre de grandes membranes ou des parties molles, on peut quelquefois saisir à pleine poignée des pinces grandes et fortes ; cependant peu de pinces supportent ces tours de force, et dans ces cas il vaut mieux travailler avec la main non armée.

Enfin, on saisit le grattoir comme un couteau à découper, s'il s'agit de gratter grossièrement le périoste des os ; pour les parties tendres on doit diminuer la pression, parce que le côté tranchant du grattoir fait aisément des rayures dans l'os frais ; on peut aussi tenir le grattoir comme une plume lorsqu'on doit enlever minutieusement des parties molles, ou bien on fait des mouvements légers, en tournant, comme avec une vrille.

On doit imprimer à la scie des mouvements doux, réguliers, en mesure. Si l'on rencontre un obstacle inattendu, il ne sert à rien d'exercer une pression nuisible, ni de tirer à hue et à dia ; il est bien préférable de poser la scie, de rechercher la cause de l'interruption, et de ne reprendre la scie qu'après avoir éloigné, au besoin, cette cause par d'autres manipulations. On saisit le manche de la scie à pleine main, ou bien, surtout celui de la petite scie à lame, de telle manière[1] que le pouce posé sur un côté du manche contre-

1. Comme un archet.

balance les doigts posés sur l'autre côté ; on peut effectuer ainsi les mouvements doux et élégants qui sont souvent de rigueur pour opérer sur des os fragiles.

Le maniement des autres instruments s'indique de soi-même.

Entretien des instruments.

La première recommandation est de n'employer chaque instrument qu'au but auquel il est destiné. (Voyez pour plus de détails, la *Partie spéciale*). On doit se munir d'un morceau de peau de chevreau, d'un linge blanc bien propre, d'une éponge et d'un cuir à repasser les couteaux.

Lorsqu'on a sali ses instruments, on doit les laver convenablement, un à un, avec de l'eau, éloigner le sang coagulé et les lambeaux de parties molles avec l'éponge humide, les essuyer soigneusement avec le linge et ensuite avec le morceau de peau. Les scies, les ciseaux et les pinces exigent des soins minutieux. Au moyen d'une petite brosse on doit enlever les petits éclats d'os, les lambeaux de chair qui adhèrent toujours aux dents des scies ; les ciseaux se rouillent surtout près de la virole, si on les essuie négligemment ; on peut facilement éviter cet inconvénient. Les dents des pinces doivent être nettoyées aussi soigneusement que celles des scies. On ne se plaindrait pas si souvent que des pinces de bonne qualité ne sont pas prenantes, si leur propriétaire les avait débarrassées, au moyen d'une épingle, des dépôts de saletés. Il est essentiel de nettoyer aussi très-soigneusement les ressorts : car, s'ils se rouillent, la pince perd l'élasticité désirable.

Cuirs à repasser.

M. G. Meyer (*l. c.*, p. 14) donne une excellente recette pour faire des cuirs à repasser les couteaux. Depuis des an-

nées je me sers d'un cuir fourni par la maison Ph. J. Gold-
schmidt (Vienne et Berlin). Ce cuir est tendu à vide, et au
moyen d'une bonne vis ou peut régler à volonté le degré de
tension ; en l'achetant, on reçoit une provision de pâte noire
et rouge, dont il faut frotter avec la main, tous les trois
mois, à peu près la grosseur d'un pois sur un des deux
côtés. Cependant, à la longue, chacun acquiert sa manière
de faire. L'un préfère cette espèce de cuir tendu, un
autre les veut collés sur une planchette de bois. L'emploi
d'une pierre à aiguiser demande beaucoup d'habileté. Il
est plus prudent de s'adresser à un bon gagne-petit ; si l'on
sait bien s'en servir, la pierre blanche du Mississipi et la
pierre jaune ordinaire sont recommandables ; on les humecte
(d'après II. G. Meyer) avec de l'eau, de l'huile ou de la
glycérine.

Du reste on apprend vite comment il faut entretenir les
cuirs à repasser ; tout étudiant est bientôt renseigné à ce
sujet.

Manière de se servir des cuirs à repasser.

Il faut observer en premier lieu que le côté rougi du cuir
sert à repasser les couteaux très émoussés ; on obtient le fil
plus fin sur le côté noirci, qui est aussi employé le plus fréquemment. On pose le couteau à plat, en abaissant un peu le
tranchant ; la pointe est dirigée en arrière et le manche,
qu'on tient légèrement, en avant ; arrivé à l'extrémité du
cuir, on retourne le couteau sur le dos et on le ramène à
l'autre bout ; on répète ce manège plusieurs fois en exerçant
une pression égale ; on essuie alors la lame avec une peau
fine et on essaye le tranchant en le passant prudemment sur
le pouce ; s'il s'attache, c'est-à-dire s'il pénètre facilement la
première couche épithéliale, le couteau est assez tranchant.

Remarque. — Si l'on se sert pour commencer du côté rouge, on doit naturellement essuyer la lame avec la peau fine, avant de la repasser sur le côté noir.

On a habituellement un cuir spécial pour repasser les couteaux destinés à faire les coupes microscopiques.

Comme tous les instruments servant aux préparations dans l'eau de mer se détériorent profondément, on se sert, si possible, de vieux instruments, de pinces de métal anglais ou de bois ; sinon on lave immédiatement chaque outil dont on vient de se servir dans de l'eau distillée, on l'essuie soigneusement et — quand on cesse le travail — on le frotte avec de l'huile de pied de bœuf.

Les mêmes précautions se recommandent d'elles-mêmes lorsqu'on emploie des acides, des sels, etc.

Injections — Seringues. — Leur maniement.

Jadis on ne se servait des injections que pour l'étude des vaisseaux sanguins et lymphatiques ; dans ces derniers temps, on a imaginé plusieurs méthodes perfectionnées, et on a inventé divers appareils à injections celles-ci : sont devenues un moyen très important pour l'étude des différents organes et tissus. L'étudiant en zoologie ne peut guère se dispenser de se familiariser avec les procédés souvent difficultueux employés pour injecter, soit des matières chauffées qui se solidifient plus tard, soit des matières froides qui restent liquides à la température ordinaire, s'il veut faire des observations pour son propre compte.

Nous laisserons complètement de côté les méthodes compliquées, usitées pour les injections microscopiques ; nous renvoyons pour ce qui les concerne aux ouvrages spéciaux. Nous ne ferons connaître ici que l'appareil le plus

simple et en même temps le plus important pour les injections, la seringue, et les matières dont on se sert le plus
ordinairement.

La seringue (fig. 25) est composée des parties suivantes :

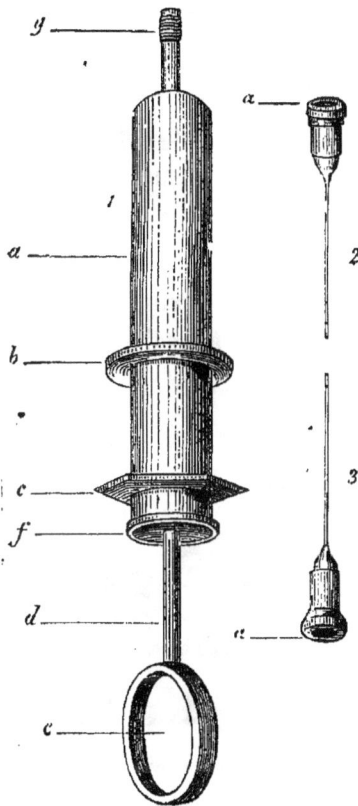

1. Le *tube* ; il est ordinairement en laiton si l'instrument est grand, en métal
anglais ou en verre garni
de métal, s'il est plus petit ;
il est entouré de cercles saillants *b*, *c*, qui rendent plus
facile de le tenir ferme-
ment ; à l'intérieur, il doit
être très exactement lisse,
et il doit être pourvu d'un
couvercle *f*, qu'on puisse
dévisser.

2. Le *piston* avec la poignée *e* : le piston doit fer-

Fig. 25. — Seringue avec bague pour servir de
point d'appui aux doigts, et deux canules.

Fig. 26. — Robinet de la seringue.

mer le tube hermétiquement, et être d'autant plus long que
le tube l'est davantage. Il est formé d'un nombre plus ou
moins considérable de rondelles de cuir, comprimées par
deux plaques rondes de métal ; au moyen d'une vis, on peut
rapprocher la plaque inférieure de la plaque supérieure, ou
l'en éloigner si c'est utile ; par le premier mouvement, l'axe

longitudinal du piston est naturellement raccourci, les rondelles sont aplaties et le tube est fermé d'autant plus complètement. La tige à anneau *d* est fixée au piston par une vis.
Pour que le piston glisse facilement, on imbibe les rondelles de cuir d'huile d'olive, ou bien on les enduit de suif
(Frey).

3. L'extrémité inférieure, l'*embouchure* de la seringue *g* :
qui est ou bien un petit tube cylindrique qu'on entoure
d'un filet de soie, ou bien un petit tube conique.

4. Les *canules* : ce sont de petits tubes pourvus d'une
embouchure large et d'une autre plus étroite ; la plus large
s'adapte exactement à l'embouchure de la seringue, la plus
fine doit être fixée avec une ficelle au vaisseau qu'on
désire injecter. Avec chaque seringue on doit naturelle-

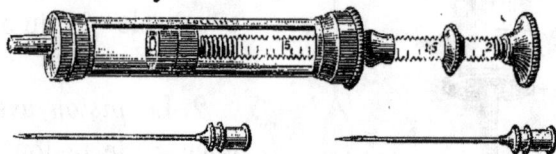

Fig. 27. — Seringue de Collin à tube en verre et à canules pointues, en biseau, pour
les injections fines.

ment avoir plusieurs canules de différentes grandeurs,
droites ou recourbées à leur extrémité ; pour les injections
microscopiques ordinaires, on se sert de canules telles que
les représente la figure 25 (2, 3) ; dans d'autres cas on
emploie des canules à ailerons latéraux, qu'on entoure de
ficelle pour attacher le tube. Pour faire des injections dans
de grands vaisseaux, il est urgent d'avoir des tubes à robinet
(fig. 26), destinés à empêcher l'écoulement de la matière
déjà injectée, lors d'un arrêt subit de la seringue. A la
rigueur, une seringue de grandeur moyenne, d'environ

20 centimètres de longueur, suffit lorsqu'on ne veut injecter

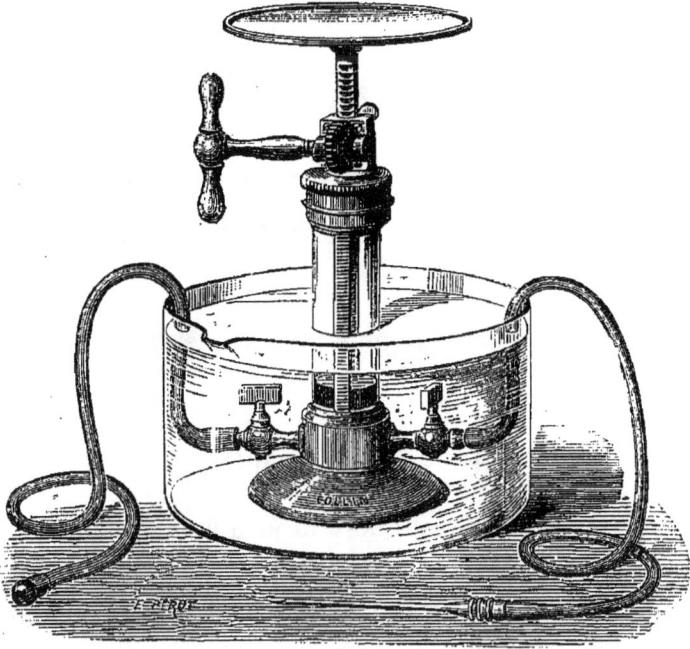

Fig. 28. Appareil à injections à pression continue, du professeur Lacaze-Duthiers.

que les vaisseaux artériels (de Vertébrés pas trop minus-

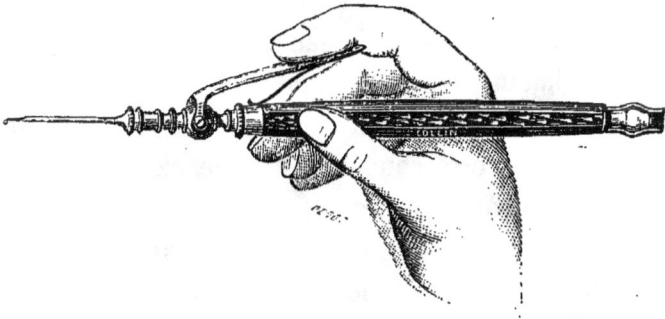

Fig. 29. — Aiguille à injections dont le manche tubuleux peut se visser sur l'un des tubes de la fig. 28.

cules); pour tous les travaux plus fins, on a besoin d'au moins encore deux formes plus petites : une dont le tube a environ 9 centimètres de longueur et 3/4 de centimètre de diamètre, et une seringue de Pravaz, à injections sous-cutanées ; elles doivent avoir toutes les deux des canules effilées comme des aiguilles, en plus de celles que nous avons décrites.

Matières à injections.

1° *Matières rouges pour de grands vaisseaux*. — Avant de les injecter on doit les chauffer à 35°-40° R.

420 grammes	cire jaune.
355 —	suif.
210 —	essence térébenthine.
210 —	vermillon.

La cire jaune et le suif doivent être fondus dans une casserole, et, dès qu'ils sont à l'état liquide, on y ajoute, en remuant toujours le mélange, le vermillon, qu'on a préalablement broyé dans de l'essence de térébenthine. Lorsque le mélange s'est durci, le gâteau est souvent plus rouge dessous que dessus, parce que la matière colorante est allée au fond ; mais ceci n'a pas d'inconvénient, une partie du gâteau devant être de nouveau fondue et remuée soigneusement, chaque fois qu'on veut s'en servir ; il est difficile d'obtenir une homogénéité durable. La matière, devenant très dure, peut être coupée en morceaux et conservée dans un vase quelconque.

Hyrtl prend pour de grossières injections : 4 parties de cire jaune, 2 parties de térébenthine de Venise et 1 partie de graisse de cerf ; ces matières étant fondues, on y ajoute une quantité convenable de vermillon broyé dans de l'essence de térébenthine. On doit faire passer cette composition à travers un vieux linge blanc ; après s'être refroidie elle est assez consistante pour garder l'empreinte du doigt.

Il emploie aussi pour des préparations durables : 4 parties de cire blanche (le préparateur Bauer, de Tubingue, ne prend que 1 partie; comparez ses indications dans : *Praxis der Naturgeschichte*, de Martin, II, p. 99-101, et Hyrtl, *l. c.*, p. 615 et suivantes), qui doivent être fondues avec 2 parties de baume de Canada ; au mélange à moitié refroidi on ajoute 1 partie de vermillon bien broyé avec du vernis-mastic. On fait évaporer cette masse dans un bain de sable, à une chaleur modérée, « jusqu'à ce qu'une goutte mise dans de l'eau froide, puisse en être retirée sans adhérer aux doigts. Lorsqu'on diminue la proportion de cire jusqu'à 2 parties et qu'on élève celle du vernis-mastic avec le vermillon jusqu'à 2 parties, on obtient un mélange qui est excellent pour les injections de petits animaux, et qui pénètre si loin qu'ordinairement les corpuscules de Malpighi des reins et les papilles du tact des doigts de pied en sont remplis. »

En ajoutant une petite quantité de minium, la matière durcit moins vite; lorsqu'elle perd, à la longue, assez de ses parties volatiles pour devenir complètement dure, il faut ajouter, pour chaque nouvelle injection, un peu de vernis-mastic. (Hyrtl.)

Les matières indiquées, devant être chauffées avant d'être employées, peuvent naturellement être mêlées aussi avec d'autres couleurs.

D'après la recette de Hyrtl, on se sert pour les injections fines des vernis des peintres les plus purs qu'on puisse se procurer (vernis de copal ou de mastic), qu'on fait évaporer jusqu'à consistance sirupeuse, en y mêlant un huitième de vermillon préalablement broyé dans le même vernis. Pour

donner plus de corps à la matière, on ajoute une petite quantité de cire vierge, et on fait bien d'ajouter au vermillon
employé la moitié de son poids de minium, qui doit être
très soigneusement broyé avec de l'huile d'olive ou de pa-
vot ; la matière durcit ainsi plus vite. Pour des injections
de la peau on rend la matière plus fluide à l'aide d'essence
rectifiée de térébenthine. Comme tous les vernis épais ne
restent liquides qu'à une température assez élevée, il est
nécessaire de chauffer considérablement l'objet qu'on veut
injecter ; c'est pourquoi les matières résineuses ne sont pas
propres à servir à l'injection des Poissons.

On peut faire les injections lorsqu'il s'élève un léger
nuage de vapeur au-dessus de la matière devenue fluide
sur la lampe à esprit-de-vin.

Hoyer recommande la cire à cacheter comme pouvant
rendre d'excellents services [pour l'étude des grands vaisseaux d'une région spéciale ou du corps entier des petits
animaux. Hoyer met une quantité de bonne cire à cacheter
dans un bocal à large ouverture et à fond mince, il verse
dessus de l'alcool à environ 30 pour 100, tout juste assez
pour recouvrir la cire. Après vingt-quatre heures, on chauffe
le bocal au bain-marie, pour que la cire se fonde entièrement, et, après avoir laissé refroidir complètement, on mêle
encore une fois de l'alcool à la solution, jusqu'à ce qu'elle
ait la consistance d'un sirop liquide ; on la fait ensuite filtrer à travers un morceau de mousseline pas trop serrée.
On colore la matière en y mêlant du bleu, du rouge, du
violet d'aniline dissous dans de l'alcool concentré et filtrés
ensuite, ou bien des couleurs broyées qui restent suspendues
dans l'alcool. Le vermillon, le bleu de Prusse et le sulfure
d'arsenic jaune donnent les plus belles couleurs, surtout
pour les préparations durables. Un mélange des deux der-

nières couleurs donne du vert ; le sulfure de cadmium fraîchement précipité donne un jaune durable.

On met les couleurs broyées avec de l'eau dans des bocaux, on verse de l'alcool dessus, on laisse reposer, on jette l'alcool affaibli par l'eau et on le remplace par de l'alcool fort. On ajoute de la matière colorante bien délayée à la masse de cire à cacheter, jusqu'à ce que celle-ci ait une couleur intense ; ensuite on la filtre encore une fois. Pour de plus petits vaisseaux, on met plus d'alcool dans la solution, et on la filtre sur du papier à filtrer, au moyen d'un entonnoir disposé de manière à empêcher l'évaporation de l'alcool ; ensuite on fait de nouveau évaporer une partie de l'alcool, afin d'obtenir la consistance voulue de la matière. Pour la coloration, on prend des couleurs à l'eau conservées dans des capsules d'étain ; on les lave d'abord dans beaucoup d'eau pour les débarrasser de la matière agglutinante, et on les suspend ensuite dans de l'alcool.

On conserve les matières dans de larges bocaux bouchés à l'émeri, et on peut toujours s'en servir immédiatement, après avoir bien secoué les solutions contenant des matières colorantes granuleuses. On nettoie les seringues avec de l'alcool ayant déjà servi. Comme la masse se condense immédiatement, de petits vaisseaux peuvent être préparés quelques minutes après l'injection ; pour de grands vaisseaux on attend quelques heures ou même quelques jours.

Pour rendre la matière moins friable, on peut y ajouter environ 5 pour 100 de térébenthine de Venise bien dissoute dans de l'alcool et filtrée sur du papier ou sur de la mousseline.

Pour faire durcir des organes injectés de cire à cacheter, Hoyer emploie soit une solution d'acide chromique pur, soit un mélange d'acide chromique et d'acide chlorhydrique (des deux, 1 partie pour 250 à 500 parties d'eau).

On place les coupes dans de la glycérine concentrée.

On peut consulter Frey (*l. c.*) et Orth (*l. c.*) pour la composition de matières à base de colle animale, employées de préférence pour les études histologiques.

Injections froides.

Pour celles-ci, Hyrtl se sert de la matière résineuse mentionnée plus haut, à laquelle il ajoute un peu de cire et de minium. On broie une partie de cette masse dans un plat, en ajoutant peu à peu de l'éther, jusqu'à consistance sirupeuse : on ajoute la couleur voulue dans la proportion de 1 : 8, et on broie de nouveau le tout avec de l'éther, jusqu'à ce que le mélange soit parfaitement liquide ; on doit alors faire les injections rapidement ; à cause de l'évaporation de l'éther, la préparation de l'objet peut être enrteprise après un quart d'heure.

Bauer (*l. c.*) recommande, pour l'injection de petits animaux, une matière qu'on obtient en faisant dissoudre de la cire à cacheter rouge de première qualité dans de l'alcool absolu. Cette matière, qu'on doit secouer avant de l'employer, doit donner des gouttes assez épaisses.

Frey (*l. c.*) recommande, pour les études histologiques, un mélange de glycérine, d'eau et d'alcool, que Beale a employé le premier. (Pour plus de détails, voyez l'ouvrage cité.)

Pour colorer les matières résineuses, Hyrtl recommande les plus fines couleurs à l'huile, contenues dans des tubes de plomb, qu'on peut se procurer de première qualité dans le meilleur magasin [1] de Vienne ; Hyrtl fait venir ces « Colours in Tubes » de chez Winsor et Newton, London W., Rath-bone-Place, 38. Pour le rouge, Hyrtl prend du « Chinese Vermilion » ; pour le jaune, « Orange Chrom-Yellow » ; pour le vert « Emerald-Green et Verdigris » ; pour le blanc « Not-tingham-White et Cremnitz-White » ; pour le bleu il fait un mélange de « Cremnitz-White » et de « Prussian Blue ».

. Tous les Vertébrés peuvent être injectés avec des matières chaudes. On place l'animal auquel on veut faire l'injection, le plus tôt possible après qu'il a été tué, dans un baquet de fer-blanc ou de faïence, et on l'ouvre à l'endroit par lequel on veut faire l'injection [2] (ventricule gauche, ventricule droit, aorte, carotide, fémorale, etc.). Plus l'incision est petite, mieux cela vaut ; pour des injections plus délicates, on fait les incisions sous l'eau, afin de prévenir l'entrée de l'air, qui est toujours désagréable. On verse alors assez d'eau chaude sur l'animal pour qu'aucun de ses membres ne soit plus exposé à l'air. La température de l'eau exige quelque atten-tion ; elle peut être plus élevée pour les animaux à sang chaud ; mais elle doit aussi être réglée d'après le point de

---

1. La maison d'A. Chramosta, Vienne, Kärntnerstrasse, 20, tient des couleurs à l'huile excellentes, de la fabrique de J. Roroney et Cº, 29, Oxford street, et 52, Rathbone-place, London, aux prix suivants :

Couleurs minérales à. . . . . . . 25 kreutzer en tubes.
— plus fines à. . . . . . 30 — —
Crapplacke à. . . . . 90 — —

2. Avant de séparer du corps la partie qui doit être injectée, on fera bien d'en mettre à nu les artères principales, sans les ouvrir. Au-dessus de l'en-droit où on veut fixer le tube, on doit lier ces artères sur un cylindre de verre ou de bois de grosseur correspondante. Qu'on coupe ensuite les artères le plus bas possible au-dessous de la ligature, et qu'on fasse alors seulement la section complète de la partie du cadavre. Ensuite on lie les canules dans les vaisseaux, et on prépare tout pour l'injection ; mais on ne défait les ligatures que lorsque l'embouchure de la seringue remplie est adaptée dans la canule. De cette ma-nière on peut être sûr de ne pas injecter de l'air avant la matière. (Hyrtl, l. c, 631.)

fusion de la matière qu'on injecte, dont elle ne doit que rarement ou, pour mieux dire, jamais atteindre le degré de chaleur[1]; elle ne doit même pas produire une impression désagréable sur la main qu'on plonge dans l'eau. Pour conserver le bain à la même température, on couvre le baquet d'un couvercle ou d'un linge et on le met sur une grille (comparez Hyrtl, *l. c.,*) sous laquelle se trouve une lampe à esprit-de-vin; dès que de la vapeur s'élève, on doit ajouter de l'eau froide. Avant de mettre le corps dans le bain d'eau, on introduit avec précaution, et en tournant, la canule dans l'ouverture du vaisseau, après avoir fermé le robinet; on fixe la canule avec des fils de soie cirés entourant le vaisseau en forme de lacet[2], et on passe ensuite le fil de soie plusieurs fois autour de l'aile de la canule, pour empêcher qu'elle n'échappe. Lorsque le corps est convenablement chauffé, on doit encore une fois porter son attention sur la matière à injecter, ainsi que sur la seringue. On rend la première liquide au-dessus d'une flamme, ou mieux encore dans un bain d'eau, et on réchauffe la seringue en la faisant tourner au-dessus d'une lampe à esprit-de-vin, excepté l'endroit où se trouve le piston; il est plus commode, mais moins recommandable de réchauffer la seringue en lui faisant aspirer de l'eau chaude; on commence par voir si le piston est bien

1. Stiéda recommande, pour empêcher la putréfaction hâtive, qui est accélérée par l'eau chaude dans laquelle on met le corps, et aussi par l'emploi de la chaleur sèche, d'injecter avant la matière durcissante un mélange d'une livre d'acide phénique, une d'alcool, une de glycérine et dix-sept livres d'eau; après avoir laissé ainsi le corps pendant vingt-quatre heures, on injecte rapide· ment la matière cireuse bien chauffée et liquide. (Schwalbe et Hofmann, *Jahresbericht*, etc., 6, I, p. 147). — A Vienne, on recommande depuis longtemps une pareille injection double; d'abord on injecte le liquide conservateur de Rüdinger (voy. p. 28), et après un jour ou un jour et demi la matière durcis sante.

2. A cet effet on passe la pince sous le vaisseau, on saisit le fil et on l'attire, ou bien on se sert d'une aiguille courbée de chirurgie, par le trou de laquelle on a passé le fil.

graissé et s'il ferme hermétiquement; on reconnaît qu'il en
est ainsi à ce que si, l'ayant monté en bouchant l'ouverture du
tube, il reprend immédiatement de lui-même sa première position. Si le piston ne ferme pas hermétiquement, on tâche
d'abord d'y remédier en vissant plus fortement la plaque inférieure, ou bien on place le piston pendant quelques instants
dans de l'eau chaude. Cependant, comme ce dernier procédé
n'est nullement favorable au piston, on fait mieux de le laisser
plus longtemps (1/2 - 1 jour) dans de l'eau froide.

On peut et on doit fermement ligaturer les grands vaisseaux; mais il faut traiter avec beaucoup de ménagements
les petits vaisseaux (tels que les vaisseaux sanguins d'organes tendres de petits animaux, surtout des Invertébrés);
— quelquefois une simple pression du doigt doit remplacer
la ligature.

Si le tube n'a pas d'ailes latérales, on doit attacher d'autant plus fortement le fil de soie autour des rayures circulaires.

Récemment W. Flemming a recommandé (*Archiv f. mikr.
Anat.*, XV, p. 252-255) d'employer une pâte de gypse appliquée en petite quantité, en pressant toujours doucement,
de manière à ce que le gypse renferme l'extrémité de la canule, au lieu d'essayer de faire des ligatures presque toujours impossibles quand il s'agit d'animaux Invertébrés. Pour
les petites injections des Vertébrés, le gypse peut remplacer,
dans beaucoup de cas, des ligatures fastidieuses.

Les animaux à sang froid[1], surtout les Poissons, ne suppor-

---

1. Une méthode, que M. Flemming a employée le premier sur des Invertébrés, particulièrement sur des Bivalves, paraît très recommandable pour bien
faire pénétrer les injections, sans cependant détériorer les tissus par la morti-
fication; on met le corps dans de l'eau tiède, après l'avoir fait geler complètement sur un mélange de glace et de sel. Les muscles de l'animal, qui s'amol-
lissent bientôt après la mort, n'offrent, après environ une demi-heure, plus
de résistance à l'injection.

tent qu'une température très modérée; je les injecte dans un bain d'eau tiède, d'environ 25° Celsius (20° R.); à une température plus élevée, les muscles des Poissons s'émiettent quand on les manie; pour cette raison les matières résineuses, qui ne fondent qu'à un degré élevé de chaleur, ne conviennent pas aux injections des Poissons, comme Hyrtl le dit très expressément.

Avant d'introduire l'embouchure de la seringue dans la canule, on enlève avec une petite éponge l'eau qui a pénétré jusqu'au robinet pendant qu'on réchauffait le corps, parce que sans cela la vapeur qui se formerait nuirait à la bonne réussite de l'injection (Hyrtl). Si la canule n'a pas de robinet, on doit enlever avec précaution le petit bouchon qu'on y aura mis. On prend alors de la main gauche la canule assujettie au vaisseau qui doit être injecté; de la main droite, la seringue remplie, et on fait descendre doucement le piston en appuyant dessus avec la poitrine; à cet effet, les seringues de Hyrtl pour les plus fines injections ont encore une longueur de 7″, et le piston entièrement abaissé sort encore de 3 1/2″ du tube.

Lorsqu'on rencontre une résistance inattendue, on doit en rechercher la cause. Souvent ce n'est qu'un léger obstacle, par exemple une partie du corps trop fortement repliée, ce qu'on reconnaît immédiatement si, après l'avoir étendue, la matière se laisse injecter facilement; ou bien la température de la matière était trop élevée par rapport à celle du corps, et par conséquent la matière se durcit trop vite, etc., etc.; chacun doit apprendre par sa propre expérience à reconnaître de pareils accidents et à y remédier. De même, tout le monde ne sera pas toujours aussi satisfait des nombreuses méthodes d'injection que leurs inventeurs.

Si le contenu de la seringue qu'on a choisie ne suffit pas

pour l'injection complète, on ferme le robinet, on remplit
de nouveau la seringue et l'on opère comme avant. — On voit
que l'injection a réussi lorsque sur les parties nues du corps
on aperçoit à travers la peau les vaisseaux injectés : chez les
Poissons, on le reconnaît aux branchies ; chez les Reptiles, on
fait une légère incision dans la peau, sur un point éloigné de
celui par lequel on a fait l'injection ; chez les Oiseaux et les
Mammifères, on incise l'extrémité des membres, etc. Une
matière bien délayée pénètre facilement dans les ramifications de l'artère ophthalmique (palpébrale, frontale, dorsale,
nasale, etc.), et si on la voit à ces endroits, on peut en con-
clure que l'injection a réussi tout au moins dans la partie
supérieure du corps.

Après l'injection, on doit nettoyer très minutieusement les
instruments employés. On dévisse le couvercle de la seringue, on ôte le piston, etc., et l'on nettoie chaque partie séparément ; si de la matière à injecter y adhère, on l'enlève
en la chauffant doucement dans un bain d'eau chaude ou
au-dessus de la lampe à esprit-de-vin. Naturellement on n'enlève les canules du corps qu'après que la matière s'est durcie, et on choisit un moyen de les nettoyer adapté à la nature
de la matière injectée ; après l'injection de graisse et de cire,
on les met dans de l'eau chaude, et on y passe une barbe de
plume pour les sécher ; dans des canules très fines on introduit une soie de sanglier ou un fil d'argent, qu'on fait bien
d'y laisser jusqu'à la prochaine injection. Si on a fait l'injection d'une matière résineuse, on nettoie la seringue avec de
l'essence de térébenthine ; si l'on s'est servi de colle animale,
on se sert d'eau chaude, et on suspend la seringue par la poignée, pour qu'elle puisse bien s'égoutter.

Après les injections résineuses, on fait égoutter d'abord
les canules au-dessus d'une faible flamme de la lampe à

esprit-de-vin; on les nettoie ensuite avec une curette plongée
dans de l'essence de térébenthine (il est recommandable de
les poser verticalement sur une plaque chauffée, pour les
faire sécher (Frey). On nettoie la partie large de la canule
avec un lambeau de toile tortillé (Hyrtl).

D'après ce qui vient d'être dit, on peut facilement se rendre
compte de ce qu'il y a faire après les injections à froid.

Il est très important de choisir le moment propice pour
commencer la préparation des objets injectés; il varie beaucoup selon les qualités de la matière employée. On transporte les préparations à la cire et à la résine dans un endroit
frais; on les nettoie sous le robinet d'eau froide et on les
met dans environ 50 pour 100 d'alcool n'ayant pas encore
servi ou distillé une seconde fois (l'alcool déjà employé contient des acides sébaciques, qui soutirent même la chaux des
os; on les reconnaît à l'odeur formique et aux nuages laiteux qui s'y forment lorsqu'on y ajoute de l'eau). Dans la
saison froide, 'on peut souvent travailler après quelques
heures sur des préparations à la cire; des préparations à la
résine doivent quelquefois être laissées pendant plusieurs
jours; les injections à l'éther permettent d'opérer immédiatement sur les objets.

Appendice concernant la corrosion et la macération des préparatio ns.

Les organes injectés sont mis dans de l'acide chlorhydrique
concentré ou étendu (5/6 d'acide chlorhydrique, 1/6 d'eau),
jusqu'à ce que leur parenchyme non injecté et les membranes vasculaires ne soient plus qu'une pâte molle qu'on peut
enlever en rinçant les objets dans l'eau; ce qui reste n'est
pas une préparation anatomique suivant le sens précis du
mot, mais un moule des creux des organes ou des ramifica-

tions des vaisseaux. Ce moule doit être bien lavé et séché. Hyrtl, qui a fait faire de grands progrès à l'anatomie à l'aide des corrosions, recommande pour les préparations par corrosion toute matière propre à faire des injections, condensée jusqu'au durcissement complet ; il donne une certaine solidité à ces préparations, naturellement très fragiles, en les plongeant dans de la colle de poisson, en les séchant ensuite, et en répétant ces opérations jusqu'à ce que l'objet soit revêtu d'une enveloppe suffisamment épaisse de colle.

Les matières destinées aux préparations par corrosion doivent contenir peu de cire et jamais de graisse. Dans ces derniers temps, Hyrtl a recommandé, comme matière à injection, du vernis-mastic condensé, mélangé dans la proportion de 6 : 1 avec de la cire, et comme matières colorantes : le cinabre, le cobalt, le jaune de chrome, le blanc de krems, sorte de céruse très pure, le vert d'émeraude.

Pour la méthode de corrosion que Hoyer a fait connaître, comparez la partie spéciale qui traite de la préparation des viscères, etc.

Pour les préparations par macération, on ne peut se servir que de métaux très fusibles. On prend ordinairement le métal de Rosen, consistant en 8 parties de bismuth, 4 d'étain et 4 de plomb, qui se fond sur de l'eau bien bouillante, et qu'on peut rendre encore un peu plus fusible en y ajoutant une petite quantité de mercure. Hyrtl recommande un alliage de 2 parties de bismuth, et de 1 partie de plomb et d'étain. Cette matière doit être coulée au moyen d'un entonnoir dans le vaisseau qu'on veut injecter, et on doit éviter soigneusement qu'il se forme des bulles d'air.

Pour accélérer la macération, on expose les préparations à l'action directe du soleil. On ne se sert guère des coulées de métaux que pour les ramifications des bronches dans les poumons (Hyrtl).

Loupes et microscopes.

Il est presque nécessaire d'avoir, outre le microscope ordinaire, une petite loupe à tube de corne, qu'on peut mettre dans sa poche, et une autre loupe montée sur pied, pour les préparations d'objets trop grands pour être placés sous le microscope.

Fig. 50. — Loupe à dissection de Zeiss.

La loupe montée de Brücke, améliorée et fabriquée par Hartnack et Prazmowsky (Paris et Potsdam), à laquelle on peut donner toutes les positions voulues et qui joint la stabi-

lité désirable à une forme élégante, est la meilleure que je
connaisse ; depuis quelque temps, Reichert, à Vienne [1], et
quelques autres maisons l'ont amenée au même degré de
perfection.

Pour les préparations, les loupes de Zeiss (fig. 30) sont
les plus répanduss ; elles ont non seulement des lentilles

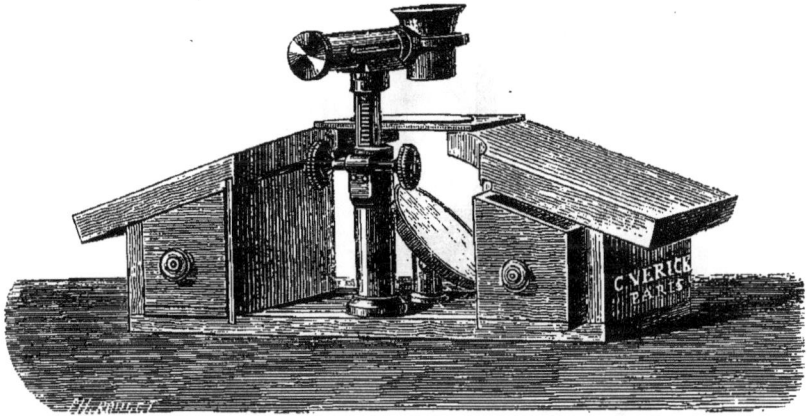

Fig. 31. — Loupe montée de Vérick.

excellentes, mais elles sont aussi très bien construites au
point de vue mécanique ; Reichert en a construit une plus
simple, plus grande et d'un prix très modique ; ells n'a
pas de vis régulatrice, ni les tablettes recouvertes de cuir ;
mais comme instrument optique elle est si parfaite, qu'elle
peut être recommandée à tout étudiant ; la distance focale
est de 9 millimètres à un grossissement de 120. Les loupes
montées de Vérick sont également très bonnes.

Quel que soit l'arrangement mécanique de la loupe montée, le point important est qu'elle ait des verres bien achevés

1. Reichert, Vienne, VIII Landongasse, 40. — Je ne recommande que les maisons dont j'ai pu juger les produits par une longue expérience, sans vouloir
rien dire au détriment d'autres maisons.

qui sont d'autant meilleurs que leur distance focale est plus

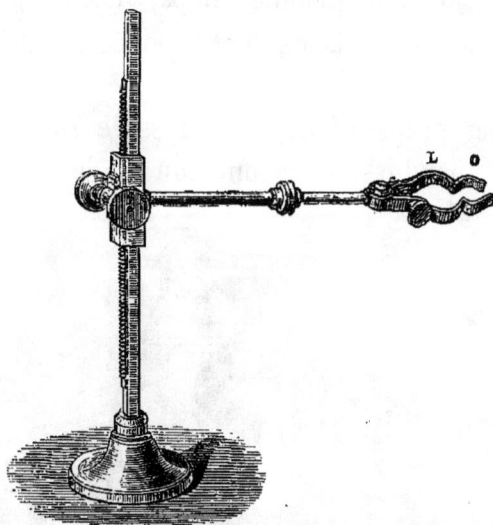

Fig. 32. — Pied de loupe de Kunckel d'Herculaïs avec crémaillère et tirage
fabriqué par Vérick.

grande; c'est de cela que dépendent surtout l'utilité et la
valeur de ces instruments.

CHAPITRE II

Si l'on a le choix entre des sujets frais du groupe animal qu'on veut étudier, on doit préférer naturellement les exemplaires qui présentent au plus haut point les caractères les plus importants, soit pour l'anatomie, soit pour la classification ; mais ceci est loin d'être toujours facile à distinguer et exige souvent des connaissances approfondies. Ce n'est pas ici le lieu d'énumérer les nombreuses particularités qui doivent exercer une influence sur ce choix ; le chercheur devra se laisser guider par ses connaissances dans la partie systématique de la zoologie.

Pour ne citer que l'exemple le plus simple, je prends le suivant : qu'il s'agisse d'étudier une Carpe d'eau douce ordinaire, animal qu'on peut constamment trouver à volonté au marché ; il est facile d'atteindre ici le premier desideratum : avoir l'animal en vie ; il est plus difficile d'en obtenir une complètement intacte parmi un grand nombre de Poissons qui ont été comprimés dans un tonneau. Par la manière barbare dont on les traite, la muqueuse des lèvres est ordinairement déjà endommagée, déchirée ; les barbes (qui varient souvent et ne sont pas placées symétriquement) sont mutilées. Il peut se faire aussi que les barbes manquent absolument ; on doit examiner alors attentivement si cela résulte d'un défaut naturel ou artificiel. On doit aussi examiner les nageoires et les écailles ; les premières sont souvent très déchirées, les rayons des nageoires sont brisés, etc. ; il y a quelquefois des endroits complètement écaillés, etc. De pareils accidents, dont on peut facilement déterminer la cause naturelle ou artificielle dans le cas cité, sont parfois très difficiles à interpréter, surtout chez des animaux rares.

Les animaux fraîchement tués, dont on n'entreprend pas immédiatement la préparation, mais qu'on conserve pour plus tard, doivent, lorsqu'ils sont recouverts d'un tégument dur, être ouverts avec précaution, soit par le ventre (les Vertébrés), soit par le dos (les Articulés), soit sur un autre point. Les Vertébrés surtout doivent être mis pendant plusieurs heures dans de l'eau douce, pour laisser écouler le sang, et ils doivent alors seulement être mis dans le liquide conservateur, qui ne pénétrerait pas assez dans le corps par les ouvertures naturelles ; si l'on néglige cette précaution, on trouve, après un certain temps, que les animaux, même dans l'alcool le plus fort, sont durcis, relativement conservés à l'extérieur et putréfiés en dedans [1] (les Vertébrés, les Arthropodes, excepté leurs plus petits représentants, les Échinodermes, etc.). On fera bien de se procurer des sujets à des âges différents, surtout parmi les Vertébrés ; ceci est particulièrement important pour l'étude du squelette (crâne primordial, préformation cartilagineuse, os du crâne séparés dans la jeunesse et plus tard soudés, os du bassin, os

---

1. Pour cette raison on ne doit pas redouter la peine de faire, en outre, à différents endroits du corps, des injections de 50 pour 100 d'alcool pur.

acétabulaires des Oiseaux, etc., etc.). Le développement des autres systèmes, surtout du système génital, exige également qu'on étudie des sujets de tous âges, sans parler de l'anatomie comparée.

Nous allons maintenant citer les plus importants des liquides conservateurs qu'on a fait connaître dans ces derniers temps, et pour les autres, destinés particulièrement aux études histologiques, nous renvoyons à la partie spéciale, où on trouvera des indications pour chaque classe d'animaux. Le liquide conservateur le plus usité et *ceteris paribus*, le meilleur, est l'alcool, dont nous nous servons à trois degrés différents de force : l'alcool à 52 % environ comme liquide de conservation définitif, l'alcool à 95 %, et l'alcool anhydre pour faire durcir les tissus animaux et pour obtenir une complète déshydratisation. Pour conserver les couleurs, qui se perdent bientôt par l'action de l'alcool, les dermatologues ont l'habitude d'y ajouter de l'alun dissous dans l'eau (17,5 grammes d'alun, 420 d'eau). On ne peut pas se servir de ce mélange pour les préparations zootomiques, parce que l'alun fait dissoudre les éléments calcaires. Il est nécessaire d'ajouter du tannin pur pour conserver de grandes masses de chair (Martin). Pour les petits animaux tendres, habitant la mer (excepté ceux ayant une enveloppe calcaire qui serait dissoute par la glycérine), Gustave Jäger recommande un mélange de 1 partie d'alcool, 1 partie de glycérine et 10 parties d'eau de mer ; il faut augmenter la proportion d'alcool ou de glycérine, lorsqu'on veut conserver des animaux un peu plus grands (des Gastéropodes, des Crustacés, des Méduses, etc.). Je ferai observer qu'on fait bien de mettre les animaux de mer frais, d'abord, dans de l'alcool distillé une seconde fois pour la déhydratisation ; il est peu économique de les mettre immédiatement dans de l'alcool nouveau, parce qu'il est indispensable de le changer plusieurs fois pour tous les animaux de mer dont on veut faire des préparations durables ; sans cela ils pourriraient certainement.

L'alcool vendu à Trieste et sur les côtes d'Istrie est très souvent mélangé d'huile de térébenthine, ce qui n'est pas toujours bon ; les objets zootomiques qu'on peut acheter aux préparateurs italiens sont souvent conservés dans cet alcool.

Pour les grands animaux dont la préparation prend plus de temps, Bauer (ou Hyrtl, *l. c.*) recommande l'injection d'alcool à 35 degrés avec de l'acétate d'alumine dans la proportion de 1 : 12.

L'arak, le cognac, le rhum, sont des succédanés du véritable alcool.

Nous avons déjà parlé de la glycérine en parlant du mélange recommandé par G. Jäger ; mais à l'état pur c'est aussi un ingrédient important pour la conservation (voyez plus bas) ; on combat le désavantage qu'elle présente de faire ratatiner considérablement la plupart des objets en y ajoutant une petite quantité d'eau distillée ou d'eau de pluie et d'acide phénique pur [1].

Le mélange de 100 glycérine, 15-17 acide phénique et 11 alcool, recommandé par C. Langer et que Rüdinger a employé le premier, est un excellent liquide conservateur. Dans le musée d'anatomie de Vienne (Langer), où j'ai vu pour la première fois employer ce moyen, 5 litres de glycérine étaient mêlés à 2 litres d'acide phénique ; on faisait dissoudre 100 parties en poids d'acide phénique cristallisé dans 200 parties en poids d'alcool à 40°, et on secouait bien

1. Sur 40 grammes de glycérine pure, 10-20 grammes *aquæ dest.*, 6-8 gouttes acide carbolique cryst. sol.

le tout. On injectait ce liquide dans une artère (carotide, fémorale) jusqu'à ce qu'il sortît par une veine, après avoir traversé le système capillaire. Pour des corps entiers, surtout s'ils sont grands, on doit faire des injections dans plusieurs artères. Pour empêcher les objets de se desséchsr on les place dans des caisses de métal, sur des grilles, au-dessous desquelles se trouve le même liquide.

On y employait aussi avec succès la méthode de Vetters, qui consiste à saturer les préparations d'une solution de glycérine. On prend pour cette solution 6 parties de glycérine (poids spécifique 1230-1250 et 28-30° B.), 1 partie de sucre jaune, 1/2 de salpêtre ; ce mélange, bien remué, forme après quelques heures un dépôt. Pour la complète saturation il faut, selon les objets, huit jours à trois semaines ; on suspend alors les préparations dans une chambre à la température de 14° R., pour les sécher, ce qui va plus vite sous l'influence du soleil ; après six semaines ou six mois (toujours selon la grandeur des préparations) la dessiccation est suffisante. Langer conserve aussi de la sorte les préparations de coupes durcies dans l'alcool. (Schwalbe et Hofmann, *Jahresberichte*, etc., I, p. 5, et II, p. 6, donnent des indications détaillées sur les deux méthodes.) Il est à regretter qu'après avoir servi quelque temps, les préparations faites d'après ces deux méthodes perdent leur couleur brune primitive et deviennent incolores et gluantes, tandis que, par contre, elles sont indéchiquetables. Vetter recommandait d'enduire les préparations avec du vernis de Tyck (appelé Saak).

L'acide chromique dans des solutions de 1/4, 1/2, et même 1 est un excellent liquide conservateur pour certains objets ; nous l'employons depuis des années non seulement pour le durcissement d'animaux Invertébrés, mais aussi pour la conservation provisoire de petits Vertébrés. Cependant on ne doit pas laisser les objets exposés trop longtemps à l'action de l'acide chromique ; récemment le docteur M. Braun a fourni l'explication des grands avantages du traitement par l'acide chromique, dans ses communications à l'Institut de zoologie et de zootomie de Würzburg (*Zoolog. Anzeiger*, n° 4, p. 79-81). Il recommande de mettre tous les animaux destinés à être conservés dans de l'alcool, au moins pendant quelques heures, dans une solution de 1 degré d'acide chromique. Pour les animaux Invertébrés, on ajoute un peu d'acide acétique (Semper), et, d'après les circonstances, une combinaison d'acide chromique et osmique, etc.

Le bichromate de potassium, dans des solutions de 5-7°, est un conservateur excellent pour les petits Mollusques sans coquille, pour des Vers, de petites Méduses, etc. Il en est de même de la solution de Müller :

Bichromate de potassium,   2-2 1/2 grammes.
Sulfate de sodium,   1   »
Eau distillée,   100   »

La liqueur de Goadby consiste en 140 grammes de sel marin, 70 grammes d'alun, 5 décigrammes de sublimé, dissous dans 2 1/4 kilogr. d'eau bouillante bien filtrée. Pour des objets très délicats, on doit y ajouter la même quantité d'eau ; elle ne peut servir que pour des organismes sans squelette calcaire. D'après Möbius (*l. c.*, 27, p. 452), les petits animaux conservés dans cette liqueur deviennent très fragiles et ne peuvent servir aux études microscopiques.

Liquide de Farrant : dans 55 grammes d'eau distillée et bouillante, on fait dissoudre 0,11 grammes d'acide arsénieux. Lorsque la solution est refroidie, on y ajoute le même

4

poids de glycérine et on y fait dissoudre ensuite de nouveau le même poids de gomme arabique de première qualité. Ce liquide s'évapore très peu et conserve parfaitement les objets les plus tendres (G. Jäger).

Liqueur conservatrice d'Owen ; elle se compose de : 137,5 grammes de chlorure de sodium, 79 grammes d'alun, 0,014 grammes sublimé corrosif, 1680 grammes d'eau.

D'après Martin elle est très bonne pour de petits objets.

La conservation à sec[1] ne peut s'appliquer qu'au squelette, c'est-à-dire aux parties dures, — si nous laissons de côté la dessiccation de préparations anatomiques toutes faites. — Cependant on n'emploiera ce moyen, pour les Vertébrés, que lorsque la préparation immédiate d'un squelette d'une certaine grandeur est impossible, et si la préservation, toujours préférable dans un liquide, prend trop de place ou est trop dispendieuse.

Pour préparer un squelette à sec (voyez la Partie spéciale), on enlève avec le scalpel et les ciseaux toutes les parties molles, excepté les ligaments des articulations[2] ; seulement on doit bien faire attention de ne pas endommager les parties cartilagineuses du squelette (le cartilage costal, le sternum abdominal, le ligament huméral des Amphi-

---

1. Le Dr Braun vient de publier (*Zoologischer Anzeiger*, n° 3, page 56-5) une méthode dont A. Schmidt s'est servi le premier et que Semper a modifiée pour la conservation à sec des préparations anatomiques des Mollusques.— On met les organes détachés, pendant une demi-heure, dans de l'alcool à 40-50 0/0 ; on les colore à l'aide d'une solution ammoniacale de carmin ou de carmin de Beale ; d'après la grandeur il faut les laisser 3-6-12 heures dans ce bain. Les préparations rincées dans de l'eau acidulée sont étendues sur des plaques de verre, et séchées à la température d'appartement; on enlève les détails superflus avec le scalpel, on remédie avec de l'encre de Chine aux endroits endommagés, enfin on enduit le tout de laque de Damar dissoute dans de la benzine.

2. On doit séparer le crâne de l'atlas pour pouvoir enlever l'encéphale. On le détruit en partie en introduisant un fil de fer courbé ou un petit bâton par le trou occipital; le reste est enlevé en rinçant avec de l'eau dans laquelle on a fait bouillir de la cendre de bois.

biens, etc.). Pendant la saison froide, on peut faire sécher
les squelettes bruts dans un endroit bien aéré, sans autres
préservatifs. Pendant la saison d'été, au contraire, les ligaments et les capsules articulaires et autres parties semblables
doivent être enduits avec de la glycérine phéniquée, ou
avec le savon arsenical de Bécœur[1], qui doit être bien
étendu avec des spatules de bois. Martin (*l.*, *c.* 32) recommande l'arséniate de soude dissous dans de l'eau froide,
comme bien préférable au savon de Bécœur. Les petits animaux et certaines parties de grands animaux, qu'à certaines
fins on ne peut conserver que secs (la ramure des Cerfs, les
parties nues de plusieurs Oiseaux, les nids d'Oiseaux et
d'Insectes, les Insectes, les Crustacés desséchés, etc.), doivent être mis, d'après Martin, dans un bain d'acide arsénieux
avec deux ou trois fois la même quantité d'eau; une plume
noire plongée dans la solution ne doit pas changer en se
desséchant; si elle présente des taches blanches, la solution
doit encore être allongée.

Les principaux avantages de la préservation à sec des
objets bruts sont : l'économie d'argent et d'espace ; je peux
la recommander, d'après ma propre expérience, quelle que
soit la modicité des moyens dont on dispose.

Pour le traitement ultérieur des objets desséchés, je peux
renvoyer à la Partie spéciale : *Préparation des os.*

La taxidermie (empaillement des animaux) n'appartient
pas au cadre de ce guide; mais on trouvera plus loin des indications pour préparer les peaux d'animaux de différentes

---

1. On fait bouillir 420 grammes de savon blanc dans de l'eau jusqu'à former
une pâte; on ajoute d'abord 210 grammes de chaux fraîchement éteinte, puis
420 grammes d'acide arsénieux, et enfin 210 grammes de camphre. On conserve ce savon onctueux dans des bocaux bien fermés. Lorsqu'il est trop desséché, on le dissout dans de l'alcool affaibli ou dans de l'eau.

classes. Ici je veux seulement encore mentionner qu'on doit soigneusement étendre sur une planchette les Arthropodes qu'on veut sécher, en donnant la position convenable aux extrémités, aux antennes, etc.

La conservation dans des liquides est, comme je l'ai déjà dit, dans tous les cas, la meilleure méthode, si l'on peut l'employer ; les Oiseaux conservés dans de l'alcool avec leurs plumes et les intestins peuvent être étudiés avec fruit ; on doit faire attention à ne pas trop déranger les plumes : pour cela il suffit d'envelopper l'Oiseau dans un morceau de toile.

Il est essentiel de changer de temps en temps le liquide, surtout si l'on emploie l'acide chromique ou le liquide de Müller ; outre qu'il s'y forme souvent, en moins d'une année, des couches épaisses de moisissures, qui doivent naturellement être éloignées en rinçant énergiquement les prépara- tions, celles-ci deviennent elles-mêmes friables et cassantes ; après les avoir laissées six semaines ou deux mois dans ces solutions, on doit les bien laver à l'eau et les mettre dans de l'alcool à 52 pour 100.

Il en est de même pour presque toutes les autres solu- tions non alcoolisées, dans lesquelles on met des organismes animaux pour en faire l'étude histologique.

Les animaux qui ont été longtemps conservés dans de l'alcool très fort, sont souvent tellement durcis, qu'on ne peut pas entreprendre immédiatement leur préparation ana- tomique. On les place préalablement sous un robinet et on fait tomber de l'eau goutte à goutte pendant quelques heures sur eux, ce qui leur rend en partie la flexibilité des parties molles. Il faut encore observer que des préparations fraîches deviennent raides et incolores quand on les place dans de l'alcool concentré ; c'est pourquoi l'indication donnée par Hyrtl de laisser les objets dans l'eau pendant quelque temps et de commencer avec de l'alcool très faible, en passant successivement à de l'alcool plus fort, est très importante.

Une très bonne méthode, surtout pour l'étude de la topographie des viscères, des muscles, des gros nerfs et vaisseaux, est de faire des séries de coupes choisies dans des corps congelés et de les conserver, soit dans de l'alcool, soit à l'état sec, après les avoir longtemps laissées dans un bain de glycérine.

Quand on n'a pas le temps de faire la préparation, on peut convenablement conserver les objets anatomiques auxquels on travaille, dans des vases de faïence dont le bord supérieur a une rainure dans laquelle s'adapte parfaitement un couvercle; pour que la fermeture soit plus complète, on enduit le bord du couvercle avec de la graisse de cerf ou avec du suif ordinaire, qu'on étend avec une spatule; on met les petits animaux dans des flacons à poudre ordinaires, à larges ouvertures munies de bouchons à l'émeri; on doit enduire ces derniers avec de la cire molle ou du suif, et les introduire dans les bocaux en tournant; on fera bien de suivre ce conseil de Hyrtl, parce que, de ce que des bocaux sont difficiles à ouvrir, il ne s'ensuit nullement qu'ils sont hermétiquement clos; mais si l'on met de la graisse sur les faces dépolies du bouchon, toute évaporation nuisible est empêchée et le bouchon peut être ôté sans difficulté. Sans cette précaution, il est souvent nécessaire de chauffer le goulot de la bouteille ou de le plonger dans de l'eau chaude, pour détacher le bouchon qui s'y trouve quelquefois pour ainsi dire rouillé.

Ce procédé, qui fait perdre quelquefois beaucoup de temps, peut avoir des suites funestes, non seulement pour le bocal et pour l'objet qui est plus précieux, mais encore pour la main du préparateur.

Le choix des verres dans lesquels les préparations doivent être conservées dans l'alcool exige aussi quelque attention. Ils doivent prendre peu de place, fermer hermétiquement, et permettre le plus possible de bien voir l'objet; comme quatrième condition, on peut exiger la modicité du prix de ces verres.

Autant que possible, on doit choisir les verres d'après la forme des animaux, et non pas empiler des préparations faites avec soin dans un bocal quelconque, en les courbant et les écrasant; ensuite, il faut autant que possible ne mettre qu'une seule préparation dans chaque flacon, à moins que, quoique réunies à deux ou plusieurs, on puisse les voir de tous les côtés; on doit s'abstenir absolument de renfermer des individus d'espèces ou de genres différents dans un même vase, dans le seul but d'épargner de la place.

On peut mettre une certaine élégance dans l'arrangement extérieur, même en travaillant avec la plus grande économie; cette élégance peut fort bien s'allier avec le but principal, qui est l'exposition parfaite de la préparation.

Quant à la forme des verres, le cylindre vertical et les bocaux ovales aplatis et quadrangulaires (oblongs) qu'on trouve de toutes les formes, hauts, bas, larges, étroits, grands et petits, sont incontestablement les mieux appropriés. Les flacons à poudres ronds, qu'on emploie encore très souvent, ne conviennent que pour de petits objets, mais sont absolument impropres à des animaux ayant de grandes faces plates (les Tortues, les Raies, les Pleuronectes, plusieurs Crustacés (Limules), etc., parce que la réfraction occasionnée par la convexité du verre déforme les images.

Hyrtl — le fondateur de la muséologie scientifique — fait ressortir encore un autre inconvénient des bocaux sphériques.

« Si la préparation ne touche pas par une de ses extrémités à la paroi du bocal sphérique, mais flotte librement
dans le liquide, ce n'est que par un tour d'adresse qu'on peut
arriver à l'examiner de tous les côtés. Lorsqu'on tourne le
bocal, la préparation qui y nage librement, ne tourne pas.
Pour la faire tourner en même temps, il faut pencher le bocal
de manière à faire appuyer la préparation contre la paroi.
Mais alors la face de la préparation tournée vers l'intérieur
du bocal est si éloignée de la paroi opposée, que la déforma-
tion de l'image dont il a déjà été parlé arrive jusqu'à la ca-
ricature. Si, de plus, ces flacons sont mal fermés, grands,
lourds par conséquent avec leur contenu, l'alcool s'échappe
lorsqu'on les incline, mouille la paroi extérieure du verre
et la main qui le soutient, et augmente le risque de le laisser
échapper. »

Les préparations qui ne nagent pas, se placent d'ordinaire
malencontreusement dans un bocal rond, ou bien, lorsqu'elles sont molles, s'appliquent entièrement ou en partie
sur le fond du vase; elles conservent ensuite cette forme
faussée et ne peuvent plus être examinées avec fruit que lorsqu'on les ôte du bocal.

Les bocaux ovales ou quadrangulaires ont encore cet
avantage, qu'on épargne en alcool ce qu'on a payé de plus
pour les avoir, et que, même dans un espace restreint, on
peut les exposer de manière à être vus.

Les spirituarium construits d'après les indications de
Marlin ne peuvent convenir qu'aux grands musées; l'homme
privé aura rarement l'occasion de s'en servir.

Lorsqu'on s'est décidé pour la forme du bocal, il faut
diriger en premier lieu son attention vers le mode de suspension le plus favorable pour la préparation; quelquefois
cela ne donne aucun embarras, c'est-à-dire lorsque la

forme du verre correspond exactement à celle de la préparation ; ainsi on conserve habituellement des coupes d'Échinodermes ou des Échinodermes entiers dans des bocaux ovales, dont l'axe transversal correspond exactement à l'axe principal de l'animal ; le désavantage apparent de devoir courber quelques piquants de la préparation est amplement compensé par l'avantage que toutes les parties essentielles à examiner sont appliquées contre les parois plates du verre. Pour d'autres animaux, on ne peut pas employer ce mode de fixation, et l'on doit s'efforcer de procurer d'une autre manière, à l'examinateur, une vue avantageuse de l'objet.

Pour les animaux tendres, surtout pour les Cœlentérés transparents, une méthode expliquée en détail par Pagenstecher se recommande entre plusieurs autres. Il se servait d'anneaux de verre creux, qu'on peut facilement fabriquer soi-même en faisant fondre et en fermant les bouts rapprochés de tubes de verre, courbés en conséquence ; les Méduses sont posées sur l'anneau, et les tentacules pendent au centre ; mais, afin que les corps des animaux posés sur les anneaux plongent suffisamment dans le liquide, on fixe à l'anneau, à des distances convenables, au moyen de fils, trois ou quatre boules de verre solide qui maintiennent l'anneau à la hauteur voulue. Les boules de verre munies de crochets sont moins recommandables, parce qu'elles sont bien plus fragiles, et que les corps tendres des Cœlentérés se prêtent peu à être suspendus avec des fils ; cette méthode peut être employée avec plus d'avantage pour certains Annélides ou Arthropodes. Si l'on se sert de morceaux de liège pour soutenir les objets, l'alcool prend une couleur foncée.

Nous avons déjà fait observer qu'on ne peut pas convenablement suspendre un objet à un seul fil ; nous en employons donc deux, et il s'agit alors de les attacher au bouchon ou au couvercle ; on a renoncé depuis longtemps, et avec raison, à amener les fils au dehors et à les rattacher par plusieurs tours au col du flacon; car, comme Ruysch l'avait déjà fait observer (voyez Hyrtl, *l. c.*, p. 37), les fils de soie agissent comme des mèches, par lesquelles l'alcool suinte peu à peu ; il vaut mieux, comme il le fit plus tard, employer à cet usage des crins ; mais ceux-ci présentent un autre inconvénient : celui de faire émietter facilement, dans les points par lesquels ils sortent du bocal, la matière avec laquelle on a luté ce dernier, ce qui fait que la fermeture n'est plus hermétique.

Pour la même raison, il ne faut pas faire passer les fils ou les crins entre la surface dépolie d'un bouchon de verre et celle du col du bocal.

Martin attache de petits objets suspendus à des crins blancs ou à des fils de soie, à la face inférieure du bouchon, au moyen d'un peu de gutta-percha ramollie.

Les épais bouchons de verre munis au centre d'une ouverture en forme de cuvette, dans laquelle les fils venant de l'intérieur du bocal sont retenus par une petite barre de verre et fixés solidement avec du lut, sont très coûteux. La meilleure méthode de suspension est certainement celle qui a été indiquée par Hyrtl et que je reproduis d'après lui : « Les bocaux cylindriques ou quadrangulaires de Solin ont un bord poli et recourbé, de largeur différente d'après la grandeur du bocal. Chez les plus grands, la largeur n'est que de quatre lignes. Au-dessous du bord recourbé, le calibre du bocal s'élargit imperceptiblement, mais cependant assez pour qu'on puisse y faire tenir un morceau de bois de tilleul taillé obliquement aux deux bouts, qui ne doit pas atteindre jusqu'à la face plane du bord recourbé, et par conséquent ne pas toucher au bouchon du bocal. Je fais deux

entailles dans ce morceau de bois, pour y faire passer les
fils (les crins) doubles qui servent à suspendre les objets.
Les entailles doivent être assez profondes pour que les
nœuds qu'on fait ne les dépassent pas. Mieux vaut encore
placer le nœud près de la préparation et faire faire deux
fois le tour du bois de traverse par les fils, à l'endroit de
l'entaille. Si, pour des préparations d'une certaine largeur,
il est nécessaire d'employer plusieurs fils de suspension,
on les attache chacun de la même manière. »

Je me sers de la même méthode pour les verres cylindriques verticaux, bouchés à l'émeri ; pour les flacons à poudres
à col étranglé, le procédé de Martin peut servir, tant qu'il
s'agit d'objets légers ; les préparations volumineuses et
lourdes doivent être fixées par des tubes et des barres de
verre, ce qui n'empêche pas que la première forte secousse
les dérange et qu'elles se présentent aussi défavorablement
que possible au point de vue didactique et esthétique.

Habituellement, on préfère attacher les grandes préparations sur des tablettes ou des supports, soit en bois de tilleul ou de peuplier, soit en verre (les supports de liège,
de cire et de gutta-percha ne valent rien). On recouvre les
tablettes de tilleul avec du taffetas noir (Hyrtl), et on y attache les préparations au moyen de dents d'un petit peigne en
ivoire ; von Koch recommande des tablettes de bois de peuplier, sur lesquelles on peut mettre une couche de couleur
à l'eau, même lorsqu'on veut conserver les préparations qui
y sont fixées avec des épingles à Insectes dans au moins
70 pour 100 d'alcool.

Toutes les fois qu'on peut s'en servir, on doit employer
de préférence des lames ou des tablettes de verre ; les motifs
sont faciles à comprendre ; avec une lime on fait des entailles
dans leurs bords pour arrêter les fils ou les crins, ou bien

on fait passer ceux-ci dans des trous que l'on fore dans les tablettes de verre.

Pour les préparations qu'on doit souvent ôter de leur bocal afin de les étudier, on peut recommander les verres cylindriques déjà décrits, pourvu qu'ils aient un bouchon bien dépoli ; ce dernier doit être enduit de graisse de cerf, pour qu'il ferme mieux et puisse être plus facilement enlevé ; il faut éviter naturellement de mettre trop de graisse. Pour des objets plats, on prend des verres ovales et quadrangulaires, ayant un bord recourbé et dépoli, le plus large possible, sur lequel est collé un couvercle épais, également dépoli. A cet effet, on prend soit 2/3 de cire et 1/3 de saindoux (mais comme ce mélange reste très mou et salit facilement la partie supérieure du verre lorsqu'on enlève le couvercle, on ne peut pas le recommander), soit l'onguent de blanc de baleine recommandé encore récemment par Schreiber[1] (environ 1/3 de suif sur 2/3 de blanc de baleine).

Martin recommande comme lut, pour coller les couvercles, de la gutta-percha fondue, si l'on veut une fermeture solide, et de la gomme élastique, pour une fermeture facile à enlever.

1. On amène le blanc de baleine à l'état liquide par une chaleur modérée, et, en remuant toujours, on y ajoute du suif jusqu'à ce que la masse fondue devienne onctueuse. On la verse ensuite dans une forme, dont on l'ôte lorsqu'elle est devenue solide, en réchauffant doucement la forme, et on la conserve comme un pain de savon. Lorsqu'on s'en sert, on étale une mince couche de cet onguent sur le bord dépoli du bocal et le contour correspondant du disque de verre qui doit le fermer. Comme le lut n'adhère que si on le verse complètement sec, on doit l'appliquer avec la lame d'un couteau avant de remplir le vase. Pour que la fermeture soit complète, on presse un peu le couvercle sur l'ouverture, en évitant toute secousse, et enfin on bouche les interstices qui existent entre le bocal et le bord du couvercle en y introduisant la même matière avec le doigt. Ce mode de fermeture est solide et impénétrable à l'air. En introduisant doucement la lame d'un couteau entre le bord du bocal et le couvercle, on enlève facilement celui-ci (*Herpetologia Europæ*, page 606).

On recommande aussi une matière gluante composée d'une partie de suif et d'une partie de caoutchouc (Bauer).

Le caoutchouc ou la gutta-percha sont coupés par morceaux, et fondus sur un feu de charbon en remuant toujours. La pâte coriace qu'on obtient ainsi est mêlée à 1/8 de son poids de suif ou 1/4 d'huile de lin, et lorsqu'il n'y a plus de grumeaux, on la conserve dans des boites de fer-blanc. On a fait connaître et on emploie encore beaucoup de méthodes très différentes pour la conservation de préparations destinées à rester toujours closes.

On ne peut pas conseiller de fermer les verres à préparations avec des vessies; car, comme Hyrtl le dit, ces bocaux fermés hermétiquement éclatent comme des bombes, lorsque par mégarde on y fait une piqûre avec un scalpel; en outre, la dépression profonde de la vessie est un inconvénient au point de vue cosmétique. Mais en premier lieu on peut rendre le mode de fermeture indiqué plus haut, facile à ouvrir, en recouvrant le couvercle de verre (qui doit être aussi fort que le fond, mais pas aussi grand que le contour du bord du bocal) d'une vessie qu'on lie au-dessous du bord; avec une forte ficelle on coupe ce qui dépasse la ligature et on enduit la vessie et la ligature avec de l'asphalte ou de la laque de fer. En second lieu, on peut, d'après les indications de Hyrtl, remplir l'interstice qui existe entre le bord du bocal et le couvercle avec du mastic de vitrier bien foulé, et rendu plus dur en y ajoutant un peu de céruse. On étend ce mélange, puis on l'enduit d'huile de lin chaude et, lorsque celle-ci y a pénétré, on le recouvre d'une couche de colle de poisson.

Nous serions entraînés trop loin si nous voulions citer toutes les autres méthodes de fermeture employées par les Anglais et les Français, et nous terminons ici la Partie générale, en renvoyant le lecteur, pour certaines indications particulières, à la seconde partie de ce livre.

Les bocaux cylindriques destinés aux préparations ont presque toujours un fond assez solide et une base assez large; mais les verres de Solin ovales et quadrangulaires ont, au contraire, rarement la stabilité désirable ; par mesure de prudence et d'ornementation, on les place ordinairement sur des piédestaux de bois peint en noir ; ces piédestaux sont faits d'un morceau de planche ayant environ 4 centimètres d'épaisseur, dans lequel on a creusé une cavité correspondante à la grandeur et à la forme du bocal qui doit s'y adapter.

On colle les étiquettes sous le bord recourbé du bocal, ou bien sur le piédestal. Elles doivent contenir : un numéro d'ordre ; le nom de l'animal ; la nature de la préparation ; l'endroit où l'animal a été trouvé ; la date de la préparation.

Conservation des animaux vivants.

Nous croyons utile d'ajouter aux indications générales qui précèdent quelques mots relatifs à la conservation des animaux vivants. Nous ne parlons pas des animaux terrestres, dont l'élevage et la conservation varient avec le groupe. Les seules questions importantes relativement à ces animaux sont celles de l'alimentation ou de la température. Quant aux animaux aquatiques, les uns, comme certains Poissons, peuvent facilement être conservés pendant un temps fort long dans des réservoirs dont l'eau n'a pas besoin d'être courante (Cyprins) ; d'autres, au contraire, exigent des bassins où des aquariums de dimensions très variables permettant à l'eau de se renouveler sans cesse et d'être suffisamment aérée. Nous recommandons particulièrement pour les laboratoires le modèle suivant, qui a été imaginé par M. Kunkel d'Herculais, préparateur au Muséum, et qui est mis en usage

par lui avec un grand profit. Voici la description qu'en a
donnée ce zoologiste.

« Dans le dispositif que j'ai adopté, la force est empruntée
à l'eau, mais la vitesse d'écoulement entre pour un coeffi-
cient beaucoup plus considérable que la pression. Chacun
connaît le procédé que dans la région pyrénéenne on emploie, depuis un temps immémorial, pour se procurer l'air
nécessaire à l'alimentation des souffleries des fourneaux où
l'on réduit les minerais de fer, où l'on forge le fer lui-même ;
une masse d'eau est projetée dans un tuyau en forme d'entonnoir dont la pointe plonge dans un tuyau plus large en
communication avec l'air extérieur, de telle sorte que l'eau,
en passant avec une grande vitesse dans le tube à air, en-
traîne par aspiration un volume de gaz considérable ; ce gaz
est emmagasiné dans de vastes récipients, où il se comprime
naturellement par l'arrivée de nouvelles quantités d'air. Depuis quelques années, l'emploi des trompes catalanes s'est
généralisé et leurs usages se sont multipliés ; M. Alvergniat
a eu l'idée d'établir des trompes en verre de petit volume,
dont la construction repose exactement sur le principe des
grandes trompes et qui peuvent s'adapter, par l'intermédiaire
d'un simple caoutchouc, à des robinets de tout calibre ; ces
instruments fournissent d'excellents aspirateurs, soit des
gaz, soit de l'air avec des presssions d'eau relativement peu
considérables. N'ayant à ma disposition qu'une chute d'eau
d'environ 2 mètres, le réservoir étant situé à l'étage supérieur, je me suis arrêté à cette dernière combinaison, et j'ai
prié M. Alvergniat de vouloir bien me fabriquer une série de
trompes qui me permissent de ventiler sept aquariums, cu-
bant chacun 100 litres, en réduisant le plus possible la
consommation de l'eau ; mais pour obvier à l'inconvénient
signalé dans les procédés de M. Sabatier, de MM. Jolyet et

Regnard, c'est-à-dire pour éviter l'emprunt de l'air à l'atmosphère confinée du laboratoire, j'ai eu soin de mettre les

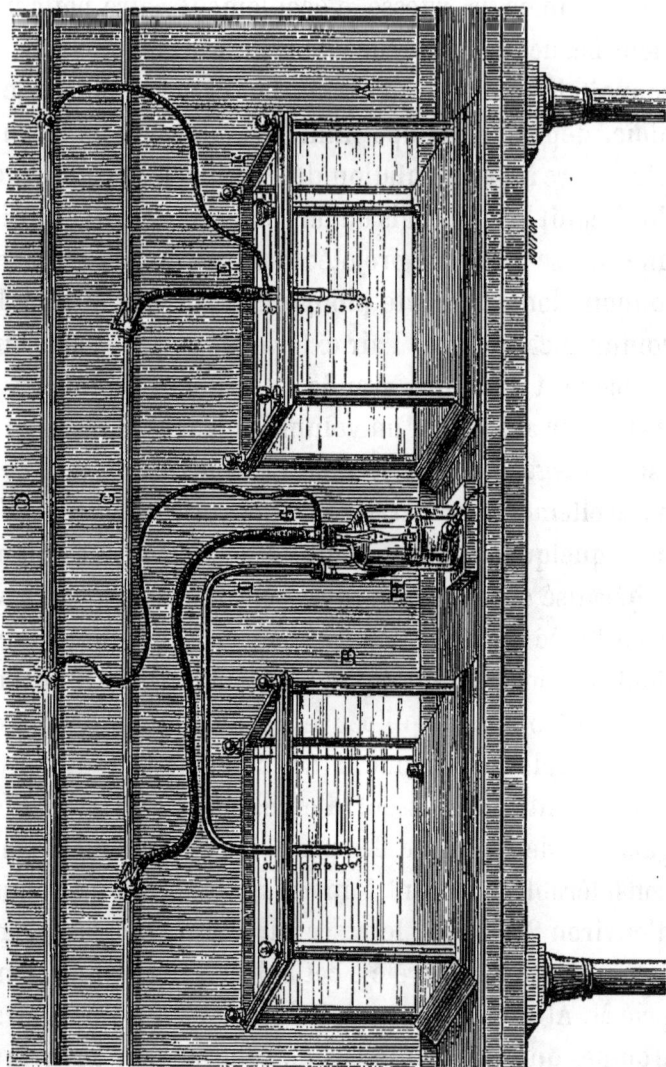

Fig. 35. — Aquarium de laboratoire de M. Kunkel d'Herculais.

tubes aspirateurs en rapport avec un large tuyau de distribution D, amenant l'air extérieur.

« Rien n'est donc plus simple que la ventilation d'un aquarium d'eau douce avec une faible consommation d'eau ; mais, ce résultat obtenu, rien n'est simple comme la transformation de ce même aquarium d'eau de mer. Il suffit, pour éviter l'introduction de l'eau douce dans le récipient rempli d'eau salée, d'intercaler un flacon à trois ouvertures de la capacité de 1 litre 1/2 à 2 litres pour recevoir cette eau douce au fur et à mesure de son écoulement. Par une des tubulures supérieures, G, pénètre la trompe ; par la deuxième, H, s'échappe l'air qui se rend dans l'aquarium au moyen d'un tube I ; par la tubulure inférieure, munie d'un robinet de petit calibre, s'échappe l'eau. La pression de la colonne d'eau que l'air a à vaincre variant avec la longueur du tube plongeant dans l'eau, on est obligé de régler le débit du robinet d'arrivée et celui du robinet de départ, de manière à maintenir constante la hauteur de l'eau dans le flacon, et assurer par là l'échappement régulier de l'air. Cela fait, après quelques tâtonnements, on peut sans crainte laisser l'appareil fonctionner jour et nuit. Si l'on n'avait pas soin de mettre d'accord le débit des deux robinets, il pourrait arriver, soit que le flacon se vidât, ce qui supprimerait bien entendu la circulation de l'air, soit au contraire que le flacon se remplît, et dans ce cas l'eau douce ferait irruption dans l'eau salée. L'appareil étant bien réglé, l'aération est si parfaite, que l'eau de mer devient imputrescible malgré la présence d'animaux et de plantes ; pour suppléer à l'évaporation et maintenir la salure constante, on ajoute de temps à autre quelque peu d'eau douce ; on peut ainsi éviter le renouvellement fréquent de l'eau de mer, renouvellement toujours dispendieux à cause des frais de transport, toujours ennuyeux par suite des formalités de douane.

« Il me paraît utile de donner quelques chiffres, pour pré-

ciser les avantages que l'on peut retirer de nos appareils ; la
consommation de l'eau douce par rapport au volume de l'air
introduit dans les aquariums est indispensable à connaître.

« Dans un aquarium d'eau de mer contenant 90 litres, je
peux faire passer 22 litres et demi d'air par heure, avec une
dépense d'eau de 56 litres par heure, le tube de sortie de
l'air de 5 millimètres plongeant seulement de 11 centimètres ; si le tube à air plonge davantage dans le récipient, la
pression de la colonne d'eau qui fait obstacle à l'écoulement
de l'air détermine quelques changements ; ainsi le tube s'en-
fonçant de 56 centimètres, pour faire passer 16 litres d'air
par heure, il faut consommer, dans le même temps, 45 litres
d'eau ; on voit donc que pour vaincre la poussée d'une colonne d'eau de mer de 56 centimètres de hauteur et de
5 millimètres de base, la dépense d'eau est augmentée de
9 litres par heure, tandis que la circulation d'air est dimi-
nuée de 8 litres et demi environ, dans le même temps ; en
chiffres ronds, lorsque la pression d'eau de mer devient
trois fois plus grande, la consommation d'eau douce augmente du tiers, alors que l'écoulement de l'air diminue du
tiers.

« Y a-t-il avantage à conduire le tube à air jusqu'au fond de
l'aquarium, et à se mettre dans l'obligation de vaincre la
résistance d'une colonne d'eau de mer de 56 centimètres ?
Dans ces conditions, l'eau est maintenue dans un état d'agi-
tation permanente, certainement peu favorable au développement de la vie des animaux marins délicats ; je crois qu'il
y a intérêt à ne troubler que la région superficielle de
l'aquarium, et à compter sur les courants pour l'aération
des fonds ; il suffit de plonger le tube de 10 à 12 centimètres pour obtenir une bonne aération. Afin d'éviter tous les
mouvements tumultueux que déterminent les énormes

5

bulles qui sortent de l'orifice des tubes, ainsi que pour faciliter la dissolution de l'oxygène, il est nécessaire de diviser
la colonne d'air ; pour obtenir des bulles n'ayant qu'une
faible dimension, j'emploie un artifice fort simple ; les tubes
à air se terminent par une petite sphère percée, suivant
son équateur, d'une demi-douzaine d'orifices très étroits, et
revêtue d'une double et même triple enveloppe de mousseline, qui remédie à l'inégalité des orifices et favorise la mul-
tiplication des bulles d'air. »

LIVRE SECOND

———

CHAPITRE PREMIER

VERTÉBRÉS.

a. **Préparation des os. — Montage des squelettes.**

Pour débarrasser les os de leurs parties molles, nous nous servons principalement de deux méthodes : la macération ou putréfaction lente des parties molles, sous l'eau et la décoction. Rarement on obtient de bons résultats en enlevant la chair fraîche des os ; cependant cela peut se faire pour les Grenouilles, les Tritons, etc.

La macération donne indubitablement les plus belles préparations d'os ; malheureusement, pour des considérations hygiéniques, on ne peut pas toujours employer cette méthode, et, dans les maisons particulières, on ne peut l'appliquer qu'à de petits animaux. Après avoir enlevé avec précaution la peau de l'animal qu'on veut faire macérer, on éloigne tous les grands muscles, tous les viscères, l'encéphale et l'organe des sens le plus accessible : l'œil.

En enlevant la musculature, il faut faire attention aux ossifications normales ou anormales qui peuvent s'y trouver encastrées ; je mentionne seulement les omoplates rudimen-

taires (le Chien, le Chat, etc.), l'os diaphragmatique (le Hé-
risson), l'os cardiaque (les Ruminants), les arêtes musculaires des Poissons, le sternum abdominal (le Crocodile), les os
marsupiaux (les Marsupiaux et les Didelphes), les apophyses
osseuses accessoires (crâne du Lièvre) ; de plus, les os de la
verge et du clitoris (les Chiens, les Ours, beaucoup de Singes
et de Makis, etc.), l'os entoglossum (les Oiseaux), l'os oculaire (les Poissons, les Oiseaux, les Hiboux, le Pic, etc.), l'os
siphonium (le Corbeau), l'os hyoïde, les os sésamoïdes, la
rotule, les fibules rudimentaires, etc., etc.

On peut laisser plusieurs de ces os fixés au squelette
(par ex. : l'os du pénis et les os marsupiaux) ; d'autres, qui
n'ont pas d'attaches solides avec l'enosquelette (les os
cardiaques et diaphragmatiques, etc.), doivent être étique-
tés et conservés séparément. Il faut particulièrement faire
attention aux parties du squelette qui restent cartilagineuses
chez beaucoup d'animaux, ainsi qu'aux détails qui n'appar-
tiennent qu'à certaines classes (par ex. : l'os uncinatum,
les os coracoïdes isolés, etc.).

On commence par mettre l'animal débarrassé de ses parties molles sous le robinet; on détache ensuite les extrémités, à moins qu'on ne veuille conserver les ligaments natu-
rels; on sépare la tête de l'atlas et on ôte l'encéphale, l'œil, etc.,
avec un fil de fer. Pour qu'il ne se perde pas quelques segments et épiphyses de la colonne vertébrale pendant le
processus de putréfaction, on passe un morceau de baleine
ou un rotin dans le canal rachidien, après avoir préalablement séparé le bassin, l'os sacrum et le coccyx, ou bien après
les avoir solidement attachés avec des ficelles cirées. Il faut
porter toute son attention sur les côtes cervicales, ainsi que
sur les arcs inférieurs, et les apophyses épineuses des vertèbres caudales des Cétacés, de la Loutre, du Renard, des

animaux squamigères, etc., des Crocodiles, des Sauriens
et des Poissons, sur l'épiphyse antérieure des vertèbres thoraciques supérieures et médianes de presque tous les Oiseaux,
l'épiphyse transversale de la vertèbre post sacrée, l'épiphyse
dichotome de la vertèbre inférieure des Serpents, les côtes
sternocostales, les os rudimentaires du bassin (Cétacés), les
formations épisternales, etc., etc. Il faut quelquefois beaucoup de soin et de temps pour fixer chacune de ces parties à
l'aide de ficelles ou de fils de fer exactement à l'endroit où
elles se trouvent naturellement.

On met ensuite dans un récipient de faïence ou de bois,
rempli d'eau jusqu'au bord, les parties de la colonne vertébrale, fixées, comme il a été dit, sur un morceau de rotin,
ou fortement liées avec des ficelles cirées, avec ou sans les
parties annexes du thorax et du bassin. On agit en ceci
d'après les circonstances ; on laisse volontiers les petits animaux le plus possible entiers ; pour les grands cela est naturellement souvent impossible ; en détachant les côtes avec
le sternum, on doit faire attention aux articulations costo-
spinales, qu'on doit chercher dans la plupart des cas sur les
vertèbres et les épiphyses transversales, et dans quelques
cas (Cétacés) seulement sur les épiphyses ; il peut se rencontrer sur ce point nombre de transitions et de variations
qu'il faut observer et noter exactement ; on doit aussi noter l'ordre dans lequel les côtes, souvent assez pareilles,
se suivent, et si telle est à droite ou à gauche, parce qu'il
faut se prémunir contre la possibilité du dérangemen tcomplet
de cette partie du squelette, quelque soin qu'on y apporte.

Il est bon de mettre les extrémités dans quatre récipients
séparés : car si l'arrangement du carpe ou du tarse d'un animal rare est souvent déjà très difficile lorsqu'on n'a pas devant soi une préparation modèle ou un dessin bien fait, le

triage exact de tous les os des extrémités rassemblés en tas est quelquefois à peu près impossible.

Je détache donc le carpe et le tarse, le métacarpe et le métatarse, ainsi que les phalanges d'animaux un peu grands (les Lapins, les Chats, les Chiens, etc.), et je les garde dans des verres distincts ; je conserve les animaux plus petits dans de l'alcool très allongé, et, pour ainsi dire, je ne les perds pas de vue.

On doit observer les membres des Poissons (les nageoires) au point de vue de leur implantation et de leur position normale ; la macération des Poissons exige en général des précautions toutes particulières ; à vrai dire on ne les laisse jamais complètement pourrir ; on change très souvent l'eau, qu'on doit mélanger de temps en temps avec de l'alcool ayant déjà servi ; on enlève entièrement les parties qui se laissent facilement détacher, on y met des étiquettes très détaillées, pour les fixer plus tard avec du fil d'argent ou de la colle russe à l'endroit exigé. Les Pétromyzontes, les Sélaciens et les Ganoïdes exigent des précautions spéciales ; ils ne supportent pas une véritable macération ; après avoir enlevé la peau et les os dermiques, on les met dans de l'alcool très faible, qu'on doit renouveler de temps en temps, si l'on n'a pas l'intention de compléter leur préparation tout d'un trait.

La macération de la tête, surtout de jeunes exemplaires, se fait relativement très vite ; sont très faciles à détacher : les dents, les os ptérygoïdes et *quadrata* des Oiseaux, les *prænasalia* des animaux en putréfaction, les *lacrymalia*, les *periotica* des Cétacés, etc. ; au surplus, il est très recommandable de suivre attentivement les progrès de la macération du squelette de la tête, et il vaut mieux travailler un peu plus avec le grattoir, le racloir et une brosse à long manche,

que d'attendre la désarticulation complète du squelette. On
fait bien ceci pour de grands Mammifères ; mais on met les
petits Oiseaux, les petits Serpents, les Lacertiliens, dès que la
putréfaction est un peu avancée, dans de l'alcool très allongé
d'eau, parce qu'on conserve ainsi les ossements *in situ naturali.* Certains auteurs (Bauer) recommandent de laisser dessécher sur place le voile du palais des Sauriens[1], pour conserver les dents palatines et les alvéoles dans la muqueuse ;
qu'on fasse attention, chez les Grenouilles, aux petites dents
des os vomer ; on doit éloigner de bonne heure les columellæ,
parce qu'elles se perdraient facilement, etc. Pour dégarnir
le crâne primordial qui est encore permanent chez beaucoup
de Vertébrés inférieurs (les Sélaciens, les Ganoïdes, les Eson,
les Salmo, les Rena, etc.), on enlève, avec le scalpel et la
pince, l'os de la voûte de la tête légèrement macérée dans
de l'alcool faible ; comme il ne peut pas être conservé à
sec, on le mettra immédiatement dans de l'esprit-de-vin de
bonne qualité ; la même recommandation s'applique au cartilage de Meckel de la mâchoire inférieure (Poissons, Chéloniens, etc.).

Pour les précautions à prendre, je renvoie ici au conseil
déjà donné dans l'introduction de la Partie générale : de
bien se mettre dans la tête, par l'étude théorique, l'anatomie de chaque animal qu'on va préparer, et, dans le cas dont
nous nous occupons[2], de noter exactement toutes les articulations d'os qui ne consistent qu'en ligaments cartilagineux
ou musculaires ; en négligeant ce conseil, on arrivera rarement au résultat désiré !

On ne peut pas préciser combien de temps[3] les os doivent

1. Ce n'est recommandable que pour quelques formes, dont on possède
des duplicata.
2. La préparation du squelette de la tête.
3. Pour accélérer la macération, Martin recommande une partie de potasse

rester dans la cuve à macérer : en hiver pendant des mois,
en été parfois seulement quelques semaines. Une chaleur
douce, l'exposition des cuves aux rayons du soleil fait avancer la macération. Le couvercle du récipient ne doit pas le
fermer entièrement, et on doit toujours avoir soin d'ajouter
de l'eau pour qu'aucune partie du squelette ne soit exposée
à l'air ; de temps en temps on inspecte si quelques parties
molles se laissent facilement enlever au moyen de la pince
ou du racloir, on change l'eau, on regarde si des pièces du
squelette ne sont pas tombées au fond de la cuve, etc. Un
peu d'attention fait souvent autant qu'une pratique de longues années; si l'on croit que le moment est venu, on commence à nettoyer les os séparés au moyen des instruments
recommandés pour ces préparations; à ce propos, on fera
bien de ne jamais entreprendre un second os avant que
le premier ne soit complètement dénudé et dépouillé du
périoste sur toute son étendue. La beauté de la préparation
dédommage d'un travail quelquefois monotone et facilite les
difficiles études ostéographiques.

Lorsque les os sont nettoyés, rincés avec de l'eau, on
les pose sur une planche, maintenue dans une position
oblique, pour les blanchir; de temps en temps on change
les pièces de position et on tâche de les préserver de l'action directe du soleil, qui les fait crevasser et fendiller facilement. Lorsque des ossements restés gras se gâtent, on
peut les enduire avec de l'argile blanche (Bauer), les laver
et les exposer au soleil, ou bien les mettre dans de l'éther
sulfurique.

Mais il est absolument déplacé de polir les os et de les frotter avec du gypse, comme cela se fait dans quelques musées.

caustique sur 8 parties d'eau, surtout pour des squelettes qui ont été longtemps desséchés et saturés d'alun.

En général, pour les préparations scientifiques, tout artifice superflu est d'un ridicule impardonnable.

J'ai peu à dire sur la manière de faire bouillir les sque- lettes. Dans quelques cas, on se procure ainsi, à la minute, des préparations très présentables, mais rarement elles sont jolies; naturellement on doit prendre ici encore plus de pré- cautions, pour que les os ne se mêlent pas. Si, au contraire, on veut faire des préparations analytiques, surtout des têtes de Reptiles et de certains Poissons, on fera bien de faire bouillir doucement les ossements sur lesquels on travaille (après les avoir mis préalablement dans de l'alcool faible), de séparer toutes les pièces, de les sécher, de les étiqueter et de les col- ler, dans la position voulue, sur du carton noir, ou bien de les fixer sur un piédestal de bois à l'aide de fils de fer.

Les Têtards et les Fourmis sont d'excellents préparateurs; cependant on ne peut pas leur confier de petits crânes, de tout petits squelettes qui doivent être traités délicatement; en outre, il n'est pas toujours facile de se procurer et d'en- tretenir ces animaux, surtout les premiers, qui exigent un cer- tain milieu pour pouvoir vivre.

On obtient des préparations très instructives en fabriquant des séries de coupes du crâne, du carpe et du tarse d'ani- maux jeunes et embryonnaires; on colle les coupes avec de la gomme arabique épaisse, mais très pure, sur des plaques de verre rectangulaires; de même on ne doit pas négliger de faire avec la scie des coupes sagittales, frontales et hori- zontales dans le squelette de la tête d'animaux adultes.

Remarque. — Quelquefois il n'est pas nécessaire de faire macérer ou bouillir des squelettes bruts bien préparés et bien séchés. Les parties du squelette qu'on vient de détacher sont mouillées *ad hoc*, et les parties molles sèches et sca- rieuses qui adhèrent aux os sont éloignées avec le grattoir

et la brosse, — manipulation qui peut même se faire quoiqu'on ait les ners olfactifs très sensibles.

Je peux passer rapidement sur l'arrangement et l'exposition de squelettes entiers. Si on a pu ménager les différents
ligaments de manière à conserver telle quelle la cohésion, on
doit introduire un fil de fer de grosseur convenable et chauffé
à blanc dans le canal rachidien, en lui donnant les courbes
particulières à la configuration de l'animal ; aux animaux à
hautes jambes on donne encore un soutien en fil de fer placé
entre les jambes de devant et de derrière, qui va jusqu'au sternum et jusqu'à l'articulation de l'os pubis, et qui est quelquefois relié, au niveau de ces deux points, avec le fil de fer de la
colonne vertébrale. Les Grenouilles, les Salamandres, les
Tritons, les Serpents, les Lézards, les Crocodiles (naturellement les plus petits exemplaires, n'ayant qu'environ 1 - 2′ de
longueur) n'ont besoin d'un soutien de fil de fer que dans la
colonne vertébrale ; on épargne dans ces cas les autres fils, en
faisant sécher les extrémités proprement préparées dans leur
position naturelle ; un petit morceau de fil de fer sert ensuite
à fixer l'omoplate aux côtes rudimentaires (pour la plupart
des Amphibiens) ou au thorax (pour beaucoup de Reptiles).
On agit de même pour les petits Mammifères et pour les
Oiseaux, qui exigent en général encore d'autres soutiens.

A l'extrémité antérieure du fil de fer de la colonne vertébrale on met un morceau de liège, taillé de façon à s'adapter dans le trou occipital ; on aiguise l'extrémité postérieure
pour y enfiler la partie post-sacrée de la colonne vertébrale, dont les segments séparés sont préalablement percés
au moyen d'un foret[1]. Si le thorax ne tient plus ensemble,
les parties, c'est-à-dire les côtes, les vertèbres correspon-

1. Naturellement ceci n'est nécessaire que pour les grandes espèces.

dantes et les segments du sternum, doivent être réunies par
des fils de fer. Dans les os perforés on passe un fil de laiton
dont l'extrémité est tournée en une courte spirale au moyen
d'une pince. Si les cartilages costaux se sont perdus, l'art
peut quelquefois venir en aide à l'imagination avec du caoutchouc bouilli et malléable, avec du liège, de la colle, de
larges tendons desséchés et repeints; mais il vaut encore
mieux laisser subsister les lacunes.

On fixe les dents tombées avec de la gomme arabique
bien épaisse ou avec de la colle russe (blanche) dans leurs
alvéoles. Je laisse absolument de côté les squelettes arrangés
à force de soins, d'artifices et de temps, avec des jointures
artificielles très compliquées, tels qu'on les voit dans les laboratoires et dans les musées publics; je ferai seulement
observer que la réunion artificielle des os des extrémités des
grands animaux exige souvent plus d'habileté mécanique
qu'on ne peut en acquérir pendant les années destinées à
l'étude; de plus on n'apprend pas cette habileté dans les
livres, mais on l'acquiert par des essais multiples et par une
longue pratique.

J'ai encore à dire un mot des préparations analytiques,
qui sont les plus importantes pour notre but; on sait
bientôt comment s'y prendre pour les arranger, et leur valeur scientifique et didactique dédommage amplement du
travail qui est quelquefois très long, mais jamais dépourvu
d'intérêt.

Les différentes méthodes employées pour désagréger les
parties d'un squelette sont également bonnes pour atteindre
ce but; mais il est très important de nettoyer minutieusement
chaque os, dont les faces, les arêtes, les sutures, les creux, les
concavités, etc., doivent être nettement visibles. Je conseille
aux commençants d'étiqueter chaque os dès qu'ils l'ont pré-

paré et séché, afin de prévenir les méprises. Comme je l'ai déjà indiqué, les os proprement préparés peuvent être provisoirement collés sur du carton noir, sur une plaque de verre ou sur un papier quelconque, dans l'ordre dans lequel ils sont détachés, pour qu'on puisse toujours se rendre compte de leur position naturelle. L'arrangement des os du tronc ne peut guère offrir de difficulté. Au milieu (représentant l'axe longitudinal de la figure à reconstruire), on place les fragments de la colonne vertébrale, à côté les côtes, les cartilages costaux ou les sternocostaux ; au-dessus le sternum et les clavicules, s'il y en a, les os coracoïdes et les omoplates ; le bassin, désagrégé, peut être arrangé très élégamment, et on n'a à faire particulièrement attention qu'aux symphyses sacro-iliaques. La place des os des extrémités s'indique de soi-même ; ceux du côté droit peuvent, par exemple, être placés de façon à montrer la face dorsale et ceux du côté gauche de façon à faire voir la face plantaire.

Il n'est pas toujours possible d'arranger le squelette de la tête de la même manière ; celui des Téléostéens s'y prête encore le plus ; s'il y a un crâne primordial bien conservé (Salmo, Ésox), il doit naturellement être conservé séparément dans de l'alcool ; on peut faire de très belles préparations analytiques de ce genre de tous les Cyprinoïdes. La périphérie de la figure décrira une espèce de demi-cercle, dans lequel s'étaleront naturellement les os des mâchoires, les os operculaires, et, plus vers le centre, les os qui sont les plus rapprochés de ceux-ci ; en avant (en remontant) se suivent les os prémaxillaires, nasaux, frontaux, etc., jusqu'à l'os occipital basilaire comme dernier os crânien.

On réserve le plus possible la ligne médiane (l'axe longitudinal) de la figure pour les os du milieu, et on cherche à grouper convenablement les autres os situés au-dessus et au-dessous les uns des autres. Le squelette viscéral peut mieux s'arranger sur un carton particulier ou au-dessous du squelette désagrégé de la tête.

On peut encore exposer le squelette désagrégé de la tête des grands Poissons, et en général des grands Vertébrés, dans sa position naturelle, en disposant les os sur des fils de laiton de différentes longueurs, à leurs places respectives ; un des bouts des fils de laiton est aiguisé et piqué dans un piédestal de bois.

b. **Préparation des muscles, des aponévroses, etc.**

Une règle de première importance pour la préparation des muscles, et qui s'applique à tous les Vertébrés, est de ne jamais enlever sur une grande étendue les tissus superposés aux muscles : la peau, le tissu conjonctif sous-cutané, la graisse, si on n'a pas l'intention de les préparer immédiatement ; car malgré toutes les précautions ils se dessécheraient ; si l'attention est attirée par des parties plus éloignées, avant que celles qu'on a sous la main soient entièrement préparées, le travail devient superficiel et le produit a l'air d'avoir été picoré par des poules.

Après avoir fait avec le couteau à cartilages une section de la longueur voulue dans la peau, on en soulève d'abord une languette avec la pince, dès qu'elle offre assez de surface ; après quelques autres sections, on la saisit de la main gauche, de manière à ce que les doigts recourbés pressent le bord libre du lambeau contre le creux de la main ; le lambeau déjà conquis est ainsi toujours tendu, et en avançant de gauche à droite on dirige le couteau parallèlement aux fibres du muscle qu'on veut dénuder, en appliquant toujours le tranchant contre la peau.

Dans quelques écoles, on enseigne d'enlever la peau, le tissu conjonctif sous-cutané, l'aponévrose superficielle et celle du muscle en un seul lambeau ; dans d'autres on recommande l'enlèvement par couches, parce que le nettoyage du muscle peut se faire plus soigneusement et avec moins de difficulté; le commençant fera bien de suivre la dernière règle; ceux qui ont plus d'expérience peuvent adopter la première. Lorsqu'on voit bien le muscle qu'on doit préparer, on soulève avec la pince un lambeau conique de son aponévrose; on tâche, avec un scalpel convexe, de couper cette dernière en ligne droite par des sections régulières ; alors seulement les deux lambeaux de l'aponévrose sont détachés du muscle en commençant par leur bord libre ; on doit rechercher le plus exactement possible le point d'insertion du muscle sur l'os. Quelquefois, quand beaucoup de tendons se croisent, des ciseaux recourbés sur le plat rendent de bons services pour extirper les masses profondes de graisse et les lambeaux de tissu conjonctif; mais un simple scalpel suffit aussi. Lorsqu'on a dégagé un muscle, on l'écarte avec les érignes ou les crochets émoussés pour arriver au muscle sous-jacent. On comprend qu'on doit tenir les muscles dans une tension continuelle pendant la préparation, ce qu'on peut faire assez facilement en tournant et déplaçant la préparation, en introduisant entre les organes des éponges, des morceaux de liège et autres objets analogues.

Lorsque le travail est interrompu, on recouvre les parties dénudées avec le lambeau de peau détaché, en tenant compte que les parties tendineuses souffrent en se desséchant (elles deviennent dures et brunes) ; c'est pourquoi il faut en prendre le plus de soin.

Pour faire des préparations de ligaments et d'articulations on choisit des objets aussi bien lavés que possible, qu'on pose, pendant le travail, sur du linge mouillé, afin d'empêcher qu'ils se salissent ou se dessèchent ; dans les intervalles du travail on les met dans de l'alcool très allongé d'eau, mais très pur, qui doit être remplacé par de l'alcool à 52 pour 100 lorsque la préparation est achevée.

Pour faire sécher les préparations de muscles, on les imbibe (d'après Hyrtl) d'une solution arsenicale, après les avoir mises un jour dans de l'alcool, afin de les déshydrater ; on doit se garder de les exposer à la chaleur du poêle ; plus la dessiccation à l'air est lente, mieux cela vaut ; au moyen d'appuis de liège ou de roseaux on maintient les muscles séparés, dans leur position naturelle ; lorsque la préparation est achevée, on enlève les soutiens et on la recouvre de vernis. On imbibe les tendons et les articulations qu'on veut dessécher d'huile de térébenthine (Bauer) ce qui les rend transparents.

c. Préparation des nerfs et des organes des sens. Le cerveau.

Pour donner à la tête de l'animal la position la plus avantageuse à l'ouverture du crâne, on met un bloc prismatique à trois faces soit sous la nuque, soit sous le menton. Pour enlever la peau de la tête, on commence par faire deux sections en croix : l'une étendue de la racine du nez jusqu'à l'extrémité de l'occiput, et l'autre, perpendiculaire à la première, d'une oreille à l'autre ; ou bien une section en demi-cercle, commençant dans la région mastoïdale d'un côté et allant, en passant sur l'occiput, vers la même région de l'autre côté.

Les quatre lambeaux de peau obtenus dans le premier cas et le grand lambeau unique obtenu dans le second cas sont détachés avec le scalpel jusqu'à ce qu'on puisse les saisir avec la main et les tirer (dans le second cas on rabat la peau entièrement sur le sommet du crâne) ; ensuite on marque

avec le racloir la ligne qu'on doit suivre avec la scie à arc
allant de l'arcade sourcilière vers le sommet de l'occiput
ou vers le grand trou occipital; on éloigne aussi les parties
molles gênantes qui adhèrent encore aux os. Si cette coupe
circulaire, allant jusqu'aux méninges, n'a pas complètement
détaché la voute du crâne, on la fait sauter avec le ciseau ou
l'élévateur.

Lorsqu'on s'occupe de petits Mammifères ou d'Oiseaux,
on insère une lame de scie à contourner dans l'arc, au lieu
de la grande lame dont on se sert ordinairement, ou bien on
prend un couteau solide, qui coupe facilement les crânes
souvent très poreux (les Lièvres, les Hiboux) ou cartilagineux (les Cyclostomes, les Sélaciens). Pour les crânes très
minces je recommande les cisailles décrites page 11 ; les branches des ciseaux et des pinces dont on se sert pour d'autres
os sont trop massives, ces instruments ne peuvent donc pas
être employés ici avec un bon résultat.

On empêche les préparations du cerveau, et en général des
nerfs, de se desssécher, en les humectant avec une éponge
ou même (pour de petits animaux) en travaillant sous l'eau.

Après avoir dégagé le cerveau, on enlève la dure-mère
aussi bien qu'on peut, en la tirant; on soulève les lobes antérieurs des hémisphères avec la main gauche ou avec le
manche du scalpel tenu par cette main, tandis que de la
main droite on coupe avec le couteau pointu les ramifications des nerfs à mesure qu'elles se présentent tout près de
leur sortie de la base du cerveau, en faisant toujours bien attention à ne pas tirer violemment le cerveau, qui doit être
soulevé de plus en plus par la main gauche, dans la région
de la selle turcique et de la tente insérée au bord supérieur
de l'os pétreux et qui doit être coupée avec les ciseaux. Lorsque le cerveau est dégagé sur tout son pourtour avec ses

douze troncs nerveux, on coupe le plus bas possible la moelle
allongée, si le but n'était pas d'obtenir le cerveau en continuité avec la moelle épinière.

Le cerveau est alors posé sur une couche de coton molle
et humide et débarrassé de la pie-mère, ce qui doit se
faire principalement avec des pinces délicates et avec les
doigts; les ciseaux à pointes ne peuvent servir ici qu'à couper
les lambeaux qui adhèrent encore. Lorsque le cerveau est
complètement nettoyé et préparé on le pose sur de la ouate,
dans un vase avec de l'alcool pur, mais très faible, qu'on doit
remplacer de temps en temps par de l'alcool de plus en plus
fort.

Pour obtenir une préparation de la moelle épinière, le
canal rachidien peut être ouvert du côté ventral ou du côté
dorsal. La dernière manière est la plus usitée par les zooto-
mistes; on coupe à cet effet la peau du dos sur la ligne
médiane, depuis le sommet de l'occiput jusqu'au coccyx
et on élargit la section obtenue par quatre sections transversales courtes, deux latérales au niveau du condyle de
l'occiput, deux partant de l'extrémité inférieure de la
grande section; on rabat ensuite les lambeaux de la peau
qui se laissent facilement enlever; on enlève les faisceaux des muscles spinaux, pour mettre à nu toutes les
vertèbres. « Celles-ci sont alors sciées une à une, à droite et
à gauche, avec une scie un peu pointue, et enlevées à l'aide
du couteau et des cisailles; ou bien on les fend avec le ciseau et le marteau tout près des apophyses montantes et
descendantes; on saisit la première vertèbre avec la pince,
et, comme elles tiennent toutes ensemble par les ligaments
jaunes, on les arrache en une seule bande » (Hyrtl). On ouvre
les vertèbres des petits Mammifères, des Oiseaux, des Reptiles, avec les ciseaux à os, ou avec les cisailles, et les plus

6

petites vertèbres des Vertébrés tendres avec des ciseaux à
pointes effilées.

Lorsque la moelle épinière est entièrement dégagée, on
coupe tous les nerfs qui en partent, à leur entrée dans les
trous intervertébraux, et la moelle épinière elle-même au-
dessous du grand trou occipital, à moins qu'on ne veuille
conserver en continuité le cerveau et la moelle épinière jusqu'au Filum terminale. On saisit avec les doigts ou les
pinces l'extrémité supérieure (avec ou sans le cerveau, avec
la Medulla oblongata) du faisceau de la moelle épinière, et
on coupe délicatement avec les ciseaux les insertions de la
dure-mère. La moelle étant ainsi entièrement libre, on le
traite ensuite exactement comme le cerveau. Si l'on veut
étudier les plexus nerveux du cou, des reins et de l'os sacré en continuité avec la moelle épinière, on doit ouvrir
avec la pince à os, quelquefois avec le ciseau et le marteau
et, chez les petits animaux, avec les cisailles, les interstices
intervertébraux et l'os sacré.

Remarque. — On ne peut pas expliquer comment on doit
traiter le système   erveux central pour en faire une étude
plus approfondie, sans entrer dans des détails anatomiques
qui ne seraient pas à leur place ici.

Obervations générales sur les préparations des nerfs. —
En ce qui concerne les instruments qu'on doit employer, je
puis renvoyer à la « Partie générale. » On peut préparer les
nerfs aussi bien sur les sujets frais que sur ceux qui ont été
conservés longtemps, dans de l'alcool, de la glycérine phéniquée, etc.; mais, si l'on a le choix, il vaut mieux prendre
des sujets frais. Si l'on entreprend un grand travail sur les
nerfs, qui exige beaucoup de temps, le traitement et la conservation de la préparation demandent quelques précautions;
l'action de l'alcool fort, ainsi qu'on le sait depuis longtemps,

est défavorable à des préparations fraîches de nerfs, parce
que ceux-ci deviennent raides, intraitables, et ne sont plus
que des filaments transparents, d'un jaune sale, lorsqu'on
reprend la préparation pour achever le travail ; on peut, il
est vrai, remédier jusqu'à un certain point à ce désagrément
en les enveloppant de lambeaux de toile mouillée, mais il
vaut mieux mettre les parties, bien lavées à l'eau, d'abord
dans de l'alcool très faible, à environ 24 pour 100, et déshydrater ensuite la préparation en les plaçant dans de l'alcool
de plus en plus fort.

Au reste, les préparations de nerfs doivent toujours être
enveloppées dans des linges humides, tant que le travail dure,
ou bien être humectées souvent d'une faible solution alcoolique d'arséniate de soude (Hyrtl), et, jusqu'à ce qu'elles
soient prêtes, elles doivent être enveloppées d'un linge
propre dans le récipient d'alcool. Ce récipient peut être une
bouteille à poudre ordinaire ou bien un bocal carré à alcool
comme Hyrtl les recommande, et comme on en emploie
depuis peu dans presque tous les laboratoires d'anatomie
(quoique en partie à une destination différente). C'est une
boîte carrée en zinc, avec un second fond en treillage, et un
couvercle fermant bien, à bords recourbés en dedans, s'adaptant dans une rainure ou un rebord de la boîte. On verse
dans le fond de l'alcool anhydre ; la préparation enveloppée
de toile humide est posée sur le treillage ; elle est tenue en
bon état par l'évaporation continue de l'alcool. La solution
de bichromate de potasse (Meyer) est aussi un excellent préservatif à employer pour les préparations de nerfs, pendant
la durée du travail.

La préparation consiste à dégager les nerfs de leur enveloppe de tissu conjonctif qu'on saisit avec la pince, qu'on
coupe avec le couteau pointu qui a été recommandé à cet

égard et qu'on détache tout autour du nerf. Pour dégager de grands plexus nerveux on se sert souvent avantageusement (de même que pour la préparation des vaisseaux) de deux pinces ; le travail consiste alors à soulever de petits replis de tissu conjonctif et à les déchirer avec précaution ; avec un peu d'exercice on obtient par ce procédé, grossier en apparence, des préparations plus intactes qu'avec tout autre procédé ; on saisit alors de nouveau les bords de la déchirure tout près de l'angle aigu qu'ils forment et une autre petite étendue du nerf est dépouillée de son enveloppe en la déchirant et en la tiraillant, etc. Le dépouillement final se fait à l'aide des ciseaux de différentes formes.

Les préparations de nerfs sont conservées définitivement dans de l'alcool. Les nerfs séchés, peints et vernis, ne sont, d'ordinaire, que des pièces d'ornement, fort admirées dans un musée public, mais dans lesquelles l'homme du métier lui-même peut à peine distinguer l'art de la nature.

c. **Préparation des organes des sens.**

1. *Organes olfactifs.*

Dans les préparations de cette catégorie, il ne s'agit ordinairement que de la configuration extérieure des parties cartilagineuses et osseuses du nez ou de la conformation du labyrinthe ethmoïdal et des cornets.

La préparation du nerf olfactif en continuité avec la région olfactive est simplement une préparation de nerf. On peut faire une préparation à l'alcool ou à sec du nez extérieur ; dans les deux cas on doit d'abord enlever soigneusement la peau avec les parties molles qu'elle recouvre et on doit faire attention à conserver la forme des cartilages nasaux *in situ naturali*, ce qu'on obtient en y introduisant une

cheville de bois enveloppée de ouate ou bien (pour des préparations sèches) en faisant de même avec un petit morceau de savon.

Avec la scie à arc à fines pointes ou la scie droite
mince dont il faut ôter la rainure dorsale, on pratique ensuite deux coupes sagittales tout près de chacune des ailes
du nez, à travers le palais, l'os frontal, jusqu'à la petite aile
du sphénoïde, et une coupe frontale pour trancher la continuité avec les autres os de la tête.

Pour mettre à découvert le septum nasal on pratique des
deux côtés de l'apophyse crista galli deux coupes sagittales,
on en fait deux autres à travers le palais, et quelques autres
(pour séparer cette partie de la tête), à travers l'os frontal
et l'os sphénoïdal. Si l'on désire séparer nettement la partie osseuse du septum de la partie cartilagineuse, on doit
enlever avec soin la muqueuse nasale.

Pour bien connaître l'intérieur de la cavité nasale on pratique plusieurs coupes frontales, horizontales et à différentes
distances de la face médiane des coupes sagittales.

Remarque. — Pour prévenir que les cornets du nez s'ébrè-
chent lorsqu'on les scie, on (Hyrtl) fait cette opération sous
l'eau, surtout lorsque la tête de l'animal est déjà à l'état de
squelette.

2. *Préparation du globe oculaire.*

Ce n'est qu'à l'aide du microscope qu'on peut étudier
avec fruit les organes des sens en général ; les préparations
zootomiques ne peuvent nous donner que les contours gros-
siers de l'appareil mécanique.

C'est à cause de cela que nous ne mentionnons ici que ce
qui sert à l'orientation topographique générale des parties
constituantes des organes des sens.

L'énucléation du globe oculaire exige que la paupière soit maintenue ouverte, ce qu'on obtient à l'aide d'un élévateur écarteur, ou, à défaut de cet instrument (ou encore chez des animaux trop petits pour en permettre l'emploi), en élargissant la fente par de petites coupures pratiquées dans la peau, dans l'angle extérieur et antérieur de l'œil, et en relevant les paupières en haut et en bas ; souvent on peut éviter cette opération, surtout lorsqu'on n'a pas à épargner les autres parties molles de la cavité oculaire, que celle-ci peut être entièrement vidée et le bulbe extirpé ; dans ces cas les glandes de l'orbite, la graisse, etc., sont enlevées en même temps que le bulbe.

Si nous voulons, au contraire, faire l'énucléation « lege artis », nous soulevons, après avoir élargi la fente de l'œil du côté du nez (chez l'homme) environ à 3 millimètres du bord de la cornée, un pli de la membrane conjonctive avec la pince, et nous coupons verticalement ce pli avec des ciseaux ; nous introduisons alors une lame de ciseaux dans la plaie et nous tranchons la conjonctive vers le haut et vers le bas, toujours à 3 millimètres de distance du bord de la cornée, nous pénétrons avec un crochet émoussé derrière la conjonctive, entre celle-ci et la capsule de Ténon, derrière le point d'insertion du tendon du muscle droit interne, nous attirons celui-ci en avant, et nous le coupons assez loin de son point d'insertion pour garder un tronçon par lequel le bulbe peut être saisi pendant les manipulations suivantes.

Maintenant, nous tranchons les tendons des muscles droit inférieur et droit supérieur, près du bulbe, et de même le muscle oblique supérieur. Lorsque ceci est fait, nous saisissons le bulbe par le tronçon du muscle droit interne, nous l'attirons un peu en avant et vers la tempe, et nous

introduisons des ciseaux courbés sur le plat, fermés, entre
le bulbe et la paroi orbito-nasale, jusqu'à ce que nous ren-
contrions le nerf optique ; nous ouvrons alors les ciseaux
et nous tranchons le nerf optique, mais pas trop près du
bulbe par un seul coup des ciseaux. Si nous y avons réussi,
nous nous en apercevons à ce qu'en attirant au dehors
le bulbe, il sort entièrement de l'orbite. Il nous reste
encore à trancher les tendons du muscle droit interne et du
muscle oblique inférieur, ainsi que la partie latérale de la
conjonctive, pour dégager entièrement le bulbe.

La meilleure manière d'étudier des bulbes frais est de
les placer sous l'eau, dans un plat sur lequel on a fait cou-
ler de la cire ; avec l'index et le pouce de la main gauche
on fixe avec précaution le bulbe, on enfonce la pointe aiguë
de fins ciseaux dans l'équateur de l'œil, et on fait 3/4 d'une
coupe circulaire en épargnant le plus possible le cristallin ;
les deux moitiés du globe sont fixées soigneusement avec
de longues et fines épingles à insectes, et on peut alors étudier les parties étalées avec la loupe montée ; enfin on peut
enlever les différentes couches du globe oculaire (la rétine,
la choroïde, la sclérotique). On peut étudier encore avec
plus de fruit des yeux congelés, qu'on divise en une moitié
droite et une moitié gauche par une coupe longitudinale
(sagittale), passant par le milieu du nerf optique. Cependant
dant on risque de blesser par cette coupe le cristallin, qui
doit être divisé en deux par des mouvements de va-et-vient
exécutés avec un rasoir très tranchant. Sur un autre œil
(également gelé), on peut faire une coupe équatoriale complète. Dans le segment postérieur (fig. 34), on reconnaît très
nettement la papille du nerf optique Po, et la macula lutea
Ml, et, dans le segment antérieur (fig. 35) l'iris, les processus ciliaires Pc, et l'Ora serrata Os.

On peut aussi faire ces coupes sur des bulbes qu'on a mis
tout frais dans de l'acide chromique et qu'on a fait durcir
ensuite dans de l'alcool absolu, ou, d'après Hyrtl, qu'on a

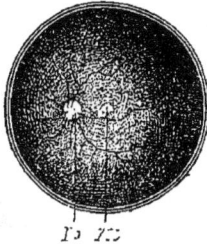

Fig. 34. — Segment in-
terne d'une coupe équa-
toriale du bulbe de
l'homme. Gr. nat. (d'a-
près Merkel). P o, pa-
pille du nerf optique:
M/, tache jaune.

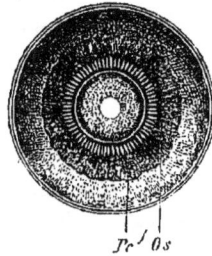

Fig. 35. — Segment an-
térieur d'une coupe é-
quatoriale du bulbe de
l'homme. Gr. nat. (d'a-
près Merkel). Pc, pro-
cessus ciliaires; O s,
ora serrata.

conservés dans une forte solution de sublimé; la coupe doit
être faite d'un trait, avec un scalpel pointu à lame mince;
on place les segments pendant quelque temps dans de l'alcool
absolu et on les colle sur une plaque de verre, en enduisant
la périphérie extérieure d'une gomme épaisse; on conserve
la préparation achevée dans de l'alcool fort.

Remarque. — Il est très avantageux de placer préalablement le globe oculaire dans la solution de Müller, de bien
le rincer ensuite et de le faire durcir dans de l'alcool fort.
On conserve les segments dans de la glycérine phéniquée
(Dr Birnbacher).

On doit faire attention dans la sclérotique des Oiseaux
(fig. 36), des Tortues, des Lacertiliens et des Poissons, à
l'anneau sclérotical qui consiste ordinairement en plusieurs
plaques osseuses; chez quelques Poissons (le Thon), la sclérotique forme autour du bulbe une capsule osseuse presque

complète. On doit observer aussi chez les Oiseaux et les
Reptiles, le peigne, sur le fond de l'œil, la Campanula Hal-

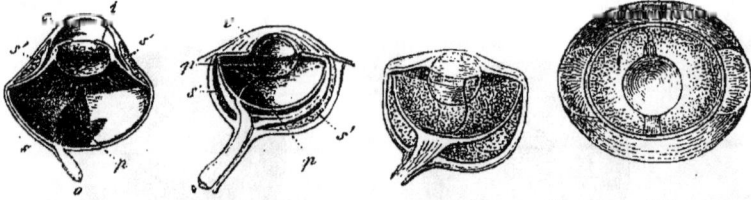

Fig. 36 — Œil du *Falco chrysaetos*(d'après Sömmering) *c.* cornée; *i,* iris ; *s's',* cercle ossifié de la sclérotique; *o,* nerf optique; *p,* peigne.

Fig. 37. — Œil de l'*Esox lucius;* coupe horizontale; *c,* cornée; *p,* processus falciforme; *s's'* cercle ossifié de la sclérotique.

Fig. 38. — Œil du Brochet ; coupe longitud. d'après Leuckart) ; avec la glandule choroïdale entre la sclérotique et la rétine.

Fig. 39. — Œil du Brochet après enlèvement de la cornée et de l'iris (Leuckart). Sa lentille en rapport avec la campanula Halleri et le ligament suspenseur (en haut) qui dans les Poissons remplace la zone de Zinn.

leri, l'extrémité condyloïde du processus falciformis et la
glande choroïdale de l'œil de beaucoup de Poissons (fig. 57,
58, 59).

3. *Préparation de l'appareil auditif.*

Cette préparation n'est ordinairement pas faite dans les
cours de Zootomie en même temps que celles des autres organes faciles à préparer, excepté sa partie extérieure et le
tympan, qui est apparent chez beaucoup de Vertébrés inférieurs et dont l'enlèvement rend visible la columelle, chez
les Oiseaux et les Reptiles.

Remarque. — Si l'on veut avoir un aperçu de l'organe auditif des Mammifères, qu'on choisisse de jeunes animaux,
dont on rend apparente la cavité tympanique en brisant la
portion écailleuse de l'os temporal, non encore soudée au rocher, avec l'anneau tympanique (Hyrtl), ou bien on ôte simplement le tympan, après avoir éloigné les parties molles
extérieures en épargnant l'anneau. Cette manipulation est

très facile sur les têtes des enfants. Avec quelques précautions, on conserve facilement en place la série des os de l'oreille : marteau, enclume, étrier. On enlève ensuite la paroi supérieure de la cavité tympanique, avec les cisailles ou avec la petite pince à os.

On doit recommander de faire des coupes verticales avec la scie[1] à travers les rochers macérés d'animaux adultes ou bien des séries de coupes horizontales à travers le rocher et le canal auditif externe.

Pour la préparation du labyrinthe on doit prendre ou bien des os temporaux embryonnaires, ou bien ceux d'animaux ayant vécu quelques jours, mais qu'on a fait bouillir une demi-heure dans la liqueur potassique (Hyrtl).

La capsule osseuse du labyrinthe (fig. 40) : le limaçon, le vestibule avec les fenêtres ovale et ronde, les trois canaux semi-circulaires, est dégagée en faisant sauter les ossements poreux qui la recouvrent ; à cette fin on commence près des canaux semi-circulaires (Hyrtl), qu'on reconnaît facilement comme formant un bourrelet à la surface du rocher.

Remarque. — Les canaux semi-circulaires de la plupart des Oiseaux, des Sélaciens, surtout des Raies, chez lesquels ils sont très grands, peuvent être dégagés très facilement ; il en est de même de ceux d'un crâne bouilli de Gadus (Bauer).

Chez les Poissons, on doit observer le saccus vestibuli ou Saccus lapillorum, qui communique quelquefois avec le ves-

1. Un os temporal solidement fixé dans un étau est scié en deux. La direction de la coupe est marquée par une ligne qui réunit l'angle rentrant situé entre le bord antérieur de l'écaille du temporal et le sommet du rocher avec l'angle également rentrant situé entre le bord postérieur de l'écaille du temporal et l'apophyse mastoïde. Pour le premier de ces angles il faut faire attention à tenir la coupe en dehors du canal osseux dans lequel s'ouvre la trompe d'Eustache. Cette coupe passe tout près du bord extérieur de la cavité du tympan et permet d'en voir entièrement toutes les parois (Hyrtl).

tibule par un étroit canal et quelquefois en est incomplète-

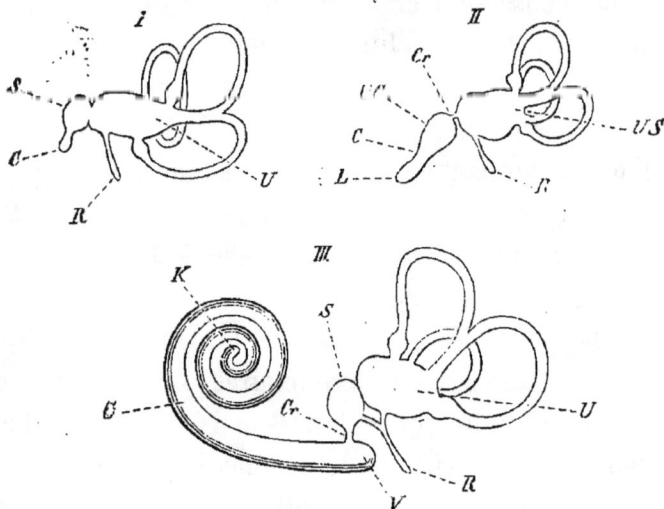

Fig. 40. — Schema du Labyrinthe (d'après Waldeyer).
I, Poisson; II, Oiseau; III, Mammifère.
U, Utricule; *S*. Saccule; *US*, Utricule et Saccule; *Cr*, canalis reuniens; *R*, Recessus
Labyrinthi; *UC*, entrée du limaçon; *C*, limaçon; *L*, lagena; *K*, cul-de-sac terminal
du limaçon; *C*, cul-de-sac antérieur du limaçon.

ment séparé par un faible étranglement. Il est divisé en deux

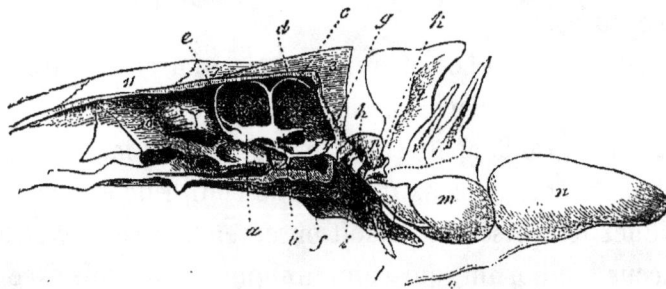

Fig. 41. — Organes auditifs du *Cyprinus Carpio* (d'après E, H. Weber). *a*, vestibule membraneux; *b*, ampoule des canaux semi-circulaires postérieur (et externe
réunis; *c*, branche résultant de la fusion de ces deux canaux; *d*, canal postérieur; *e*, antérieur; *f*, canalis sinus impar; *g*, sinus auditorius impar; *h*, claustrum; *i k l*, chaîne d'osselets; *m n*, vessie natatoire; *o*, canal aérien; *p q r e* apophyses épineuses des premières vertèbres. — Les chiffres indiquent les divers os
du crâne; 1, occipital basilaire; 2, occipital latéral; 3, 4, occipital supérieur;
6, os pétreux; 7, pariétal; 10, alisphénoïde; 11, frontal.

compartiments par un septum membraneux, dont l'un renferme un petit corps arrondi, « Sagitta », et l'autre un « Astericus » plus petit encore et de formes variées. Dans la partie antérieure du vestibule se trouve le Lapillus blanc et ovale.

Le Saccus lapillorum des Amphibiens est rempli d'une masse d'otolithes.

Notre attention est appelée ensuite sur une rangée d'os de l'ouïe, disposés tout près de la colonne vertébrale et commençant à la première vertèbre, qui établissent une communication entre le vestibule membraneux (*Perca, Cyprinus*, etc.) et la vessie natatoire (fig. 41). (Métamorphoses de côtes : *Claustrum, Trulla, Norma, Ancora, Hamus*).

d. **Préparation des vaisseaux**.

1. *Le cœur*.

Lorsqu'on s'est bien rendu compte de la position et des rapports du cœur, des particularités du péricarde, des variations éventuelles des principaux viscères, on entreprend son examen plus approfondi ; on commence à cet effet par ouvrir le péricarde, qu'on soulève chez les grands animaux avec la main, chez les petits animaux avec la pince. Avec des ciseaux droits, on le coupe dans sa longueur et on l'enlève tout autour en laissant seulement un court lambeau au niveau des points d'attache (l'aorte, l'artère pulmonaire, etc.).

La manipulation diffère ensuite suivant qu'on veut faire une préparation du cœur *in situ* avec les troncs qui en sortent, ou qu'on veut examiner le cœur seul.

Prenons le dernier cas ; il s'agit d'étudier les ventricules, les valvules, etc., d'un cœur frais. Dans ce but, on coupe avec des ciseaux droits le péricarde, en descendant, et ensuite les vaisseaux entrants et sortants, à commencer par l'aorte des-

cendante, en prenant garde à ne pas les trancher trop près
du cœur.

Remarque. — Il est absolûment inutile de faire des ligatures. On ne peut pas conseiller, surtout à des commençants,
d'ôter le cœur avec les poumons et de rétablir la position
primitive sur la planchette à préparation.

Lorsqu'on a dégagé le cœur, on le met dans un bassin
rempli d'eau; on le lave le mieux possible, en cherchant à
expulser le sang par des pressions modérées, dirigées des
ventricules vers la base du cœur. D'après la grandeur, on
s'y prend de différentes manières pour étudier les détails
anatomiques. On ouvre avec des ciseaux pointus ceux qui
sont tout petits (cœurs de Lapins, de Pigeons, etc.), en perfo-
rant avec précaution la paroi latérale du ventricule, près de
la pointe du cœur, et en ouvrant d'abord les ventricules, en
suivant la paroi jusqu'au sillon transversal; on les nettoie
en y projetant un jet d'eau et on découvre dans l'intérieur
les Trabeculæ carneæ, ainsi que les Musculi papillares. Les
prolongements filiformes de ces muscles, les cordes tendineuses, se perdent dans les languettes des valvules (dont trois
se trouvent chez les Mammifères dans le ventricule droit et
deux dans le ventricule gauche) des orifices veineux; on
voit distinctement la disposition de ces valvules, la valvule
tricuspide (à droite), la valvule mitrale ou bicuspide à gauche lorsque l'on continue avec les ciseaux la section indiquée
plus haut jusqu'à la voûte de l'oreillette. On a déjà reconnu
la position des troncs veineux débouchant dans les oreillettes; il ne reste plus qu'à observer les muscles pectinés,
tendres le plus souvent, faisant saillie sur la face interne
des oreillettes. Maintenant on introduit de nouveau les ciseaux dans le ventricule droit, ensuite dans le ventricule
gauche; on pousse la pointe dans l'orifice artériel corres-

pondant et on tranche le Cône artériel recouvert par la paroi antérieure du ventricule droit et le commencement de l'artère pulmonaire; on examine les valvules semi-lunaires qui flottent sous l'eau, et dont les bords libres, écartés avec une fine pince, permettent de voir au fond de cette poche; ensuite on introduit la pointe des ciseaux dans le ventricule gauche (et, s'il y a lieu, derrière la valvule bicuspide qui est alors exposée à la vue); on ouvre, en partant de l'orifice artériel droit, l'aorte ascendante, dont les valvules semi-lunaires sont examinées en même temps que les orifices des artères coronaires qui se dirigent à droite et à gauche du cœur.

Remarque. — Ce qui vient d'être dit s'applique au cœur des Mammifères; les différences anatomiques des cœurs des autres Vertébrés indiquent suffisamment comment il faut s'y prendre pour les étudier (voyez au reste les indications données pour chaque classe).

Pour étudier des cœurs plus grands (de Mammifères), on suit habituellement la marche indiquée par Hyrtl, c'est-à-dire que l'on commence par l'oreillette droite pour finir par le ventricule gauche. Si on croit pouvoir le faire facilement, on peut ouvrir le cœur *in situ*; sinon on doit l'enlever comme il a été indiqué, après avoir dégagé les vaisseaux entrants et sortants et tous les troncs de l'aorte cardiaque; on éloignera les lambeaux du péricarde qui adhèrent encore aux grands vaisseaux, et la graisse, qui est quelquefois très abondante à la base du cœur et surtout à la naissance de l'artère pulmonaire et de l'aorte, et l'on coupera ces deux derniers vaisseaux horizontalement un peu au-dessous de la division des artères pulmonaires; ceci procure une vue très instructive d'en haut sur les valvules semi-lunaires, dont on peut facilement montrer le mode de fermeture en y faisant passer artificiellement de l'eau.

Si l'on veut maintenant entreprendre la dissection[1] d'après l'indication de Hyrtl, on doit faire, depuis la veine cave supérieure, pas tout à fait jusqu'à la veine cave inférieure, une coupe longitudinale, passant par la paroi antérieure de l'oreillette droite, et une coupe transversale dans la lèvre extérieure de cette section, au-dessus de la veine cave inférieure, pour pouvoir jeter un regard dans l'intérieur de l'oreillette droite.

Qu'on observe la Fosse ovale avec l'Isthme de Vieussens près du Septum de l'oreillette, au dessus de l'entrée de la veine cave inférieure : dans beaucoup de cas, sans parler des tout jeunes animaux, on trouve à la place de cette fosse un Foramen ovale ; au reste, il est bon de pratiquer une fine entaille pour faire des sondages répétés ; elle mène à l'oreillette gauche. Après avoir examiné la valvule d'Eustache, un petit pli qui entoure l'orifice de la veine inférieure, les Valvules de Thebesius, à l'entrée de la Vena magna cordis, ainsi que les Foramina Thebesii dont le nombre varie, on doit ouvrir la paroi antérieure du ventricule droit par deux coupes en forme de V ; l'angle du V est dirigé vers la pointe du cœur ; le jambage droit doit tomber sur le bord droit du cœur, le jambage gauche doit passer le long du sillon longitudinal jusqu'à la racine de l'artère pulmonaire. Le lambeau qu'on relève doit être coupé transversalement sous l'orifice auriculo-ventriculaire. Lorsqu'on a passé en revue les parties déjà nommées, on doit couper avec des ciseaux, sur l'index gauche introduit dans l'orifice artériel, la racine de l'artère pulmonaire, de manière que la section faite par les ciseaux soit le prolongement de la section pratiquée sur le bord gauche du ventricule droit.

1. Hyrtl recommande au reste d'agir toujours in situ,

Pour arriver à l'oreillette gauche, l'aorte et l'artère pulmonaire doivent être coupées à leur racine, la paroi antérieure de l'oreillette gauche doit être fendue par une coupe
longitudinale, quelquefois l'ouverture doit être élargie;
après avoir examiné les orifices des veines pulmonaires qui
sont ordinairement au nombre de quatre, on poursuit l'examen du ventricule gauche.

Une coupe longitudinale, à gauche du sillon longitudinal
antérieur, et une coupe pareille à gauche du sillon postérieur
vers la pointe du cœur où elles se réunissent, ouvrent le
ventricule gauche. On coupe le lambeau triangulaire à sa
base. On introduit la lame arrondie d'une paire de ciseaux
dans l'orifice artériel gauche, dans lequel le doigt peut entrer à droite et devant l'orifice auriculo-ventriculaire gauche, et on fend la racine de l'aorte sur sa paroi postérieure, etc. (Hyrtl, *l. c.*, p. 290-294).

Si on veut faire une préparation durable du cœur, on fait
bien d'y faire préalablement une des injections suivantes.

a. Injections de suif. Elles doivent être faites d'après les
indications données dans la partie générale pour les injections chaudes, et il est préférable de les faire *in situ*,
comme la plupart des injections du cœur. On fait les ligatures nécessaires aux vaisseaux d'après le but qu'on a en
vue, et en tenant compte des différences qui existent entre
les cœurs des différents Vertébrés. Ordinairement, on ligature la veine cave inférieure et la première série de ramifications de l'aorte (sous-clavières, carotides, aorte thoracique), l'aorte pulmonaire, et on fixe les deux tubes dans
la direction du cœur, c'est-à-dire l'un dans la veine cave
supérieure (s'il y en a deux, on en ligature une), l'autre
dans une veine pulmonaire (chez l'homme dans la veine
gauche supérieure); les autres veines pulmonaires doivent

naturellement être aussi ligaturées. Après que le suif injecté
est durci, on extirpe le cœur, on le débarrasse des restes du
péricarde, on le met dans l'alcool pendant quelques heures,
et on le fait sécher ensuite dans un endroit aéré (ceci exige plusieurs semaines). Alors on coupe les vaisseaux tout près de
leurs ligatures, on fait des ouvertures carrées dans les parois des oreillettes et des ventricules, et on suspend le cœur
dans un endroit chaud pour faire fondre le suif. Lorsqu'il
est vidé, on le met dans de l'essence de térébenthine chauffée et enfin dans de l'éther, pour le dégraisser entièrement;
après quoi, on le fait sécher définitivement dans un courant d'air, après l'avoir mouillé avec une solution alcoolique
d'arséniate de soude.

b. Injection à l'alcool absolu. C'est la moins compliquée
et la plus propre. Après avoir ligaturé les vaisseaux mentionnés plus haut, on fait l'injection et on place le cœur
dans un récipient rempli jusqu'au bord d'alcool absolu,
dans lequel il doit rester des semaines ou des mois, d'après
sa grandeur.

Remarque. — Avant de pratiquer l'injection d'alcool on
doit injecter de l'eau dans le cœur, pour enlever le sang qu'il
pourrait encore contenir.

On découpe des fenêtres dans les parois durcies des ventricules, et on conserve la préparation dans de l'alcool.

Après ce qui a déjà été dit, il suffit de rappeler que la
matière bleue doit être injectée dans la veine cave supérieure et la matière rouge dans une veine pulmonaire. Dès
que la matière est durcie, ce qu'on accélère en plongeant le
cœur dans de l'eau froide, on sépare celui-ci des poumons.

Remarque. — Le cœur injecté de cette manière peut être
divisé en un cœur droit et un cœur gauche par une section
faite adroitement au milieu des deux septa. On fait sécher

7

les deux moitiés, on les enduit d'une solution d'arséniate de
soude, on les peint en rouge et en bleu et on les couvre de
vernis; on agit de même pour conserver le cœur entier.

2. *Les vaisseaux.*

Remarque générale. — La préparation des gros troncs
vasculaires des grands animaux peut être faite sans injections préalables ; mais chez les petits Vertébrés, pour ne pas
perdre la trace des ramifications et en général celle de tous
les petits vaisseaux, il est indispensable de les injecter à l'aide
d'une matière durcissante.

Remarque. — Ces injections, pour lesquelles il faut suivre
les indications données dans la partie générale, se font : ou
bien à partir du cœur dans les veines, ou quelquefois, pour
les cœurs plus petits, à partir des oreillettes, dont on doit
perforer la paroi pour y assujettir la canule ; si l'on ne veut
injecter que les vaisseaux artériels, c'est-à-dire ceux qui
partent du ventricule gauche, en laissant de côté les artères
pulmonaires, on assujettit la canule directement dans l'aorte
descendante, après avoir coupé celle-ci près de sa sortie du
cœur.

Les préparations des vaisseaux des grands animaux exigent souvent des injections distinctes de certaines régions.

La préparation des vaisseaux consiste dans leur isolement
des nerfs et des tissus qui les enveloppent. Pour cela on se
sert de deux pinces bien dentelées, d'un scalpel pointu et de
ciseaux droits aigus. De même que pour les préparations de
nerfs on déchire avec les deux pinces les petits plis de la tu-
nique adventice qu'on soulève, et, finalement, on coupe avec
les ciseaux, sur tout leur pourtour, les lambeaux détachés ; si
les tissus sont trop durs, on prend des instruments tranchants.
L'avantage de se servir de pinces pour la préparation con-

siste en ce qu'on peut isoler des vaisseaux entourés de plexus
nerveux et veineux très compliqués, sans courir le risque
de faire des dégâts irréparables.

Remarque. — C'est avec les ciseaux courbes qu'on nettoie
entièrement les plis et replis et les vaisseaux difficiles à atteindre.

Le plus souvent on ne conserve que les artères et les nerfs
et on coupe simplement les veines ; mais, si celles-ci doivent
être préparées en même temps que les artères et les parties
molles environnantes, il est indispensable de faire une injection dans les veines, en commençant par les ramifications
périphériques, lorsqu'on veut dessécher la préparation ; si
on la laisse dans l'alcool, celui-ci pénètre assez dans les
veines pour tenir leur lumière gonflée, mais les préparations
de cette nature ne sont jamais belles, quoique elles exigent des
mains plus exercées que celles d'un commençant.

Remarque. — Ordinairement on ne fait pas faire d'injections de veines par les élèves ; ceux qui veulent être plus amplement renseignés peuvent recourir aux divers ouvrages
que nous avons cités.

Pour conserver provisoirement des préparations de vaisseaux, on les met dans 52 pour 100 d'alcool n'ayant pas
servi, ou, comme Hyrtl le recommande, on les asperge tous
les trois jours avec une solution alcoolique d'arséniate de
soude, qu'on fait tomber goutte à goutte, surtout dans les
plis et les replis des muscles, au moyen d'un fin entonnoir
de verre ou d'un cornet de papier.

Pour faire sécher des cadavres d'animaux ayant des vaisseaux injectés, on doit placer les objets dans leur position
naturelle au moyen d'appuis, d'étoupes de papier ou de crin
enduites de savon, des claies, etc. Avant de les suspendre
dans un endroit aéré, on doit encore une fois les imprégner

d'alcool. On colore les nerfs et les muscles avec des couleurs à la colle, et finalement la préparation doit être enduite de mastic (Hyrtl).

c. Préparation des viscères. Organes urinaires et génitaux.

On ne trouvera ici que les méthodes les plus usitées pour l'exposition et la conservation de ces préparations ; nous renvoyons aux différentes classes de Vertébrés pour les détails de la dissection.

1. *Organes respiratoires.*

a. Le larynx, la trachée et les poumons, après avoir été soigneusement isolés, nettoyés et rincés, peuvent être conservés d'abord dans de l'alcool faible, qu'on remplace plus tard par du plus fort ; si l'on veut empêcher que les poumons se ratatinent, ce qu'ils font toujours plus ou moins, on doit les injecter avec de l'alcool absolu à partir du larynx ou au-dessus du point de bifurcation de la trachée.

Remarque. — Si l'on injecte les poumons, il est bon de retrancher le larynx et la partie supérieure de la trachée, parce que les étranglements produits par les ligatures font un très mauvais effet.

b. Le larynx et la trachée sont placés dans de l'alcool arséniqué, puis séchés, et leurs lumières sont maintenues béantes à l'aide d'ouate savonnée et de morceaux de bois et de liège. On met un petit morceau de cire molle sous l'épiglotte pour la soutenir. Au moyen d'un tube assujetti au-dessus de la bifurcation de la trachée, les poumons sont remplis d'air, on les ligature à cet endroit et on les suspend pour les faire sécher ; pour déshydrater de très grands poumons on les met d'abord dans l'alcool ; on suspend les petits poumons insufflés d'air dans des bocaux de verre sur le fond desquels est placé un petit plateau contenant du chlorure de calcium. Les deux préparations doivent être recouvertes de vernis lorsqu'elles sont complètement sèches.

Remarque. — On peut aussi obtenir de belles préparations de trachées au moyen de l'injection de suif et au moyen de :

c. L'injection des poumons et de la trachée avec un mélange, qui peut également être employé froid, d'huile de lin, de cire et de céruse (Hyrtl).

d. Préparations par corrosion. — On injecte avec une seringue chauffée une matière cireuse qui ne se liquéfie que lorsqu'on la met dans un bain d'eau tiède; pour rendre cette matière moins cassante, on y ajoute environ 5 pour 100 d'une solution alcoolique de térébentine de Venise, qu'on a fait filtrer auparavant sur du papier ou de la mousseline (Hyrtl).

Remarque. — Pour la corrosion on emploie, dans ce cas, de l'acide chlorhydrique très concentré (fumant).

On y laisse les petites préparations à peine un jour, et les grandes préparations une ou plusieurs semaines. Pour que la préparation soit plus ramollie, on la met quelque temps dans l'eau, avant de la dépouiller de ses parties molles. Hoyer place les grandes préparations, après l'injection, dans une passoire de porcelaine, et les met avec celle-ci dans les récipients d'acide chlorhydrique. On reconnaît que l'acide a suffisamment agi lorsqu'on peut bien laver les bords minces de la préparation au moyen d'une petite seringue; alors on remplace peu à peu l'acide par de l'eau. On transporte la passoire avec les petites préparations, directement dans un baquet d'eau, et on les rince en soulevant et replongeant alternativement la passoire dans l'eau. Le dernier lavage se fait avec la petite seringue. On met les préparations bien

propres sur du papier brouillard et, pour finir, on les plonge
quelquefois dans une faible solution éthérée de mastic.

b. Nous avons exposé plus haut les méthodes de corrosion employées par Hyrtl. On injecte des matières de différentes couleurs dans la trachée, les artères et les veines.
Le poumon injecté doit être mis, encore chaud, dans le liquide
corrosif, et la surface du poumon doit être lavée journelle-
ment avec un mince jet d'eau.

Remarque. — On doit prendre des précautions particulières en extirpant les poumons des Oiseaux, qui sont logés
profondément entre les côtes, de même pour les poumons
des Crocodiles et des Chéloniens, qui sont plus ou moins attachés au péritoine par toute leur face dorsale.

Vessies natatoires.

Elles peuvent être remplies d'air ou de gaz par l'œsophage
séparément, ou avec le Ductus pneumaticus au-dessus de son
entrée dans le canal intestinal, après avoir ligaturé la dernière partie de l'intestin; pour les remplir de gaz, (et naturellement on peut appliquer cette méthode à tous les vaisseaux peu volumineux) on relie le tube fixé dans l'œsophage
avec un tube en caoutchouc, qui est assujetti au conduit de
l'air. En ouvrant plus ou moins le robinet, on peut élever et
diminuer la pression du gaz.

On fait des ouvertures dans les préparations insufflées et
séchées, ou bien on les coupe en deux moitiés (les poumons),
bien on les vernit, ou on les garde dans des bocaux avec du
chlorure de calcium.

2. *Canal digestif.*

On prépare la langue : (1) *in situ*, avec les glandes de la
cavité buccale et le pharynx, (2) adhérente à une partie de

l'appareil respiratoire (le larynx, la trachée), ou (3) séparément avec l'os hyoïde.

Toutes ces préparations ne peuvent être bien conservées que dans l'alcool.

Remarque. — Si on prépare la langue isolée, on l'étale sur une plaque carrée de verre, dont les bords entaillés retiennent les fils de soie avec lesquels on la fixe.

Les squelettes hyoïdes osseux peuvent être séchés avec le pharynx; lorsqu'ils sont cartilagineux, ils ne peuvent être conservés que dans un liquide.

Glandes salivaires. Pour en faciliter la préparation, on en recherche d'abord le canal d'excrétion, et on y introduit une soie de porc; lorsqu'on a reconnu l'étendue et la forme de la glande, on éloigne soigneusement, avec les pinces et des ciseaux pointus, les restes des faisceaux des muscles et du tissu conjonctif sous-cutané, et on dénude très nettement le contour de chaque lobe glandulaire (préparation alcoolique).

Remarque. — Hyrtl recommande d'injecter dans la glande du mercure qui peut être refoulé à l'aide des doigts dans le parenchyme glandulaire. Les glandes dans lesquelles on a fait des injections microscopiques peuvent être séchées.

On peut facilement enlever et faire sécher l'œsophage, l'estomac et les intestins, surtout des petits Vertébrés, sans les séparer. On les débarrasse de leur contenu, en injectant plusieurs seringues d'eau, par l'œsophage, dans l'estomac; en pressant et en triturant on augmente l'action de l'eau, qu'on laisse écouler enfin par l'anus; on recommence avec de l'eau pure et on laisse séjourner le canal digestif tout entier, pendant quelques heures, dans un bassin rempli d'eau. On agit de même pour préparer des parties spéciales du canal digestif.

Pour faire sécher la préparation, on la laisse bien égoutter, après avoir enlevé toute l'eau; on introduit un tube dans l'œsophage; on ferme l'intestin près de son extrémité en le liant avec un fil, et on insuffle de l'air dans le tube, jusqu'à ce que toutes les parties de l'intestin soient gonflées ; si l'on s'arrête pendant cette opération pour prendre haleine, on doit comprimer, entre le pouce et l'index, le canal œsophagien près du tube ; finalement on y fait une double ligature, et on suspend la préparation, gonflée par l'air, dans un endroit bien aéré. Un tube de métal pourvu d'un robinet vaut mieux qu'un tube de verre. Un court tuyau de caoutchouc réunit l'orifice supérieur (plus large) du tube de métal à un tube de verre poli aux deux extrémités (l'embouchure) ; lorsque la préparation s'affaisse un peu, on n'a qu'à ouvrir le robinet et souffler encore ; autrement, si l'on doit assujettir à nouveau le tube, il est nécessaire de ramollir le tissu de l'intestin dans un bain d'eau (1). L'insufflation d'air dans de grands intestins (le côlon, le cæcum, l'estomac des grands animaux) se fait avec un soufflet ou avec un appareil de soufflerie à eau. La meilleure manière de pratiquer des ligatures sur tous les grands intestins, ainsi que sur les grands vaisseaux sanguins, tels que l'aorte, la veine cave, la veine porte, etc., consiste à y introduire un morceau de liège ou de bois, de la forme voulue, ou encore un verre cylindrique dont le fond dépasse la lumière de l'intestin, et à pratiquer la ligature sur ces corps étrangers ; sans quoi, en serrant trop énergiquement les fils, on risque de couper en partie les tissus ; à mesure que ces derniers sécheraient, l'air s'échapperait et la préparation se ratatinerait.

Dans le point où l'on veut assujettir le tube, on doit introduire d'abord un morceau de liège ayant le diamètre de la circonférence du tube.

1. Ceci est même quelquefois indispensable dans le premier cas.

Remarque. — Malgré toutes les précautions indiquées, les grands estomacs à nombreux compartiments, les intestins à valvules et à replis multiples tombent souvent en putréfaction, si on ne les a pas traités préalablement par l'alcool arséniqué, afin d'obtenir une déshydratation énergique. Il est absolument nécessaire d'inspecter souvent les progrès de la dessiccation et de prendre soin que la surface des organes soit constamment exposée à l'air, en introduisant des morceaux de bois ou d'autres soutiens dans les parties plissées.

On découpe des fenêtres dans la préparation séchée, en partie pour pouvoir examiner la face interne de l'intestin et pour y faire circuler librement l'air, en partie pour enlever les restes d'aliments, qui n'avaient pas pu être entraînés. Au-dessous des ligatures, on tranche le canal intestinal par une coupe circulaire faite avec soin, et on l'enduit de plusieurs couches de vernis.

Remarque. — On ferme par des ligatures supplémentaires les ouvertures produites artificiellement dans les parois de l'intestin, on relie les bords de l'ouverture à l'aide d'épingles croisées, dont on relie les extrémités par de forts fils de soie qui font plusieurs lacets en forme de 8 et qu'on attache par un nœud solide.

Pour les intestins délicats, on se sert de taffetas d'Angleterre blanc, appliqué en bandes étroites, et enduit plusieurs fois de collodion.

Pour mettre en vue certaines parties spéciales de l'intestin, avec les glandes et les replis qui caractérisent leurs faces internes, on les retourne et on les dispose sur un tube de verre ayant le diamètre voulu (un verre cylindrique coupé, un verre de lampe, etc.), ou bien on les ouvre et on les fixe sur une plaque carrée de verre.

Les tablettes de cire ne sont pas plus recommandables ici

que dans d'autres cas analogues, parce qu'elles troublent
toujours l'alcool.

Remarque. — Hyrtl recommande d'injecter les sections
d'intestins avec de la colle et de l'huile de lin, et d'étendre
les morceaux carrés d'intestin sur des tablettes de bois de
tilleul, recouvertes avec du taffetas noir bon teint, pour y
fixer les préparations ; on ne doit pas se servir d'épingles ordinaires, qui sont sujettes à la formation de vert-de-gris,
mais de fines dents d'un très petit peigne d'ivoire (voyez
la partie générale).

5. *Préparation du foie, du pancréas, de la glande thyroïde, du thymus,*
de la rate et des capsules surrénales.

Les préparations les plus instructives des grands appendices glandulaires du canal intestinal, le foie et le pancréas,
sont celles qu'on fait en continuité avec la partie de l'intestin, le duodénum, dans laquelle s'ouvrent leurs canaux. En
ce cas, on injecte les objets, bien rincés et dépouillés, par le
duodenum, avec 95 pour 100 d'esprit-de-vin ou avec de l'alcool absolu, et on les place dans un récipient rempli du
même liquide. Après quelques semaines, la préparation est
assez durcie pour permettre de pratiquer des fenêtres dans
les parois et d'examiner avec fruit le canal hépatique, le
canal pancréatique ou le canal cholédoque.

Remarque. — Si l'on a desséché le canal intestinal en
entier, d'après les indications données, il ne reste plus qu'à
faire la préparation des deux glandes ; on peut, il est vrai,
remplir d'air leurs canaux sécréteurs, ligaturés et isolés,
ainsi que la vésicule biliaire, en insufflant de l'air dans la
partie correspondante de l'intestin ; mais, desséchées et
préparées ainsi, elles n'ont pas assez bonne apparence pour
qu'on risque de détruire absolument deux glandes aussi im-

portantes que le foie et le pancréas, en les séparant de leurs canaux de sécrétion (surtout pour des animaux rares); c'est pourquoi on préfère insuffler de l'air dans la vésicule biliaire isolée (mais elle peut être absolument absente), par le canal cystique, et on la fait sécher, etc.; traitée par l'alcool absolu, on peut aussi en faire des coupes très instructives, en traversant une valvule de Heister qui s'y trouve quelquefois, etc.; ou bien on laisse exister la continuité qui existe entre la vésicule biliaire, les canaux hépatique et pancréatique et les organes correspondants.

Il est très facile de faire des injections dans le pancréas : les plus simples sont toujours à l'alcool; ensuite on l'étend et on le fixe sur une plaque de verre et on le conserve dans un bocal cylindrique rempli d'alcool.

On conserve d'habitude, simplement dans 52 pour 100 ou 60 pour 100 d'esprit-de-vin le foie avec ou sans la vésicule biliaire, selon qu'on a réussi à épargner le pylore. Il est assez difficile de disposer convenablement le foie dans un bocal; il ne doit être comprimé nulle part, il ne doit pas non plus être étendu à plat sur le fond, parce que cela lui fait subir des déformations peu désirables : on fera donc bien de le poser sur une épaisse couche d'ouate dans des bocaux peu élevés, mais ayant la largeur nécessaire, ou on injectera dans tous ses vaisseaux, d'après la méthode de Hyrtl, des matières durcissantes, pour pouvoir au moins le garder entier sans qu'il soit exposé à des déformations gênantes.

Remarque. — On aspire d'abord de la cire et ensuite une fine matière résineuse dans une même seringue; les grands vides se remplissent alors de cire. Cette méthode est recommandable pour préparer le pylore et quelquefois le ductus venosus Arantii (chez les nouveau-nés).

La glande thyroïde, le thymus et les capsules surrénales

sont : ou bien préparés en continuité avec les organes qui les avoisinent (l'appareil respiratoire, urinaire et génital), ou bien détachés avec soin et conservés dans de l'esprit-de-vin, fixés sur une plaque de verre ou de tilleul.

Remarque. — Pour l'injection de la glande thyroïde, comparez Hyrtl, *loc. cit.*, page 201.

On traite la rate ou bien comme une préparation à l'esprit-de-vin, ou bien on y fait des injections par les artères (Hyrtl) ; on détache sa Tunica propriâ, et, en la pétrissant sous l'eau, on la dépouille de sa pulpe ; on met ainsi en vue la trame de son parenchyme, qu'on conserve dans de l'esprit-de-vin. Hyrtl recommande surtout la rate du mouton, dont les corpuscules de Malpighi sont plus grands et plus nombreux que chez d'autres animaux.

4. *Préparation des organes urinaires et génitaux.*

Voyez plus loin ce qui est dit à propos des diverses classes pour la préparation *in situ* de ces organes et pour la manière de les extirper.

Les préparations de l'appareil urinaire et génital *in situ* sont conservées dans de l'alcool ; il est très instructif, pour les grands traits anatomiques, de faire des coupes médianes à travers le tronc et le bassin de cadavres congelés. On fait ensuite sécher ces coupes, après les avoir laissées longtemps dans un bain de glycérine, ou bien on les conserve immédiatement dans de l'alcool anhydre.

a. *Préparation des reins.*

α. Après la préparation de l'uretère ou du bassinet et des vaisseaux sanguins, les reins sont dépouillés de leur capsule fibreuse, dont on peut laisser une bande étroite près du bord du hile; on les traite comme les préparations ordinaires à l'esprit-de-vin.

b. On injecte de l'eau tiède dans les reins par l'artère rénale jusqu'à ce qu'elle sorte incolore par la veine rénale. Ensuite on injecte de l'alcool anhydre dans le bassinet par l'uretère, et après avoir ligaturé celui-ci, on place les reins dans le même liquide. Après quarante-huit heures ils sont assez durcis; on les pose alors sur leur face ventrale et on dépouille en partie le hile, par des coupes semi-circulaires, de sa lèvre postérieure, jusqu'à ce que les grands et les petits calices deviennent visibles; en éloignant les vaisseaux sanguins et le tissu conjonctif, on a nettoyé le bassinet; on enlève la paroi postérieure du bassinet et des calices, pour rendre visibles les papilles rénales (Hyrtl).

c. Les coupes de reins dans lesquels on a fait des injections microscopiques pénétrant jusque dans les corpuscules de Mapighi servent à étudier la substance parenchymateuse et médullaire (Hyrtl).

Remarque. — Pour plus de détails sur les injections microscopiques des reins, voyez (*loc. cit.*) Hyrtl, Frey, Orth.

d. Lorsqu'on fait des injections capillaires dans les reins, après avoir ligaturé la veine, on peut les faire sécher (Hyrtl).

e. La corrosion des reins après l'injection préalable d'une matière jaune dans l'uretère, rouge dans les artères et bleue dans les veines (Hyrtl).

f. Pour étudier le bassinet et les calices, on injecte la matière cireuse ordinaire par l'uretère; on détache les calices à commencer par derrière, mais la capsule fibreuse seulement sur la face dorsale des reins; on pose ceux-ci sur leur face ventrale et on fixe la pointe de la paroi postérieure de la capsule avec des épingles sur une planchette. Ensuite on fait sécher la préparation (Hyrtl).

b. Préparation de la vessie.

Les vessies gonflées d'air et séchées sont peu instructives, même lorsqu'on a tenu ouvert l'orifice de l'urèthre au moyen de petits morceaux de cire introduits par l'urèthre, après avoir ligaturé le col de la vessie ; les uretères doivent être remplis d'air séparément.

On ne peut recommander que les préparations à l'esprit-de-vin ; en dehors de la vessie et des uretères, dont l'orifice doit être marqué par des sondes, elles doivent s'étendre, pour les mâles, à la partie prostatique de la vessie avec le colliculus seminalis, et, si possible, avec le canal urinaire tout entier. Une coupe médiane commençant au sommet de la vessie rend ces parties visibles. On introduit des soies de porc dans les orifices du canal éjaculatoire et éventuellement dans ceux du sinus pocularis. On coud la préparation sur une plaque carrée de verre.

Une méthode de conservation du canal et de la vessie urinaire, indiquée par Lauth et qui mérite d'être préconisée, consiste à injecter de l'alcool absolu dans la vessie, à ligaturer ensuite la verge au-dessus du gland et à suspendre la préparation, dans une position convenable, dans un récipient rempli du même liquide. Dès qu'elle est durcie, on enlève une paroi latérale, ou bien on éloigne les parties situées en dehors de la ligne médiane, par une coupe sagittale bien dirigée, afin de voir de profil la préparation qui doit être suspendue dans un bocal plat.

c. Préparation des organes génitaux mâles.

Pour les petits Vertébrés, on peut très bien faire des préparations réunissant l'appareil génital mâle et la vessie, de telle manière qu'on détache les testicules situés dans la cavité abdominale ou dans une poche particulière, et les conduits séminaux, et que l'on continue la coupe médiane depuis la partie prostatique de l'urèthre jusqu'au gland du pénis; en ce cas, la préparation doit être suspendue par deux fils de soie traversant le bord libre de la vessie ouverte par le milieu de son sommet. Pour les préparations de ce genre, on doit choisir des bocaux plus larges dans un sens que dans l'autre.

Remarque. — La lame de verre sur laquelle l'organe mâle est soutenu doit être plus étroite que l'espace intermédiaire aux orifices des uretères; à l'aide de petits morceaux de bois de tilleul placés dans les points convenables on préserve les vésicules séminales, ainsi que la prostate, de froissements regrettables.

Ce n'est qu'avec les petits Vertébrés qu'on peut faire sans grands frais une préparation instructive, conservée dans l'esprit-de-vin, de l'ensemble de toutes les parties de l'appareil génital mâle; on conserve ordinairement les parties séparées, mais rapprochées; ou bien on renonce à essayer une reconstruction quelconque. Chez les Mammifères pourvus d'un scrotum, on extirpe le testicule avec une partie du cordon spermatique, on enlève ses enveloppes et on le prépare de manière à rendre visible, après le dépouillement partiel de la tunica vaginalis propria, le passage des canaux séminaux du testicule dans le sommet de l'épididyme; l'autre testicule peut rester dans son enveloppe. On fait ressortir les parties qui doivent être étudiées en les plaçant sur un fond noir. On conserve la préparation dans l'esprit-de-vin.

Remarque. — Les préparations les mieux réussies de testicules sont celles qu'on a injectées avec du mercure, mais elles sont aussi les plus difficiles à faire. Pour plus de détails, voyez Hyrtl (*loc. cit.*, page 525).

Pour les injections des canaux séminaux, Gerlach (voyez Frey, *loc. cit.*, page 328) recommande de la gélatine. « On met pendant 4 à 6 heures le testicule dans une solution faible de potassium, afin de ramollir le plus possible les cellules et tout le contenu des canaux séminaux. On essaie ensuite d'exprimer délicatement la matière et on lave l'organe dans de l'eau. Autant que possible, on expulse l'air contenu dans les canaux glandulaires et, pendant que l'organe est maintenu dans de l'eau chaude, on injecte lentement la matière, colorée avec du carmin ou du chrome. » On ne doit pas négliger de faire une série de coupes transversales, surtout médianes, sur des testicules durcis dans la solution de Müller et ensuite dans de l'alcool absolu.

Les vésicules séminales peuvent être remplies d'air par le ductus ejaculatorius et séchées, ou injectées d'alcool anhydre comme les préparations à l'esprit-de-vin.

On prépare ordinairement la glande prostatique *in situ* (voyez plus haut), ou bien on l'enlève et on l'ouvre par une coupe médiane (préparation à l'alcool).

La verge : Dans la verge de beaucoup de Mammifères se trouve un os déjà précédemment mentionné (os du pénis) qu'on laisse fixé au squelette ou qu'on prépare séparément, si l'on n'a pas à épargner la verge.

Remarque. — Une petite collection de ces os de formes différentes, quelquefois bifurqués, recourbés en forme d'S, entaillés ou fendus sur la face antérieure, est très intéressante, surtout pour ceux qui s'occupent de reconnaître et de classer des fragments d'os.

Les corps caverneux sont rendus visibles par des coupes médianes du pénis injecté et durci ; quelquefois on réussit aussi à les faire sur l'organe frais ; mais, dans ce dernier cas, on doit bien laver à l'eau la préparation et la placer immédiatement dans de l'esprit de vin très fort (65-70 pour 100).

Pour durcir le pénis, on l'injecte d'alcool absolu par la veine dorsale; les injections recommandées par Frey, avec de la colle incolore et ensuite l'immersion dans l'alcool sont encore préférables.

Remarque. — « On coupe de la gélatine fine en petits morceaux et on les recouvre d'eau distillée. Après vingt-quatre heures, on jette l'eau qui reste au-dessus de la gélatine fortement gonflée, et on fait fondre celle-ci au bain-marie dans l'eau qu'elle a absorbée. Lorsqu'on est trop pressé pour mettre vingt-quatre heures à la confection de la matière à injection, on verse environ 15 parties d'eau sur une partie de colle et on fait bouillir au bain-marie jusqu'à ce que la gélatine soit entièrement fondue. » (Orth).

Hyrtl recommande encore les préparations suivantes, qui ne présentent pas de sérieuses difficultés.

1) L'injection cireuse des corps caverneux, par la veine dorsale du pénis dans la cavité du bassin. Le pénis gonflé par l'injection est détaché du pubis. Le corps caverneux de l'urèthre est séparé, avec le bulbe et le gland, du corps caverneux du pénis, et on les fait sécher tous les deux.

2) On coupe la verge en épargnant le plus possible le bulbe de l'urèthre; on la rince avec de l'eau qu'on fait entrer par la veine dorsale on lie ensuite les corps caverneux près du point où ils sont coupés, et on insuffle de l'air par la même veine. Lorsque le pénis est desséché, on fait une série de coupes transversales, qu'on fixe sur un objet noir et qui servent à montrer la structure du pénis.

3) Injection de matière corrosive dans la veine dorsale (voyez pages 18, 23). On fait simplement sécher la verge des grands Mammifères, par exemple celle de plusieurs

8

Cétacés ; il est préférable de traiter la gaîne du pénis des Serpents, la verge dure et fibreuse des Tortues comme des préparations à l'alcool.

d. *Préparation des organes génitaux femelles.*

Remarque. Voyez dans les chapitres relatifs aux différentes classes de Vertébrés ce qui concerne la dissection et la préparation de ces organes.

Hyrtl dit à propos de la conservation à sec, qu'il l'a employée une fois, pour l'appareil génital femelle entier, d'après la méthode de Lauth ; il ajoute : « Lorsqu'on l'a essayée une fois, on n'est pas disposé à l'employer de nouveau. »

Ordinairement, on conserve l'appareil femelle en entier (excepté l'os du clitoris, qu'on traite comme l'os du pénis) dans de l'alcool, après ou sans y avoir injecté préalablement le même liquide.

Remarque. Avant l'injection on ligature les canaux, on bouche le vagin des grands animaux avec des touffes de crin enveloppées de gaze (Hyrtl) (pour les petits animaux avec de la ouate) et on les laisse durcir dans la position naturelle par rapport à l'utérus. Ensuite on enlève l'une des parois latérales et on découpe des fenêtres dans la paroi de l'utérus.

CHAPITRE DEUXIÈME

PRÉPARATION DES MAMMIFÈRES

Inspection de l'animal.

Avant de commencer la dissection, ou de prendre les arrangements préalables, on doit examiner la forme extérieure de l'animal, et observer les particularités anatomiques qu'on peut reconnaître d'après celle-ci. Admettons que l'animal appartienne à une espèce que nous connaissons, mais qui présente des variétés très marquées dans les différents exemplaires ; pour bien juger du degré de variabilité, il est indispensable de comparer tous les caractères généraux de l'espèce typique avec la variété dont on s'occupe.

Après avoir reconnu le sexe nous commençons par le mesurage. Plusieurs naturalistes ont donné à cet effet des tableaux, dont on n'a qu'à remplir les colonnes par les mesures trouvées. Beaucoup de ces tableaux sont trop détaillés pour le but que nous voulons atteindre ; nous nous en tiendrons donc à un modèle très simple, donné par Hartmann ; ce modèle se recommande pour plusieurs raisons.

1. Longueur de la tête (depuis le sommet de l'occiput jusqu'à la racine du nez).

2. Longueur depuis le sommet de l'occiput jusqu'à l'angle postérieur de l'œil.

3. Longueur depuis l'angle antérieur de l'œil jusqu'à la pointe du nez.

4. Longueur extérieure des oreilles.

5. La plus grande largeur des oreilles.

6. Longueur des cornes ou des bois, mesurée sur leur plus grande courbure.

7. Distance entre les extrémités des cornes ou des bois.

8. Longueur du cou, mesurée sur la face dorsale.

9. Longueur du dos, depuis la courbure du cou jusqu'à la racine de la queue.

10. Longueur de la queue.

11. Hauteur du garrot au-dessus du sol.

12. Hauteur de la croupe au dessus du sol.

13. Longueur du ventre, mesurée entre les insertions des jambes de devant et de derrière.

14. Longueur des jambes de devant depuis leur insertion jusqu'au genou.

15. Longueur des jambes de devant depuis le genou jusqu'à la plante des pieds.

16. Longueur des jambes de derrière depuis leur insertion jusqu'au genou.

17. Longueur des jambes de derrière depuis le genou jusqu'à la plante des pieds.

18. Longueur totale de l'animal depuis l'extrémité du museau jusqu'à la racine de la queue.

Remarque. Il est absolument nécessaire de posséder un instrument de mesurage en matière dure et un autre sur bande flexible. Hartmann recommande le compas d'épaisseur pour les mesures 2, 3 ; le compas à trusquin pour les mesures 4, 5, 7 ; la bande flexible pour les mesures 1, 6,

8, 9, 10, 11, 12, 13, 18 et la règle pour les mesures 14, 15, 16 et 17.

Après avoir pris toutes ces mesures sur l'animal, on examine ses téguments, ses appendices, etc. En premier lieu, il convient de noter la couleur et la qualité des poils qui sont, comme on le sait, soumises à de grandes variations, d'après l'âge, le sexe, la saison, le climat, et d'après différentes circonstances topographiques (aire de dispersion etc.) Après avoir pris note du lieu où le sujet a été trouvé, on recherche d'autres particularités importantes pour la classification, telles que la couleur du nez, des lèvres, de l'iris (la forme de la pupille) les fossettes lacrymales, les poils et leur disposition, les endroits nus et colorés de la peau de la face, les abat-joues, la forme et la couleur des cornes ou des bois, la forme et la direction de l'oreille externe; les glandes, telles que les glandes occipitales du Chameau, les glandes graisseuses des Antilopes, des Brebis, des Cerfs, les glandes faciales de la Chauve-souris, les glandes maxillaires de la Marmotte, la glande temporale de l'Éléphant, etc. Ensuite, on peut examiner le tronc, la forme, la disposition et le nombre des mamelles (pectorales ou abdominales), les particularités des parties génitales extérieures, la forme du pénis et du gland, l'os du pénis s'il existe, la couleur du scrotum, des lèvres, du clitoris etc.; l'anus, les fesses, en indiquant si elles sont nues ou remarquables par des callosités ou par une couleur spéciale; les glandes du tronc, la glande sacrée du Pécari, la glande caudale du Cerf, les glandes inguinales de plusieurs Rongeurs, la poche de l'animal au musc, les glandes prépuciales de la Souris, du Mulot et d'autres animaux, les glandes à musc du Castor, de la Civette; les glandes anales des Rongeurs, des Carnivores, des Insectivores, etc., etc.

Dissection.

On doit bien examiner le nombre et la forme des doigts des pieds ; noter si la plante des pieds est nue ou velue ; s'il y a des griffes, des ongles, des sabots, etc., des éperons, des papilles, des glandes du sabot (Daim, Mouton, etc.) ; les glandes crurales de l'Ornithorhynque, etc.

Pour les exercices pratiques de Zootomie on choisit le plus souvent, comme réprésentant des Mammifères, le Lapin (*Lepus cuniculus*), moins à cause de ses particularités anatomiques qu'à cause de la facilité qu'on a de se le procurer et de la modicité de son prix. Il vaudrait mieux choisir un Carnivore, par exemple le Chien ou le Chat.

Pour les commençants, nous prendrons comme exemple la dissection du Lapin, et nous parlerons surtout de quelquesunes des méthodes les plus usitées.

Dispositions préalables : Outre la trousse, nous avons besoin : d'une planchette à préparations, de quelques petites éponges, d'épingles, de ficelle de quelques tubes de verre, de quelques cuvettes pleines d'eau et d'une serviette.

L'animal, tué au moyen de l'éther ou du chloroforme, est fixé sur le dos, sur la planche, de manière à ce qu'on puisse étendre les membres et les attacher, avec de la ficelle, aux vis de bois ou aux crochets qui se trouvent sur les bords de la planchette.

La tête de l'animal doit être tournée vers la gauche de l'opérateur, l'extrémité postérieure de son corps vers la droite. On commence par mouiller avec une éponge la peau de l'animal, afin que les poils, qu'on partage sur la ligne médiane, pour marquer l'endroit où l'on fera la première incision, restent collés sur la peau. Avant de prendre le couteau à cartilages, on doit chercher le nombril, à gauche duquel l'incision doit passer. Si l'animal est une femelle, on doit palper la région du bassin, pour savoir s'il ne faut pas prendre des précautions particulières en incisant les téguments de la cavité abdominale.

Remarque. Quelquefois on éprouve des déceptions ; on ne trouve dans la matrice que des excroissances pathologiques alors qu'on avait cru constater une grossesse.

Ensuite, on pratique une incision qui divise d'un seul trait les téguments abdominaux depuis le menton jusqu'à la symphyse du pubis.

On saisit alors de la main gauche le lambeau droit de la peau. Avec la main droite armée d'un scalpel de seconde grandeur, on détache la peau jusqu'à l'aisselle d'un côté, et jusqu'à la colonne vertébrale dans la région des côtes de l'autre côté, en épargnant les muscles. On agit de même pour le lambeau gauche. Nous avons devant nous, couverts par le tissu conjonctif sous-cutané, la graisse et les muscles, le larynx, la glande thyroïde, la paroi de la poitrine et la paroi musculeuse de l'abdomen, au milieu de laquelle se voit une bande tendineuse, la ligne blanche.

Remarque. Lorsqu'on veut épargner la peau, pour qu'elle puisse être empaillée, on fait cinq autres incisions ; deux du côté de la flexion des jambes de devant jusqu'au métacarpe, deux sur la ligne médiane des deux jambes de derrière en passant par dessus le talon jusqu'à la plante ; la cinquième est une continuation de la première incision de la peau ; elle va de la symphyse du pubis, en contournant les parties génitales et l'anus, jusqu'à l'extrémité de la queue, le long de la face inférieure de cette dernière.

On commence le dépouillement par les extrémités, en réunissant l'incision qui va jusqu'à la plante du pied avec les incisions médianes qui vont du côté de la flexion des

doigts jusqu'aux phalanges onguéales. Si l'on ne désire pas
épargner ces phalanges pour le squelette, on les détache
prudemment avec la peau. Il faut prendre quelques précautions pour les parties génitales ; elles doivent être énucléées
avec soin ; on peut fendre le scrotum le long du raphé, ou, si
on l'a contourné avec le couteau, on le retire en découvrant
les testicules. C'est le dépouillement de la tête qui offre le plus
de difficultés pour les commençants ; c'est par là qu'on finit,
lorsque la peau est déjà enlevée jusqu'à la nuque. Si l'animal
a des cornes ou des bois, on peut les scier tout près de l'os ; si
on veut les laisser adhérer au squelette, on (Martin) incise
la peau depuis la nuque, entre les cornes, on contourne ces
dernières, et on retire le crâne par cette ouverture. On coupe
de même les oreilles tout près de l'os. On doit détacher avec
l'attention la plus minutieuse les paupières, les cartilages du
nez et les lèvres. La peau doit être débarrassée de la graisse
et des lambeaux de muscles qui y adhèrent encore, et être
conservée d'après la méthode indiquée plus haut. (Pour plus
de détails sur ce sujet et pour l'empaillage des Mammifères voyez les livres spéciaux.)

Dans les exercices de zootomie, nous nous permettons
quelques libertés ; nous ne prenons des précautions pour
écorcher l'animal, que lorsque des manipulations hâtives
risqueraient d'endommager les parties molles.

On peut ouvrir la cavité abdominale de trois différentes
manières, d'après le but qu'on veut atteindre :

1. On ouvre d'abord la cavité ventrale, puis, sans épargner
le squelette, la cavité de la poitrine, à partir de la ligne médiane du ventre.

2. On incise une des parois latérales tout près du sternum, près de la ligne blanche, en haut le long de la clavicule, en bas le long des aines et près de la colonne verté-

brale, pour obtenir une vue de profil; pour ce travail,
l'animal doit être couché sur le côté opposé. Il est bon de
détacher le membre supérieur de ce côté.

5. Après avoir mis à nu les viscères, on enlève une des
deux parois thoraciques, en épargnant toutes les insertions
du diaphragme.

Nous allons examiner plus en détail les cas 1 et 5, comme
étant les plus utiles à notre but.

1. On soulève la paroi ventrale avec une forte pince;
on fend le cône qu'elle forme ainsi avec un couteau, près de
sa base; on introduit dans cette fente l'index de la main
gauche et on refoule les intestins en tirant la peau du ventre, pour ne pas les blesser avec le couteau; ensuite, on
introduit celui-ci appliqué contre le doigt, de manière à ce
que le dos du couteau touche continuellement la pulpe du
doigt et que le tranchant soit dirigé en avant; le doigt suit
la section qui va en contournant le nombril, jusqu'à la symphyse du pubis.

Remarque. — Pour dilater les bords de la fente, il est
encore préférable d'introduire l'index et le médius. En ce
cas, le couteau est placé entre les deux doigts. Chez les animaux plus grands, on refoule les intestins avec la main
gauche étendue, et on soulève à pleine poignée la paroi musculaire qui est ordinairement épaisse.

Si l'on se sert des ciseaux pour ouvrir le ventre des petits
animaux, c'est la lame arrondie qui doit être introduite
sous la peau; pour le reste, les indications sont les mêmes.

Après la coupe médiane, on fait une, ou plutôt deux
coupes transversales, qui, dirigées perpendiculairement à la
première, divisent les parois latérales en deux lambeaux à
peu près égaux. Dès que ces dernières coupes sont exécutées,
les intestins se répandent; il est donc utile de faire la pre-

mière inspection du situs viscerum après la coupe médiane,
en dilatant et en relevant un peu les bords latéraux. On saisit maintenant le lambeau supérieur de chaque côté, et on
fait, le long des côtes qu'on voit à travers l'aponévrose,
une coupe qui sépare du thorax les insertions de la paroi
musculaire du ventre; ensuite, on pénètre prudemment avec
le couteau dans l'espace intercostal le plus proche; on
introduit les ciseaux à os, les cisailles ou, s'il le faut, la scie,
et on tranche les côtes plutôt près de la colonne vertébrale
que près du sternum; on laisse encore la clavicule; on fait
de même pour l'autre côté; on coupe ensuite, en dirigeant le tranchant du couteau obliquement vers le haut,
l'insertion du diaphragme sur les côtes et le sternum; après
avoir un peu repoussé le foie, tout en détachant le tissu
conjonctif qui adhère au médiastin, on relève le diaphragme
avec les fragments des côtes qui y sont attachés; on désarticule le sternum et la clavicule, et on enlève la couverture
entière. On a alors devant soi la cavité de la poitrine et du
ventre.

3 La cavité de l'abdomen est ouverte comme plus
haut, mais on enlève la paroi thoracique de telle manière,
qu'en épargnant momentanément le sternum, on ne scie
que les parties de côtes sur lesquelles le diaphragme n'est
pas inséré; pour cela on doit faire pénétrer la scie dans le
premier ou le second espace intercostal, et la diriger vers le
bas; le commençant aura ainsi moins de peine pour s'orienter. Lorsqu'on a exécuté cette opération des deux côtés, on
examine *in situ* les viscères de la poitrine, on constate qu'il
n'existe pas de cavité antérieure du médiastin, et on apprend
à apprécier, au point de vue anatomique, l'importance extrême du diaphragme.

Lorsqu'on a fait une esquisse de cette figure, on peut enlever le sternum et entreprendre l'examen des viscères dont nous parlerons plus tard.

Remarque. — On commence généralement par l'examen des organes abdominaux; on étudie ensuite le cœur, les poumons, etc., et après avoir enlevé tous ces organes, on étudie les reins et les parties génitales.

Nous examinons en premier lieu la cavité buccale, comme point de départ des systèmes respiratoire et digestif, et nous donnons la description des organes que nous rencontrons successivement dans les principales régions du corps, en indiquant en même temps leur position [1].

Après l'inspection des lèvres, qui sont garnies de poils longs et durs, et de la fente qui particularise la lèvre supérieure (bec de lièvre), vient l'inspection des dents, qui sont rangées d'après la formule : incisives $\frac{2.2}{1.1}$; canines $\frac{0.0}{0.0}$; prémolaires $\frac{3.3}{2.2}$; molaires $\frac{3.3}{3.3} = 28$ chez les sujets adultes.

Ensuite, on ouvre la bouche; on nettoie la cavité buccale avec une petite éponge mouillée ; on examine le voile du palais, qui n'a pas de luette, on tire de côté la muqueuse de la bouche et on remarque qu'intérieurement elle est garnie jusqu'aux molaires de poils très rapprochés.

Ensuite, on coupe la joue depuis le coin de la bouche, le muscle masseter, l'insertion du muscle temporal près de l'apophyse coronaire de la mâchoire inférieure, les muscles ptérygoidiens; on désarticule la mâchoire inférieure, et on l'enlève en tirant latéralement et vers le bas. On voit alors :

Immédiatement après les incisives, le foramen incisivum, fermé par une membrane recouverte d'une muqueuse ;

---

1. W. Krause a publié une monographie : *Die Anatomie des Kaninchens in topographischer und operativer Hinsicht* (Leipzig, W. Engelmann, 1868).

le palais, pourvu de beaucoup de rides transversales ; immédiatement en arrière des dents incisives postérieures, de chaque côté, l'ouverture allongée, du conduit nasal. Dans le voile du palais qui est très allongé, non loin de l'épiglotte, se trouvent deux fossettes : les amygdales (Tonsilles).

La langue, qui est assez longue [1], est garnie sur sa partie antérieure de papilles fungiformes ; elle offre sur sa partie médiane postérieure une plaque pointue en arrière, et dure

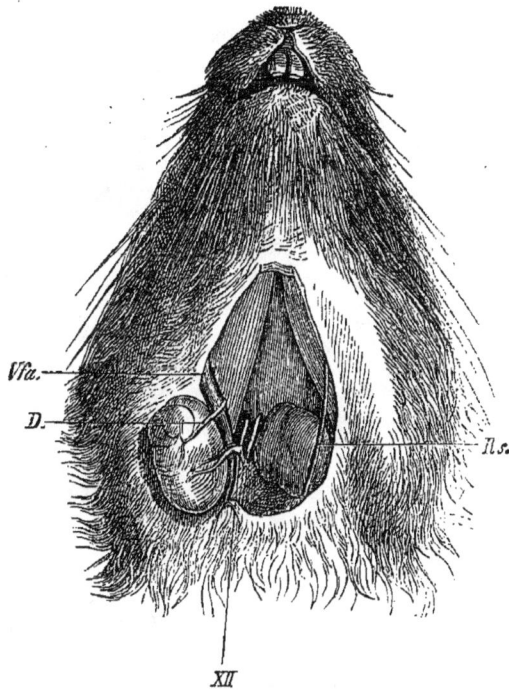

Fig. 43. — Tête de Lapin vue par dessous (d'après Krause). *D*, Canal de Warton; *Vfa*, Veine faciale antérieure ; *XII*, Nerf hypoglosse; *Rs*, Rameau sousmentonnier gauche de l'artère maxillaire gauche.

comme un cartilage, et, de chaque côté de cette plaque, une papille caliciforme (papilla circumvallata).

1. La partie attenante à l'os hyoïde est nommée Radix linguæ, entre celle-ci et la pointe (Apex) se trouve le Corpus linguæ.

Sur le sol de la cavité buccale s'ouvre la glande sublinguale qui est longue d'environ 14 millimètres (Krause), et
au-dessous de celle-ci, séparée de l'os hyoïde, par le muscle
mylo-hyoïdien, est située la glande sous-maxillaire, longue
d'environ 5 centimètres (fig. 21), dont le canal d'exécrétion
(canal de Wharton) s'ouvre à côté du filet.

Remarque. — Si on enlève avec précaution la peau de la
joue, on rencontre une glande salivaire considérable, divisée

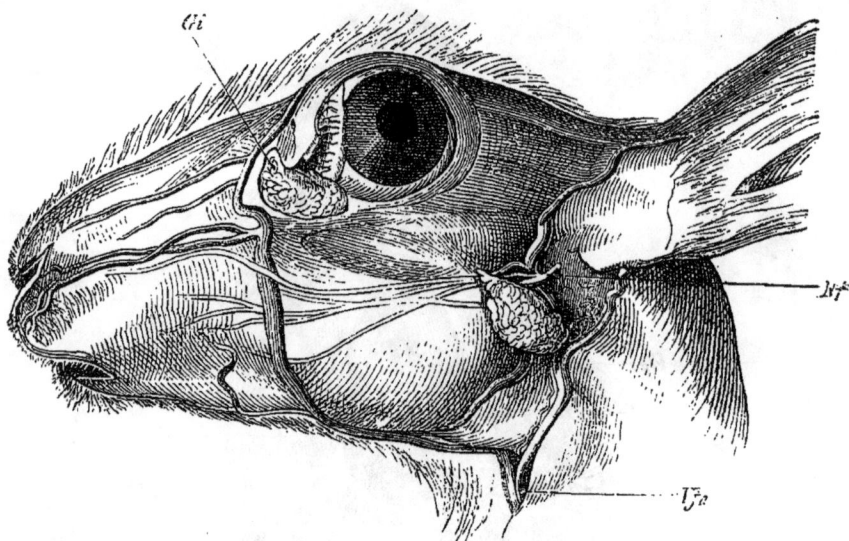

Fig. 44. — Tête du Lapin domestique (d'après Krause). *Gi,* Glande sous-orbitaire;
Nf, Nerf facial et au-dessous de lui la glande parotide ; *Wf,* Veine jugulaire externe.

en trois lobes, la glande parotide, dont le canal d'excrétion (canal de Sténon) sort du lobe situé en avant de l'oreille,
descend d'abord en droite ligne, puis s'ouvre à la surface de
la muqueuse de la joue, vis-à-vis de la dernière molaire supérieure (fig. 44).

A la préparation des paupières (paupière supérieure et
inférieure et grande membrane clignotante) on peut joindre

utilement celle des glandes sous-orbitaires, dont le canal
d'excrétion débouche dans la cavité buccale, à côté de la
troisième molaire supérieure, ainsi que celle des glandes
lacrymales et de Harder qui débouchent toutes deux dans la
poche conjonctivale.

L'espace qui se trouve situé derrière le voile du palais ou
derrière les cavités buccale et nasale est l'arrière-bouche;
là se croisent les voies que suivent l'air et les aliments; il
communique avec le monde extérieur par la cavité buccale,
dans laquelle on arrive de son côté par l'isthme du gosier et
au moyen des cavités nasales, dont les ouvertures postérieures, les choanes, transpercent également sa paroi antérieure; d'autre part, il se continue au moyen du pharynx
en un tube musculaire situé derrière la trachée dont nous
parlerons bientôt : l'œsophage, qui, faisant un peu saillie
dans le cou à gauche derrière la trachée, passe par l'ouverture supérieure de la poitrine; deuxièmement, on arrive par
lui [1] dans le larynx que recouvre l'épiglotte.

Le larynx est relativement grand; il a environ 8 millimètres de longueur; il est composé de 7 cartilages : le cartilage thyroïde, formé de deux plaques, l'une droite, l'autre
gauche, réunies sur la ligne médiane; le cartilage cricoïde
qui est annulaire, les cartilages aryténoïdes droit et gauche
avec le long cartilage de Santorini à leur sommet, et les
petits cartilages de Wrisberg. Lorsqu'on soulève l'épiglotte,
on aperçoit deux paires de rubans parallèles et superposés,
recouverts d'une muqueuse. Les rubans inférieurs, ont
environ 5 millimètres de longueur; ils naissent sur la face
postérieure de l'angle formé par les plaques latérales du cartilage thyroïde et s'étendent jusqu'au bord antérieur du car-

---

1. Dans sa partie supérieure (l'arrière cavité des fosses nasales) débouchent
les trompes d'Eustache.

tilage aryténoïde; l'étroite fente qu'ils laissent entre eux, est la véritable fente vocale, *glottis vera*; on les appelle les vraies cordes vocales ou *ligamenta glottidis vera*, pour les distinguer des cordes supérieures, plus tendres « ligamenta spuria ».

Lorsqu'on a passé en revue tous ces détails, on fend le larynx dépouillé depuis le pharynx, sur sa partie postérieure, avec les fines pointes d'une paire de ciseaux, et on examine encore les glandes de Morgagni situées entre les cordes vocales vraies et fausses.

Ce n'est qu'après avoir examiné les organes de la poitrine qu'on détache et qu'on fend la trachée, composée de plus de 40 anneaux cartilagineux incomplets et succédant immédiatement au larynx. Auparavant, nous devons encore remarquer une glande formée de plusieurs lobes (une partie droite, une partie gauche et une partie médiane) : la glande thyroïde, dont le parenchyme d'un rouge brunâtre touche aux faces latérales des cartilages thyroïde et cricoïde, ainsi qu'aux anneaux supérieurs de la trachée.

Organes de la poitrine.

Nous n'avons pas encore changé leur position naturelle; le sternum est encore retenu à sa place par la clavicule d'un côté et par ses articulations sterno-costales inférieures de l'autre côté, les parois latérales seules du thorax sont éloignées, mais en même temps aussi la plus grande partie de la membrane séreuse, la plèvre costale, qui tapisse la surface interne du thorax, et est maintenue constamment visqueuse du côté tourné vers les poumons, par la production continuelle d'une petite quantité de liquide aqueux. On ne voit complètement que les poumons d'un rouge clair, remplissant entièrement (du moins à l'état vivant) l'espace tho-

racique à droite et à gauche avec leurs lobes correspondants.
Entre les deux poumons il y a encore des organes, cachés
pour le moment, situés au milieu du thorax, dans l'intervalle
appelé cavum mediastini ; si nous soulevons maintenant le
sternum sur les 5/6 de sa longueur, à commencer par le
haut, de manière à détacher prudemment avec le couteau les
nombreuses adhérences du tissu conjonctif avec sa face inférieure, nous nous trouvons dans la partie appelée médiastin
antérieur pour la distinguer du médiastin postérieur, situé
derrière les organes qui sont à présent mis à nu. Ainsi que
nous l'avons déjà observé, il n'existe pas véritablement un
médiastin antérieur dans le sens d'une cavité ; nous trouvons
au contraire, à côté d'une quantité abondante de tissu conjonctif transparent chez les jeunes animaux, le thymus,
glande d'un rouge pâle, ordinairement allongée, recouvrant
la base du cœur, et dont la fonction est restée inexpliquée
jusqu'à présent ; chez les individus adultes on n'en trouve
plus que les restes, avec de la graisse, etc.; on enlève cette
glande avec les ciseaux.

Le cœur, enfermé dans sa poche séreuse, le péricarde,
est alors devant nos yeux. Nous soulevons le péricarde avec
la pince, nous le fendons dans sa longueur et nous pénétrons dans son intérieur qui renferme, outre le cœur, une
petite quantité de liquide cardiaque. Nous apercevons en
premier lieu le ventricule droit et le vestibule avec les oreillettes, les parties homonymes de gauche sont encore recouvertes en partie (fig. 46) ; nous relevons la pointe du cœur,
nous détachons le péricarde de ses points d'insertion sur le
diaphragme [1] et les deux plèvres, et nous arrivons des deux

1. Voyez là dessus SIEBOLD et STANNIUS (*Lehrbuch d. vergl. Anat.* II, p. 434)
d'après lesquels la face inférieure du péricarde n'adhérerait par du tissu conjonctif au diaphragme, que chez les Singes supérieurs et chez les Cétacés.

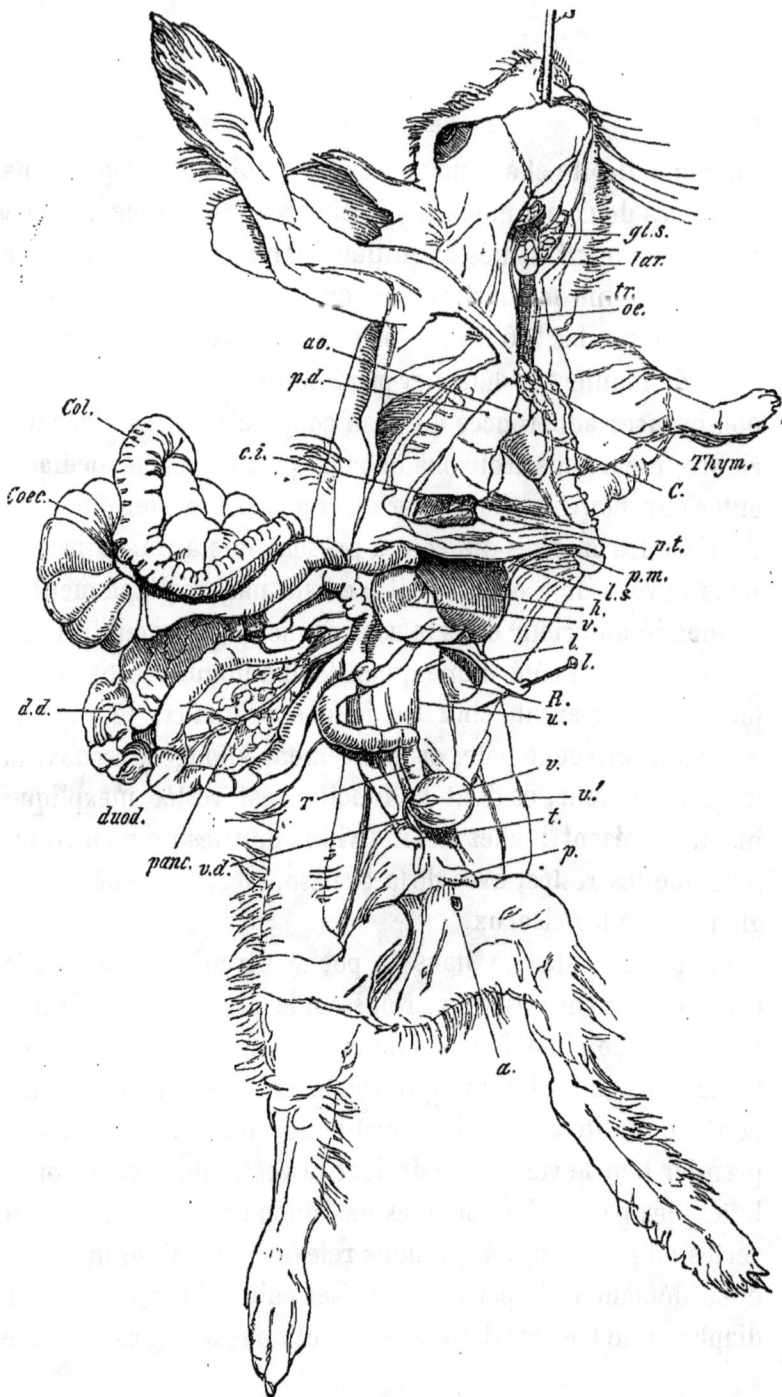

Fig. 45. — Lapin couché sur le dos.

Le ventre a été ouvert par une incision cruciale oblique, la poitrine a été ouverte par la destruction partielle de sa paroi droite; la tête est tournée à gauche.

gls, glande sous-maxillaire ; *lar*, larynx ; *tr*, trachée ; *œ*, œsophage ; *Thym*, thymus ; *ao*, aorte ; *c*, cœur ; *pd*, poumon droit ; *pm*, partie musculeuse du diaphragme ; *pt*, centre tendineux du diaphragme ; *ci*, veine cave inférieure ; *ls*, ligament suspenseur du foie ; *h*, foie ; *v*, estomac ; *l*, rate tirée de côté et fixée avec une épingle ; *duod*, duodenum tiré de côté ainsi que les parties suivantes de l'intestin ; *dd*, circonvolutions de l'intestin ; *panc*, pancréas ; *coec*, coecum ; *col*, colon ; *r*, rein droit ; *u*, uretère ; *u'*, son orifice dans la vessie, *v* ; *r*, rectum ; *vd*, canal déférent, *t*, testicule ; *p*, pénis ; *a*, anus.

9

côtés aux points où les bronches, dont nous parlerons bientôt, entrent dans les poumons, aux artères pulmonaires, aux
points de sortie des veines pulmonaires. De ces trois derniers
corps naissent les racines pulmonaires correspondantes.

Avant d'aller plus loin, nous nous rappelons que bientôt
après son entrée dans la cavité thoracique, la trachée se
bifurque en deux (seulement chez quelques Mammifères en
trois) branches principales (Bronches) ; celle de droite péné-
tre dans le poumon droit, qui est divisé en trois ou quatre
lobes (lobes supérieur, médian, inférieur, ce dernier possé-
dant un lobe médian et un lobe latéral) ; celle de gauche
entre dans le poumon gauche, qui n'a que deux lobes (lobes
supérieur et inférieur). D'après le nombre des lobes pulmonaires, les deux branches se subdivisent bientôt en de plus
petites ramifications.

Nous savons, en ce qui concerne la configuration des
vaisseaux, que l'aorte, après sa sortie du ventricule gauche,
se divise en une partie ascendante, un arc et une partie descendante, que de la première partent les deux artères coronaires du cœur, de la seconde les artères de la tête, du cou
et des extrémités supérieures, et enfin, de la dernière,
toutes les autres artères du corps. Tout le sang revenant
du corps se réunit dans l'oreillette droite. Pour la moitié
supérieure du corps, le Lapin possède deux veines caves
supérieures; pour la moitié inférieure, la veine cave inférieure. De l'oreille droite le sang pénètre dans le ventricule
droit, d'où il passe, par l'artère pulmonaire, qui se divise en
avant de la trachée en une artère droite et une artère
gauche, dans les poumons ; au niveau du point où l'artère
pulmonaire se divise, se trouve le canal de Botal qui débouche dans la partie thoracique de l'aorte descendante ; le
plus souvent il est oblitéré. Le sang artérialisé dans les

poumons revient par les veines pulmonaires et passe à travers l'oreillette gauche pour se rendre dans le ventricule gauche.

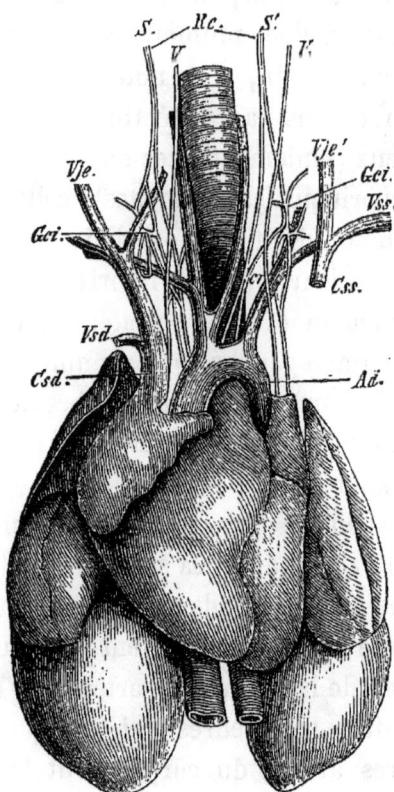

Fig. 46. — Cœur, poumon et trachée du Lapin (Krause).

De l'arc aortique naît le tronc anonyme, duquel sortent l'artère carotide gauche ; et, un peu plus haut, l'artère carotide droite et l'artère sous-clavière droite.

Le second tronc naissant de l'arc aortique est l'artère sous-clavière gauche.

Ad, aorte descendante, au-dessous de l'arc de l'aorte on voit l'artère pulmonaire ; *Csd*, veine cave supérieure droite ; *Css*, veine cave supérieure gauche coupée ; *Vsd*, veine sous-clavière droite ; *Vss*, veine sous-clavière gauche ; *Vje*, veine jugulaire externe gauche ; *Vjè*, veine jugulaire droite ; *Gci*, ganglion cervical inférieur ; *Cr*, ganglion cardiaque ; *ss'*, nerfs sympathiques droit et gauche ; *Rc*, rameaux cardiaques du nerf vague droit et gauche unis au nerf sympathique.

Remarque. — Il existe ou bien une veine pulmonaire commune droite et une gauche ; ou bien chacune avant d'entrer dans le cœur, se divise en une veine pulmonaire supé-

rieure et une veine pulmonaire inférieure, donc quatre en
tout.

Il est curieux d'observer que l'aorte, qui se dirige d'abord
un peu à droite, en passant par-dessus l'artère pulmonaire
ou sur son rameau droit, recouvre la bronche gauche, et,
se plaçant derrière l'œsophage, à gauche de la colonne vertébrale et à droite du canal thoracique, arrive au diaphragme
qu'elle traverse par l'hiatus aortique, pour se prolonger au-
dessous de lui sous le nom d'aorte abdominale.

On fera bien de préparer les plus importants rameaux de
l'aorte [1] qui suivent :

1. Le court tronc anonyme; il est situé à droite de la
trachée et donne immédiatement naissance à l'artère carotide
commune gauche, un peu plus haut à l'artère carotide commune droite, ainsi qu'à l'artère sous-clavière droite. Les
deux carotides vont le long de la trachée jusqu'à l'angle
de la mâchoire inférieure, où chacune d'elles se divise
en une artère carotide interne et une artère carotide externe.

2. L'artère sous-clavière gauche.

Les artères sous-clavières passent derrière et par-dessus
les veines homonymes sous la clavicule ; elles prennent
dans les aisselles le nom d'artères axillaires ; ensuite, sous
le nom d'artères brachiales, elles se dirigent vers la fossette
cubitale, au-dessous de laquelle elles se divisent en deux
branches : une artère cubitale et une artère radiale, pour
former enfin, dans la cavité plantaire, l'*arcus volaris*.

Parmi les grandes veines, nous avons à préparer : les veines jugulaires externes et internes droites et gauches, ainsi
que les deux veines sous-clavières.

La veine jugulaire externe court sur la face externe du

---

1. Il n'est pas rare de rencontrer des anomalies dans les vaisseaux sanguins,
il sera cependant toujours bon de les noter.

cou, se réunit à la veine jugulaire interne qui est plus faible, et qui est située derrière l'artère carotide commune, et
à la veine sous-clavière, pour former la veine cave supérieure.

A travers le *Foramen venæ cavæ* du diaphragme s'élève,
à droite de la trachée, la veine cave inférieure qui déverse
son sang dans l'oreillette droite.

Remarque. — Quoique les préparations des nerfs doivent
être réservées pour des élèves plus avancés et ne se fassent
pas habituellement dans les cours de zootomie, nous devons
ajouter, pour compléter notre esquisse, qu'on peut facilement examiner les nerfs importants suivants :

1. Le nerf vague droit, qui descend le long du cou, derrière l'artère carotide commune, après qu'il a donné le
rameau cardiaque au niveau du point de division des carotides ; il donne encore le nef récurrent avant son passage
par l'ouverture supérieure de la poitrine ; il se dirige à droite
de l'œsophage dans la cavité thoracique vers la paroi postérieure de l'estomac. Le nerf vague gauche est situé à côté
de l'artère carotide gauche, derrière l'extrémité inférieure
de la veine jugulaire externe gauche et de la veine cave ; il
arrive, après avoir donné un rameau récurrent, devant
l'aorte descendante thoracique, descend vers l'œsophage en
passant par-dessus la veine pulmonaire gauche et se dirige
alors vers la face antérieure de l'estomac.

2. Le nerf sympathique avec les douze ganglions thoraciques placés devant les têtes des côtes. Le premier ganglion
donne des filets au plexus cardiaque, qui est situé entre
l'aorte ascendante et l'artère pulmonaire. A partir du huitième, les ganglions inférieurs donnent naissance au nerf
splanchnique (Krause).

Lorsqu'on en est arrivé à ce point de la préparation, on

doit introduire un tube dans la trachée, insuffler de l'air dans les poumons et observer comment le lobe du poumon recouvre le cœur au moment des plus fortes inspirations.

Maintenant on ligature : 1° les racines des poumons ; on les coupe derrière la ligature, c'est-à-dire du côté des poumons; 2° les trois veines caves par des ligatures doubles, entre lesquelles on les coupe, et on détache entièrement le cœur avec l'aorte, les grands rameaux et l'artère pulmonaire, on l'enlève et on le met dans un petit baquet rempli d'eau, jusqu'à ce qu'on l'examine en détail.

Ensuite, on coupe les ligaments qui vont du diaphragme vers les lobes inférieurs du poumon (ligament pulmonaire droit et gauche) et on éloigne les poumons. On agit de même avec la trachée, qu'on fend dans sa longueur. On laisse le larynx *in situ,* jusqu'à ce que les organes digestifs soient détachés.

Excepté quelques nerfs intercostaux et quelques vaisseaux sanguins, il ne nous reste plus que l'œsophage, qui est maintenant libre depuis le pharynx jusqu'à son passage à travers le diaphragme par le *foramen œsophageum.* Nous examinons de plus près la cavité thoracique et nous remarquons sa séparation complète, si caractéristique pour tous les Mammifères, de la cavité abdominale, par un muscle volumineux, le diaphragme, dont le centre tendineux diffère nettement de la périphérie qui est musculeuse ; en enlevant avec la pince quelques lambeaux de tissu conjonctif qui adhèrent encore à son centre, nous reconstruisons sa forme primitive. Ces lambeaux sont les restes des plèvres, dont les parties insérées sur le diaphragme sont dénommées spécialement plèvres phréniques.

Organes de l'abdomen et du bassin.

Les téguments de la cavité abdominale sont déjà tranchés par la coupe en croix et rabattus de côté. A droite et
en haut, appliqué contre le diaphragme, nous voyons le foie ;
à sa gauche l'estomac, occupant le centre et une grande
partie de l'épigastre gauche ; au-dessous de ces deux organes,
le long canal intestinal, dont le cœcum gigantesque, ayant
plus de dix fois le volume de l'estomac, occupe, surtout à
droite, la plus grande partie de l'espace.

Remarque. — Qu'on fasse attention à l'inversion des
organes qui se rencontre parfois ; l'auteur a justement un
cas pareil devant les yeux.

Si la vessie est remplie, elle s'élève considérablement
dans la cavité abdominale à cause de son volume. Nous rabattons momentanément le canal intestinal tout entier sur
le côté et le foie vers le haut ; nous déplaçons un peu l'estomac, et nous voyons la rate, qui est allongée, d'un rouge
pâle, quelquefois d'un rouge bleuâtre ; elle était cachée jusqu'ici par la grande courbure de l'estomac. Presque contre
la colonne vertébrale, dans la région lombaire, se trouvent
les reins, qui sont d'un rouge bleuâtre, sans lobes ; le rein
droit est presque toujours un peu plus haut que le rein
gauche. Vers l'intérieur et un peu au-dessus de l'échancrure
des reins, se trouve, de chaque côté, un corps arrondi, aplati,
d'un blanc jaunâtre : la capsule surrénale.

Avant de dérouler le canal intestinal dans toute sa longueur
et d'enlever ses grosses glandes, nous examinons les duplicatures du péritoine qui servent à le fixer dans la cavité abdominale. On sait que les diverses parties du canal intestinal
sont fixées par ces duplicatures qui partent de la face dorsale et qui renferment en même temps les vaisseaux. Elles

portent, d'après la portion du canal qu'elles soutiennent, les noms de mésentère, mésocôlon, mésorectum.

On a décrit aussi spécialement chez le Lapin (Krause) une série de ligaments péritonéaux dont nous allons rechercher les plus importants.

1. Le ligament suspenseur du foie (fig. 45), s'étend dans la direction sagittale du diaphragme vers le foie, dont il sépare le lobe droit du lobe gauche.

2. L'omentum minus, vient du sillon transversal du foie et se fixe à la petite courbure de l'estomac, il se perd dans le ligament hépatico-duodénal (du sillon duquel il se dirige vers le duodénum).

3. Le ligamentum gastro-splénique (fixe la rate au fond de l'estomac) ; il se relie a un ligament phrénico-gastrique qui va du diaphragme vers le « cardia » (orifice œsophagien de l'estomac).

4. L'Omemtum majus va de la grande courbure de l'estomac vers le côlon transverse.

Maintenant on doit trancher le ligament suspenseur du foie, ligaturer l'œsophage tout près du *foramen œsophageum*, le trancher, détacher les adhérences du mésentère à la région lombaire, examiner le groupe de ganglions lymphatiques qui est situé près de la *radix mesenterii*, le pancréas Aselli (ayant 3 centimètres de longueur et 1 centimètre de largeur) (Krause), et ligaturer enfin deux fois le rectum. Après avoir coupé celui-ci, entre les ligatures, il ne reste plus qu'à détacher les adhérences accessoires pour pouvoir enlever la partie abdominale du canal digestif.

On étend les intestins sur la planchette à préparations, le plus possible dans leur position naturelle, et on commence l'examen par l'estomac, qu'on ouvre en coupant ses parois avec des ciseaux, depuis le cardia jusqu'au pylore muscuieux, le long de la petite coubure. On remarque le *fundus ventriculi* qui forme une poche profonde, et *l'antrum pylo-*

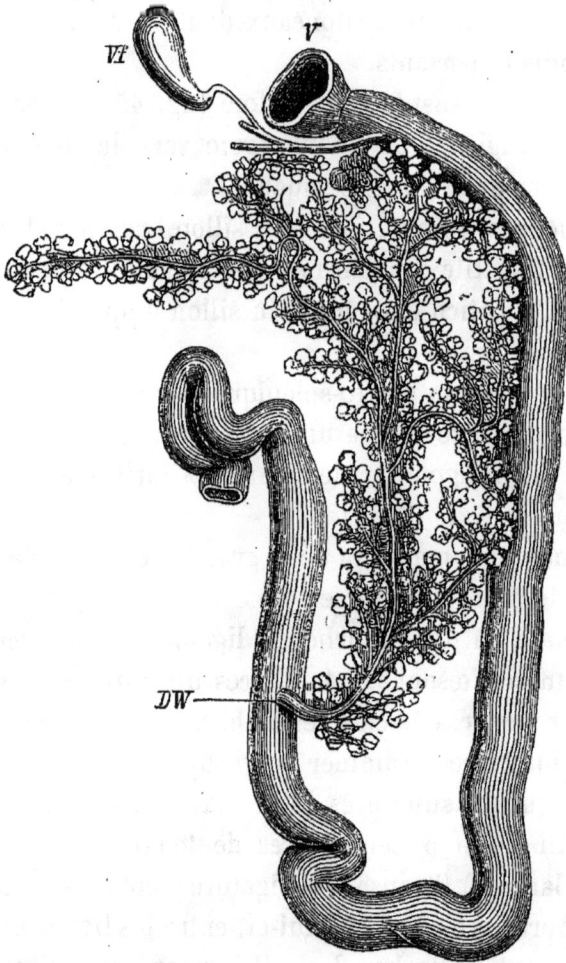

Fig. 47. — Tube digestif et pancréas du Lapin (Krause)

V, portion pylorique de l estomac; *Vf*, vésicule bilière avec le canal cystique qui s'unit avec le canal hépatique droit et gauche coupés pour former le canal cholédoque; *DW*, canal de Wirsung (pancréatique) ramifié dans le pancréas dont la portion gauche supérieure transversale s'étend sur la rate.

ricum qui est un peu étranglé. La portion suivante de l'intestin est le duodénum ; elle forme une seule anse qui porte

dans le pli du mésentère qui les contient tous deux, le
pancréas à lobes nombreux étendu à plat. Le conduit excréteur de ce dernier (voyez fig. 47) débouche dans la partie
transversale inférieure du duodénum, à 30 ou 40 centimètres du pylore. En plaçant l'anse encore intacte du duodénum à contre jour, on trouve facilement ce conduit, dans lequel on peut alors introduire sans difficulté une soie de porc.
Si l'on ouvre le duodénum par son bord libre, on observe qu'il

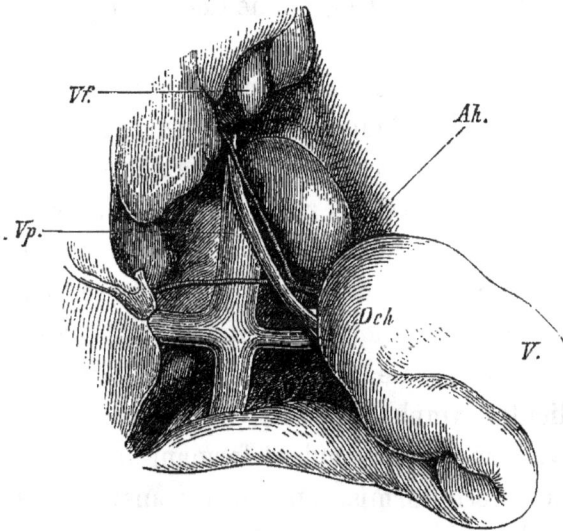

Fig. 48. — Lapin

Dck, canal cholédoque ouvert dans le duodenum; *V.* estomac; *Vf*, vésicule biliére;
Ah, artère hépatique se divisant au niveau du canal cholédoque en un rameau
droit et un rameau gauche; *Vp*, veine porte. Le foie et la vésicule biliére sont
relevés. (KRAUSSE.)

n'est pas tapissé de plis développés de membrane muqueuse, on
reconnait l'orifice du conduit pancréatique et on trouve plus
haut, tout près du pylore, l'entrée du large canal cholédoque
(fig. 48), qui est formé par la réunion du canal hépatique[1]

1. Le canal hépatique conduit la bile hors du lobe gauche du foie ; les conduits des autres lobes débouchent successivement dans le canal cystique
(Krause).

droit et gauche, et du canal cystique, ou canal excréteur
de la vésicule biliaire, qui est piriforme.

Le foie est d'un rouge brunâtre ; il nous montre plusieurs
lobes rarement égaux, dont quatre sont considérés comme
des lobes principaux ; lorsqu'on relève leur partie antérieure, on reconnaît le sillon transverse du foie, qui décrit
avec le sillon longitudinal, la forme d'un ⌐ ; dans ce dernier sillon se trouve la vésicule biliaire.

Krause (*l. c.*, pag. 160) donne une description exacte des
lobes du foie.

La portion de l'intestin qui suit le duodénum est formée
du jejunum et de l'ileum ; elle commence sans délimitation
exacte ; c'est un tube de peu de diamètre, fort entortillé,
fixé par le mésentère à la *radix mesenterii*. Lorsqu'on l'ouvre par son côté libre, on reconnaît les plis longitudinaux de
sa membrane muqueuse. De l'ileum on passe, par la valvule
du côlon, dans un énorme cœcum, dont l'épaisse paroi est
abondamment garnie, au niveau de son extrémité amincie,
de follicules lymphatiques. Le côlon, qui fait suite, peut
être divisé en côlon ascendant formant une anse autour du
processus vermiformis, en côlon transverse se dirigeant
derrière la grande courbure de l'estomac et en côlon descendant qui descend à gauche le long de l'aorte abdominale
et passe dans le rectum.

Remarque. — Le côlon offre trois bandes longitudinales,
fæniæ coli ; sur sa première partie, entre ces bandes, il y a
autant de rangées d'évaginations.

La muqueuse du côlon présente des follicules épars, la
muqueuse du rectum des plis longitudinaux (Krause).

Pour étaler le canal intestinal dans sa toute longueur, on
détache avec les ciseaux tous les ligaments du péritoine, en
commençant près du duodénum. On ne doit pas négliger

cette opération parce qu'alors seulement les différentes parties de l'intestin peuvent être étudiées exactement.

Organes urinaires et génitaux.

Lorsqu'on a suivi les deux uretères depuis le hile des
reins jusqu'à leur entrée dans la vessie, un des reins peut
être détaché et fendu par une coupe médiane longitudinale ; on ne trouve dans l'entonnoir du rein qu'une seule

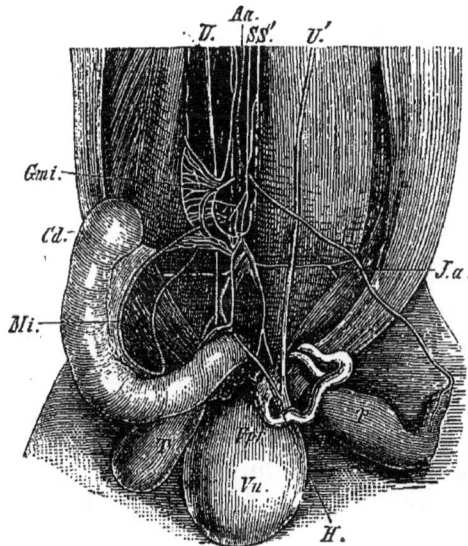

Fig. 49. — Lapin.

Vu, vésicule urinaire ; *Vpr*, les cornes de la vésicule prostatique se montrent comme
deux petits tubercules arrondis au-dessus de la vessie urinaire ; *TT*, testicules ;
Cd, côlon descendant ; *U*, uretère droit ; *U'*, uretère gauche ; *Aa*, aorte descendante
abdominale de laquelle naissent les artères spermatiques internes dont la gauche
se porte vers le testicule en formant un arc ; *Ja*, artère iliolombaire gauche ; *Mi*,
artère mésaraïque inférieure ; *SS'*, nerfs sympathiques droit et gauche ; *Gmi*, ganglion mésantérique inférieur ; *H*, extrémité du nerf hypogastrique qui se perd sur
le canal déférent gauche (KRAUSE).

papille, de même qu'une seule pyramide de Malpighi. On a
donc ici un exemple d'un rein de Mammifère non lobé, avec
une seule pyramide rénale.

Les organes génitaux ne peuvent être préparés dans tous leurs détails que sur les Lapins adultes. Sur les jeunes animaux qu'on dissèque de préférence dans les cours, on doit se contenter de préparer ; chez les mâles : le testicule, son canal éjaculateur, le canal déférent et le pénis; chez les femelles : les ovaires, l'utérus et le vagin. Il n'y a presque rien de particulier à dire à propos de la préparation de ces parties.

Lorsqu'on enlève avec précaution le tissu conjonctif cutané et sous-cutané de la région pubienne et de l'aine, on trouve chez le mâle, dans le canal inguinal (fig. 49), des testicules qui sont en forme de poire allongée, avec les épididymes, dont les continuations, les canaux déférents, passent par l'anneau inguinal dans la cavité abdominale, et se dirigent en formant une anse sur l'uretère, vers la vésicule prostatique ou *uterus masculinus*, organe qui est surtout très développé chez les Rongeurs (fig. 50), et qui, d'après Gegenbaur et Krause, correspond plutôt à la portion vaginale du *sinus génital* féminin, de sorte que l'expression *uterus masculinus* serait peu juste.

Fig. 50. — Canal urogénital et vessie urinaire du Lapin (Gegenbaur). A, face postérieure; B, paroi postérieure de l'utérus mâle ouvert ; C, face latérale; v, vessie urinaire; u, uretère; d, canal déférent; g, sinus génital; ug, canal urogénital.

Chez les grands exemplaires on prépare aussi les organes accessoires suivants :

1. La Vésicule prostatique est une vésicule impaire, pourvue de deux cornes (*cornua vesiculœ prostaticœ*) et d'une

paroi mince. Elle a environ 3 centimètres de longueur et
1 centimètre de largeur; elle est placée derrière et sous la
vessie urinaire (fig. 45) et débouche par une fente de 2-3 millimètres au milieu du *colliculus seminalis* de l'urèthre.

2. La prostate est une glande trilobée, ovale, allongée,
jaunâtre, située derrière la vésicule prostatique elle, répand son produit de sécrétion, qui est destiné à entraîner le
sperme, par plusieurs canaux prostatiques dans lesquels on
peut à peine introduire une sonde et qui débouchent près
du *colliculus seminalis*.

3. Les vésicules séminales[1] sont placées entre les corps précédents; elles ont, d'après Krause, à l'état de dilatation,
un diamètre de plus de 3-4 millimètres et débouchent dans
l'urètre par des orifices particuliers, à côté des vaisseaux
déférents.

4. Les glandes de Cooper (1 cent. de longueur et 2 millimètres de largeur) sont placées de chaque côté de la prostate
et débouchent dans la partie caverneuse de l'urèthre.

5. Les glandes préputiales[2] (13 millimètres de longueur,
5 millimètres de largeur, 2 millimètres d'épaisseur, Krause),
sont situées latéralement à la racine du pénis; leur grand
axe est tranversal.

6. La glande anale[3] (1 centimètre de longueur et 3-4
millimètres de largeur) est placée à la hauteur de la septième
vertèbre caudale, sur la paroi latérale extérieure du rec-

1. Leur produit de sécrétion, qui suit le sperme éjaculé dans le vagin, se
coagule et forme un bouchon qui empêche le sperme de s'écouler.

2. Elle consiste (Krause) en une partie brunâtre médiane et une partie
blanchâtre, bosselée, latérale; la première renferme des canaux tortueux, sé-
crétant un liquide à odeur forte, la seconde est composée de glandes graisseuses se terminant dans des follicules pileux.

2. Le produit de la sécrétion de la glande annale, sert indubitablement à
rendre plus facile la sortie de l'anus aux petits excréments durs et rpnds. »
(Krause, *loc. cit.*, p. 172).

tum, à 8 millimètres environ au-dessus de l'anus (Krause).

Le pénis (voyez fig. 45) se termine par un gland long et pointu; il est dépourvu d'os; il est dirigé vers le bas et a 2·5 centimètres de longueur (Krause).

L'urèthre est étroit; il se divise en une partie prostatique, une longue partie membraneuse, et une partie caverneuse.

Organes génitaux femelles. — Les ovaires sont blanchâtres, ovales; ils présentent chez les animaux adultes une surface bosselée, qui est produite par de grands follicules de Graaf. Ils sont placés sur les côtés de la colonne vertébrale, à la hauteur de la quatrième vertèbre lombaire, et sous un pli du péritoine, qui concorde avec le ligament large de l'utérus de la femme, le *mesometrium*; au-dessous se trouve l'orifice abdominal de la trompe de Fallope, ayant au bas un étroit « lumen » et entrant en droite ligne après quelques détours dans un utérus bicorne. Ce dernier débouche par un double orifice externe de l'utérus dans le vagin qui est long de 7-8 centimètres et dont l'entrée est pourvue de deux grandes lèvres. Le clitoris est presque aussi long mais plus mince que le pénis; l'urèthre est large et court.

Parmi les glandes accessoires nous devons mentionner la glande de Bartholini, longue d'un centimètre, située tout près de l'os pubis; la glande inguinale ou préputiale située à côté de l'entrée du vagin et la glande anale qui adhère à la paroi latérale du rectum.

Parmi les vaisseaux sanguins artériels nous avons à rechercher les rameaux snivants de l'aorte abdominale :

1. L'artère cœliaque donne l'artère sphénique, pour la rate puis l'artère coronaire gauche de l'estomac et l'artère

---

1. De même que le *Gubernaculum hunteri* chez le mâle, le ligament rond de l'utérus naît sur les cornes de l'utérus et passe dans le canal inguinal.

hépatique avec son rameau coronaire droit de l'estomac.

2. L'art. mésaraïque supérieure $\Big\}$ Artères intestinales.
3. L'art. mésaraïque inférieure

4. Art. spermatiques droite et gauche.

5. Art. rénales droite et gauche du mâle et de la femelle.

6. Art. sacrée médiane.

7. Art. iliaque commune $\Big\}$ Art. iliaque interne.
Art. iliaque externe.

8. Art. crurale et sa suite de rameaux jusqu'à l'arcade plantaire.

Remarque. — Nous pouvons laisser de côté les veines homonymes qui accompagnent les artères ; nous n'avons à nous occuper que d'un tronc important, qui conduit tout le sang veineux venant du canal intestinal, dans la foie : la veine porte ; elle se trouve (voyez fig. 48) derrière l'artère hépatique et le canal cholédoque et se divise en deux rameaux, l'un droit et l'autre gauche ; le sang veineux du foie est versé par plusieurs (d'après Krause en général par cinq) veines hépatiques dans la veine cave inférieure.

Le canal thoracique débouche dans l'angle de jonction de la veine jugulaire externe et de la veine sous-clavière gauche (Krause).

Remarque. — La partie abdominale des nerfs sympathiques doit être cherchée entre les bords médians des muscles psoas, elle se relie aux sept ganglions lombaires.

Système nerveux.

Après avoir terminé la préparation des glandes orbitaires, on ouvre le crâne ; sur les jeunes animaux ceci se fait facilement avec le couteau à cartilages ou avec un autre scalpel convexe solide ; pour les animaux adultes il vaut mieux em-

ployer des cisailles ou une scie ; pour la direction de la section, voyez page 79. Lorsqu'on a soigneusement étendu le
cerveau sur de la ouate humide on examine les parties les
plus importantes : au-dessus le cerveau avec le lobe olfac-

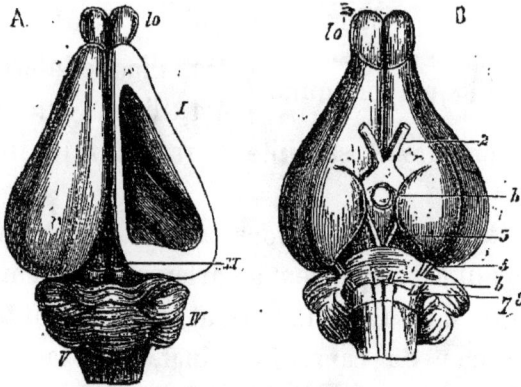

Fig. 51. — Encéphale du Lapin (Gegenbaur).

A, face supérieure; B, face inférieure, *lo*, lobes olfactifs; I, cerveau antérieur (hémisphères cérébraux); III, cerveau moyen (corps quadrijumeaux); IV, cerveau postérieur (cervelet); V, post-cerveau (moelle allongée) ; *h*, hypophyse; 2, nerf optique; 3, nerf moteur oculaire commun; 5, nerfs trijumeaux; 6, nerf moteur
oculaire externe; 7, 8, nerf facial et auditif. La voûte de l'hémisphère droit a été
enlevée pour montrer la cavité du ventricule latéral, on voit en avant le corps
strié, en arrière le fornix avec l'entrée du pied du grand hippocampe.

tif, le cerveau moyen inférieur et postérieur, les tubercules
quadrijumeaux, les couches optiques et les chiasma des nerfs
optiques, l'hypophyse du cerveau, le tuber cinereum et l'infundibulum, les corps mamillaires, les pédoncules cérébraux qui sont assez volumineux, le pont de Varole reliant
les deux hémisphères du cervelet, à côté desquels se trouvent les *processus s. crura cerebelli ad pontem* peu développés et au bord postérieur desquels la moelle allongée se
rattache. On peut examiner les 12 nerfs cérébraux, que
même des commençants peuvent reconnaître :

1. Nerf olfactif, partant du lobe olfactif.

10

2. Nerf optique, partant du chiasma des nerfs optiques.

3. — oculo-moteur commun, partant du pédoncule cérébral.

4. — pathétique ou trochléaire, placé au-dessus du suivant.

5. — trijumeau, placé à côté du *Crus cerebelli ad pontem*.

6. — moteur oculaire externe ou abducteur, placé au bord
inférieur du pont de Varole.

7. — facial, placé au bord supérieur de la moelle.

8. — allongée, au-dessous du pont de Varole.

8. — auditif, placé à côté de la moelle allongée.

9. — glossopharyngien, naissant du faisceau médian de la
moelle allongée.

10. — vague ou pneumogastrique, naissant par 5 ou 6
racines, du corps olivaire.

11. — accessoire de Willis ou récurrent, ou spinal, naissant par 10 racines des faisceaux latéraux de la
moelle épinière.

12. — hypoglosse, venant du bord latéral du faisceau
pyramidal.

On place de nouveau le cerveau sur sa base, et on enlève le toit des hémisphères par des sections horizontales
pour obtenir la vue des ventricules latéraux (voyez fig. 51),
la corne antérieure se continuant dans le ventricule du lobe
olfactif et le corps strié séparé de la couche optique par les
stria cornea, la corne inférieure avec le pied du grand hippocampe, appelé aussi corne d'Ammon ; la corne postérieure
manque (Krause).

Derrière le corps strié on voit le *fornix*, qu'on coupe
maintenant juste au milieu ; le corps calleux [1] qui relie les
deux hémisphères du cerveau et dont on replie les deux

---

1. Le point de flexion de son bord antérieur est nommé *genu corporis callosi* ; son bord postérieur s'appelle *tuber seu splenium corporis callosi*.

moitiés en avant et en arrière (Hyrtl). On voit maintenant
le *septum pellucidum*, vertical, peu développé, composé de
deux lamelles parallèles, qui sépare les cornes antérieures
et renferme le ventricule du *septum pellucidum*. On coupe
le *fornix* qui forme un triangle dont la base est dirigée en
arrière, on le déplie de la même manière que le corps calleux, on éloigne la *tela chorioidea*, le *plexus chorioideus
medius*, et on éloigne un peu la couche optique ; on arrive
ainsi dans le troisième ventricule ou ventricule moyen, on
examine les commissures antérieure, moyenne et postérieure ; au-dessous de la première l'*aditus ad infundibulum* ;
au-dessous de la dernière, l'*aditus ad aquæductum Sylvii*,
qui se dirige vers le quatrième ventricule.

Entre le dernier et le troisième ventricule se trouvent les
corps quadrijumeaux, qui se distinguent en antérieurs et
postérieurs. Dans le sillon situé entre les premiers se trouve
la glande pinéale ou *penis cerebri*, d'un brun grisâtre et de
forme cylindrique ; de son extrémité antérieure partent les
pédoncules de la glande pinéale ou *pedunculi Bonarii*, qui
se prolongent sous le nom de *Fæniæ medullares* le long
des couches optiques. A ce moment, on peut examiner la
moelle allongée, avec les pyramides séparées par le sillon
longitudinal antérieur, les corps olivaires placés un peu
latéralement de celles-ci (une coupe médiane fait voir leur
noyau) et les corps restiformes, qu'on doit chercher encore
plus de côté, et qui sont aussi désignés sous le nom de
pédoncules cérébelleux, parce qu'ils s'enfoncent dans les
hémisphères du cervelet ; on coupe par le milieu le vermis,
qui relie ces deux hémisphères ; on observe la disposition
ramifiée de sa moelle, l'arbre de vie du vermis ; on coupe
alors le cervelet suivant une ligne frontale, on enlève sa
partie postérieure, pour pouvoir examiner le quatrième

ventricule, dont le sol porte le nom de fosse rhomboïdale.
Latéralement, à l'extrémité supérieure du quatrième ventricule on découvre le tubercule acoustique ; à son extrémité
inférieure le *calamus scriptorius;* entre les corps restiformes distendus, les lames cendrées du quatrième ventricule qui forment une plaque triangulaire avec la pointe en bas.

Remarque. — Pour étudier les parties les plus importantes
du cerveau et pour acquérir une idée de sa structure excessivement compliquée, on doit choisir les cerveaux de Mammifères assez grands. Dans les exercices pratiques, le directeur du cours en fait ordinairement l'exposition.

Aux élèves plus avancés, qui ont déjà entrepris des études
histologiques, on doit recommander le livre de Henle : *Ner-*
venlehre (l. c. N° 17, III Bd.)

CHAPITRE III

Pour les Oiseaux un peu rares on doit commencer l'inspection extérieure en mesurant la longueur totale, depuis la pointe du bec jusqu'à l'extrémité de la queue, l'envergure et la distance des ailes repliées jusqu'à l'extrémité de la queue; ensuite on doit noter exactement la couleur des diverses parties : le bec, la gorge, la langue, la membrane ciroïde, l'iris, les pieds, les ailes et, s'il y en a, les parties nues, les excroissances charnues, etc.

Quand il n'est pas possible d'écorcher et d'examiner l'animal fraîchement tué, il est nécessaire, si l'on désire préserver le plumage, de prendre des précautions spéciales pour qu'il ne soit pas souillé par le sang, le suc gastrique, les excréments, l'urine, etc. Dans ce but on bouche les narines et le gosier avec du papier brouillard, de l'étoupe ou de la laine, le gosier (Martin) avec un mélange de sciure de bois et de sel; on ferme de même l'orifice du cloaque.

Remarque. — Quelquefois, il est prudent de vider le jabot par des pressions modérées; on peut facilement constater s'il renferme des aliments.

On nettoie les taches fraîches de sang avec du papier brouillard, ou, si elles sont déjà sèches, avec une éponge humectée. On recouvre les plaies ou les trous faits par les grains de plomb à l'aide de bouchons de papier. En outre (voyez plus bas) on répand de la sciure de bois, du sable sec, des cendres, etc., sur les endroits sanguinolents ou graisseux.

Comme exemple nous choisirons le Pigeon domestique, *Columba livia domestica,* qu'on peut facilement se procurer, pour étudier les principales particularités organiques ; mais, avant d'entreprendre la dissection nous allons examiner l'extérieur du corps de l'Oiseau.

Ce qui nous intéresse en premier lieu c'est l'ecto-squelette des Oiseaux. Il est composé presque exclusivement de modifications particulières de l'épiderme, se présentant sous la forme de plumes diverses, de plaques cornées, d'écailles, etc. Nous avons surtout à examiner de près les plumes, qui sont des formations caractéristiques. En général, on donne aux plumes qui contribuent à la forme du corps et aux couleurs de la robe, le nom de *pennes.* Sur chacune de ces plumes on distingue : 1° la *tige (scapus)* formant l'axe de la plume et dont la partie inférieure est cylindrique et creuse ; 2° le *tube (calamus)* est fixé dans une invagination de la peau : le *follicule.* La partie supérieure de la tige, carrée et solide, ou *fuseau (rachis)* s'étend jusqu'à l'extrémité de la plume. Le tube a deux ouvertures : un ombilic inférieur dans lequel entre la papille vasculaire, et un ombilic supérieur, situé sur la face inférieure de la plume, à l'endroit où le tube se transforme en fuseau.

Des deux côtés du rachis sont plantées les barbes *(radii)*, qui sont d'étroites lames garnies de radioles ; celles-ci sont souvent dentelées sur le côté comme des scies, et se ter-

minent en crochets qui s'engrènent et remplissent les intervalles des barbes ; la portion ainsi constituée de la plume
est le *vexillum*. Le rachis est creusé sur sa face inférieure
d'un sillon longitudinal et, chez beaucoup d'Oiseaux, il
offre un appendice, *hyporachis*, implanté près de l'ombilic
supérieur.

Lorsque les plumes n'ont pas de barbes, elles se terminent
par de longs et fins filaments, *filoplumæ*, ou en filaments
plus courts et durs, *vibrissæ*.

Les petites plumes courtes, à tige flexible, qui recouvrent
directement la peau sont appelées *duvet* (*plumulæ*).

1° Les pennes sont ordinairement disposées en rangées ou
en groupes, *pterylæ*, entre lesquels se trouvent des endroits
nus ou seulement couverts de duvet, *apteria*. Les pennes
sont distinguées en : 1° *plumes rémiges*, insérées sur le
bord inférieur de l'aile et désignées sous le nom de rémiges
de la main ou de premier ordre, et rémiges de l'avant-bras
ou de second ordre ; 2° *plumes rectrices*, formant la queue
et servant à diriger le vol ; 3° *plumes tectrices*, qui recouvrent les racines des grandes pennes. On nomme *parapte-
rium* ou plumes de l'épaule celles qui sont implantées sur
le bras et qui recouvrent l'aile repliée ; on nomme *alula*,
ala spuria ou *aileron* une petite houppe de plumes, implan-
tée sur le pouce, à l'inflexion de l'aile et remplacée quelquefois par une griffe dure et cornée, *ala calcarata*[1].

Au sujet du plumage des Columbides il est à observer
qu'il y a peu de duvet entre les pennes et qu'il n'y en a
point sur la plupart des raies intermédiaires, les *apteria*.

_____

1. On appelle *plumæ falciferæ* les plumes dont la tige est terminée par une
espèce d'écaille cornée (*bombycilla*). Chez les Pingouins, etc., on voit cette
dégénérescence des plumes rémiges en écailles. Voyez là-dessus les manuels de
zoologie.

Il y a 10 plumes rémiges de la main, environ 11-15 du bras et 12-16 plumes rectrices.

Les extrémités postérieures [1] des Pigeons se terminent par des pieds fendus, *pedes fissi seu ambulatorii*; sur le devant du tarse il y a 6 ou plus souvent 9 plaques, derrière il est granulé ou réticulé.

Outre les expressions ordinaires employés pour désigner

---

1. On sait qu'on classe les extrémités postérieures en :

I. — Pedes gradarii.

Tibia garni de plumes jusqu'au cou-de-pied.

a. — *P. adhamantes*, avec quatre doigts dirigés en avant.

b. — Pieds grimpants, *p. scansorii*, deux doigts en avant, deux doigts en arrière.

b' — Le doigt extérieur ou intérieur peut être en avant et en arrière, de là des *p. scansorii* avec un doigt extérieur et des *p. adhamantes* avec un doigt intérieur réversible.

c. — *P. ambulatorii*, trois doigts en avant. Le doigt intérieur est dirigé en arrière ; les doigts médian et extérieur sont atrophiés à leur base.

d. — *P. gressorii*, le doigt intérieur en arrière, trois doigts en avant, les doigts médian et intérieur atrophiés au delà de la moitié.

e. — *P. insidentes*, trois doigts en avant, reliés à leur base par une courte membrane conjonctive, le doigt antérieur dirigé en arrière.

f. — *P. fissi*, le doigt intérieur dirigé en arrière, les trois doigts dirigés en avant absolument séparés.

II. — Pedes vadantes.

Le tibia est couvert ou non, de plumes, jusqu'à la moitié, — si les jambes très longues n'ont pas de plumes, on les appelle *pedes grallarii*.

g. — *P. colligati*, doigts antérieurs réunis à leur base par une courte membrane conjonctive.

h. — *P. semicolligati*, les doigts médian et extérieur réunis.

i. — *P. cursorii*, deux ou trois doigts antérieurs très forts ; le doigt postérieur manque.

k. — *P. palmati*, les trois doigts dirigés en avant sont réunis jusqu'à leurs extrémités par une membrane simple.

l. — *P. semipalmati*, la membrane s'étend jusqu'à la moitié des doigts.

m. — *P. fissopalmati*, les doigts sont bordés d'une membrane continue.

n. — *P. lobati*, le bord membraneux est échancré ou lobé au niveau des articulations des doigts.

o. — *P. stegani*, le doigt postérieur est enfermé dans la membrane.

(Claus.)

les différentes régions du corps, telles que le front, le crâne, l'occiput, les joues, la gorge, la nuque, la poitrine, le ventre, le dos, le croupion, la queue, on se sert encore, dans l'Ornithologie scientifique, de quelques autres noms pour désigner certaines parties extérieures ; ainsi la crête ou le dos du bec s'appelle le *culmen*; il est parfois séparé par un sillon de la partie latérale : le *paratonum*; la pointe recourbée et voûtée du bec est le *dertrum*; le *thomium* est son bord tranchant. La pointe de la mandibule inférieure (le point de jonction des deux branches de la mandibule inférieure) s'appelle « Dille » ; l'angle formé par ses deux branches s'appelle l'*angle du menton*, le bord est le *gonys*. La peau tendre qui recouvre la racine du bec est nommée *cera* ou *ceroma*; entre la racine du bec et l'œil se trouve le *lorum*.

Marche à suivre pour la dissection[1].

Afin de tirer le plus de parti possible d'un Oiseau rare, au point de vue dermatologique et zootomique, on fait bien de couper la peau, après avoir attaché l'animal sur le dos[2], depuis l'angle du menton jusqu'à l'orifice du cloaque, en faisant la plus grande attention d'épargner le plumage ; on écarte soigneusement de côté les plumes placées sur la ligne de la coupe, après les avoir un peu humectées; s'il y a un peu de sang répandu on l'étanche avec de petites éponges et on met des cendres fines, du sable, de la sciure de bois ou du gypse sur les parties dénudées, sur la face interne de la

1. Les préparatifs sont les mêmes qui sont indiqués page 118 (dissection d'un Lapin.)
2. Les dermatologues ne font pas cette coupe longitudinale ; pour obtenir une belle dépouille, ils préfèrent faire : 1° une coupe dans la peau, le long du sternum jusqu'au cloaque; 2° une coupe dans la peau le long du sternum; 3° l'ouverture de l'Oiseau sous une aile ; 4° une coupe dans la peau depuis le milieu du dos jusqu'à la glande du croupion (surtout chez les Pigeons). Comparez là-dessus les ouvrages cités.

peau et sur les muscles. Sans pratiquer d'autres coupes dans
la peau, on dépouille maintenant les flancs en allant vers le
dos, jusqu'à ce que le bras d'une part et la cuisse de l'autre
soient le plus possible dénudés; on saisit alors l'aile par
l'avant-bras, on l'amène vers le milieu du corps, tandis
que de l'autre main on maintient la partie correspondante,
déjà détachée, de la peau, et on tranche l'humérus en avant
du coude, avec des cisailles ou des ciseaux; on fait de
même pour la jambe qu'on ampute au niveau ou en avant
du genou. Lorsqu'on a terminé ces manipulations sur
les deux côtés, on pratique une coupe circulaire autour de
l'orifice du cloaque et on enlève la dernière vertèbre caudale
avec la peau, sans quoi on risquerait de voir tomber les
plumes rectrices. On tire alors sans difficulté la peau par
dessus le dos et le cou jusqu'à la tête, on soulève la membrane de l'oreille au moyen d'un scalpel émoussé et on l'enlève en appuyant avec le pouce[1].

Après avoir coupé la membrane conjonctive de l'œil, on
détache les bords des paupières avec les mêmes précautions
et on a ainsi la peau libre jusqu'à la racine du nez, le tronc
est déjà dénudé et il s'agit de décider si, après avoir enlevé
les parties internes de la bouche et du cou, on veut séparer
la tête au niveau de l'articulation de l'atlas et la laisser
attachée à la peau, ou si l'on veut enlever le sommet du
crâne de la manière déjà connue, afin de conserver le cerveau. Dans le premier cas, on élargit l'ouverture de l'occiput, pour enlever le cerveau par morceaux, on pratique
l'énucléation de l'œil, qu'on doit remplacer plus tard, de
même que l'encéphale, par un tampon d'étoupe, lorsque la
peau sera préparée; on enduit le crâne ainsi que la peau de

1. Martin.

la tête et du cou avec une solution arsénicale et on enlève
enfin la peau, qu'on débarrasse de la graisse qui y adhère
et qu'on enduit soigneusement d'une simple solution d'arséniate de soude ou d'une légère couche d'une pâte d'alun et
d'arséniate de soude.

Remarque. — L'empoisonnement des os, des ailes et des
pieds exige quelques précautions. Lorsqu'on ne peut pas
suffisamment faire sortir les os de la peau relevée, on fait
une incision à l'aile, entre l'ulna et le radius, jusqu'au
pouce, sur la face interne ; on enlève les parties molles qu'on
remplace par de l'étoupe, et on enduit la peau bien net-
toyée, ainsi que les os, d'un préservatif. On relève le plus
possible la peau de la jambe dans la direction du tarse, on
l'empoisonne et on la rabat sur le tibia enveloppé d'étoupe.

Pour les tarses musculeux et couverts de plumes, ainsi
que pour les doigts musculeux, il est nécessaire de faire des
injections d'alun ou d'arséniate de soude, depuis la plante
du pied, ouverte par une coupe longitudinale, après avoir le
plus possible enlevé les parties molles. Enfin, on doit aussi
enduire extérieurement le membre d'un préservatif (Hartlaub).

Martin recommande de passer un fil de fer dans le tarse
et le tibia des petits Oiseaux et d'y introduire une goutte du
dernier préservatif, après avoir enlevé le fil. Chez des animaux plus grands (les Corbeaux, les Pigeons), on introduit
dans les canaux médullaires une plume imbibée du poison
et on l'y laisse quelques jours. Il est bon de saupoudrer
d'alun les jambes des grands Oiseaux, après les avoir ouvertes, décharnées et empoisonnées.

Remarque. — Les narines et le cérome doivent être aussi
enduits d'un préservatif ; il en est de même des excroissances charnues, des lobes membraneux, etc. Dans ces lobes,

il est bon d'injecter quelques seringues de Pravaz d'une solution préservative, ou bien on les énuclée et on enduit leur face interne de cette solution, après quoi on les bourre de laine.

Au bout de vingt-quatre heures, on forme avec de l'étoupe un cou de la grosseur naturelle ; on l'introduit dans la peau, convenablement réunie, et on le fixe solidement dans la cavité crânienne ; on fabrique un corps de la même manière, avec du foin ou de la mousse ; on dispose les ailes dans leur position naturelle, on lisse les plumes, et on entoure l'Oiseau de légères bandes de papier qui fixent les ailes, jusqu'à ce qu'il soit desséché.

Remarque. — Quelques dermatologues recommandent la conservation d'oiseaux entiers dans l'alcool. Hartlaub (*l. c.*) cite la méthode de Hancock qui consiste à faire tomber au moyen d'un tube quelques gouttes d'acide pyroligneux dans le gosier et saturer les plumes avec la même solution. Les Oiseaux sont secs au bout d'une heure ; ils peuvent alors être enveloppés dans du papier et emballés.

Il est préférable de ne pas enlever la peau lorsqu'on veut faire des études zootomiques spéciales, surtout lorsqu'on a longtemps à travailler sur des objets conservés dans de l'alcool ; on arrache alors délicatement toutes les plumes, qui sont souvent gênantes pendant la préparation, tandis qu'il est fort désirable que les parties dont on ne s'occupe pas encore restent protégées par la peau.

Avant de faire une incision dans la peau, nous introduisons un tube dans le larynx ou jusque dans la trachée, nous comprimons légèrement cette dernière par une pression extérieure, au-dessus de l'endroit où la canule est introduite, et, après avoir insufflé abondamment de l'air, nous remarquons un gonflement du corps entier, par les poches d'air, dont nous

parlerons plus tard. Ayant fait cette expérience, nous ouvrons
le cadavre. Le meilleur procédé consiste à faire la section
médiane ordinaire depuis le bord inférieur du sternum
jusqu'au cloaque, de trancher par des coupes sagittales le
grand et le petit muscle pectoral de chaque côté, de les
rabattre et de pénétrer avec des ciseaux pointus dans le
dernier ou l'avant-dernier espace intercostal, prudemment,
c'est-à-dire pas trop loin. On coupe toutes les articulations
costo-sterno-costales. Chaque vraie côte est composée typi-
quement de trois parties : la partie dorsale ou véritable côte
avec le processsus uncinatus et la partie sternale (ou côte
sterno-costale) ; celle-ci se réunit presque à angle droit
avec la côte dorsale correspondante (articulation costo-sterno-
costale. Nous détachons ensuite les articulations entre
l'humérus, l'omoplate et l'os coracoïde, nous tranchons les
grands muscles, nous tirons un peu de côté le sternum qui
a déjà perdu ses attaches les plus solides, et nous séparons
avec le couteau, dont le tranchant doit être dirigé vers la
face interne du sternum, les adhésions des plèvres, du péricarde, du diaphragme et du péritoine, ainsi que les insertions des muscles abdominaux ; nous enlevons en une seule
pièce le sternum, les os coracoïdes et la fourchette. Nous
obtenons ainsi une vue d'ensemble de tous les viscères thoraciques et abdominaux et nous remarquons ce qui suit : le
cœur placé[1] sur la ligne médiane du corps, avec sa pointe
dirigée en arrière et un peu abaissée, non enveloppé par les
poumons, apparaît encastré entre les deux lobes bruns-
jaunâtres du foie, dans la fosse cardiaque du foie, disposition que nous retrouverons de nouveau chez les Reptiles
et les Amphibiens. La séparation des cavités thoracique et

---

1. A peu près vis-à-vis du tiers médian du sternum (Meckel).

abdominale est très imparfaite, parce qu'il n'y a pas de
diaphragme musculeux formant un septum transversal; il
n'existe qu'une mince cloison aponévrotique, garnie des quelques têtes charnues, provenant des dernières vertèbres dorsales, des dernières côtes dorsales et des derniers os sternocostaux. Le diaphragme rudimentaire, sans aponévrose médiane, recouvert par les plèvres, est appliqué contre la face
abdominale des poumons et paraît ainsi servir à l'élargissement des poumons et des bronches et à la fermeture des
orifices à air du côté des poumons (Carus).

Sous le lobe gauche du foie, qui est rouge-brunâtre, apparaît l'estomac volumineux et musculeux, auquel adhère
légèrement un peu de graisse sur les côtés et au-dessus.
Une inspection superficielle du situs viscerum intact ne
montre, dans la partie inférieure de l'abdomen, que la partie du canal intestinal disposée en longues circonvolutions.

Si l'on a enlevé le sternum et les parties annexes avec
beaucoup de précaution, on peut rendre très visibles les
poches à air, en insufflant encore une fois de l'air dans la

Fig. 52. — Viscères d'un Pigeon. — Demi-grand. nat. (Fig. originale). Les
parois de l'abdomen et du thorax ont été enlevées. Les extrémités n'ont pas
été figurées à cause du défaut de place.

mi, maxillaire inférieur; *œ*, œsophage; *tr.* trachée; *ingl*, jabot; *ao*, aorte; *tr*, *br*,
s, tronc brachio-céphalique gauche; *tr*, *br*, *d*, tronc brachio-céphalique droit;
c.s. carotide commune gauche; *c. d*, carotide commune droite; *s. s*, artère sous-
clavière gauche; *ci*, prolongement de la carotide commune, qui se divise au niveau de l'atlas en une carotide faciale et une carotide cérébrale; *ce*, branche de
la carotide commune, de laquelle part l'artère vertébrale et un gros tronc destiné à
la région cervicale; *c*, *cor*, *s*, *circ*, sillon circulaire du cœur; *pul*, poumon gauche;
hh, le foie relevé pour montrer le sillon longitudinal de son lobe droit; *prov*, *v*,
proventricule et ventricule tous les deux vus de côté; *duod*, duodenum; *duod*, *sch*,
anse duodénale et pancréas (*pnac*) relevés; *dh*, canal hépatique; *cls*, portion de
l'intestin grêle enroulé en spirale, on voit au-dessus la deuxième anse intestinale,
dd, troisième anse longitudinale; *cœc*, les deux cæcums rudimentaires; *r'*, rectum.
a, son orifice dans le cloaque, *cl*, qui a été ouvert sur la ligne médiane, étalé et
fixé avec des aiguilles; *l*, rate, *r*, rein; *u*, uretère; *ur. ost*, orifices des uretères;
ovar, ovaire; *ost*, orifice abdominal en forme d'entonnoir des oviductes; *ovd.*
circonvolution de l'oviducte; *ovg*, orifice de ce dernier dans le cloaque; *orf*, orifice de la bursa Fabricii.

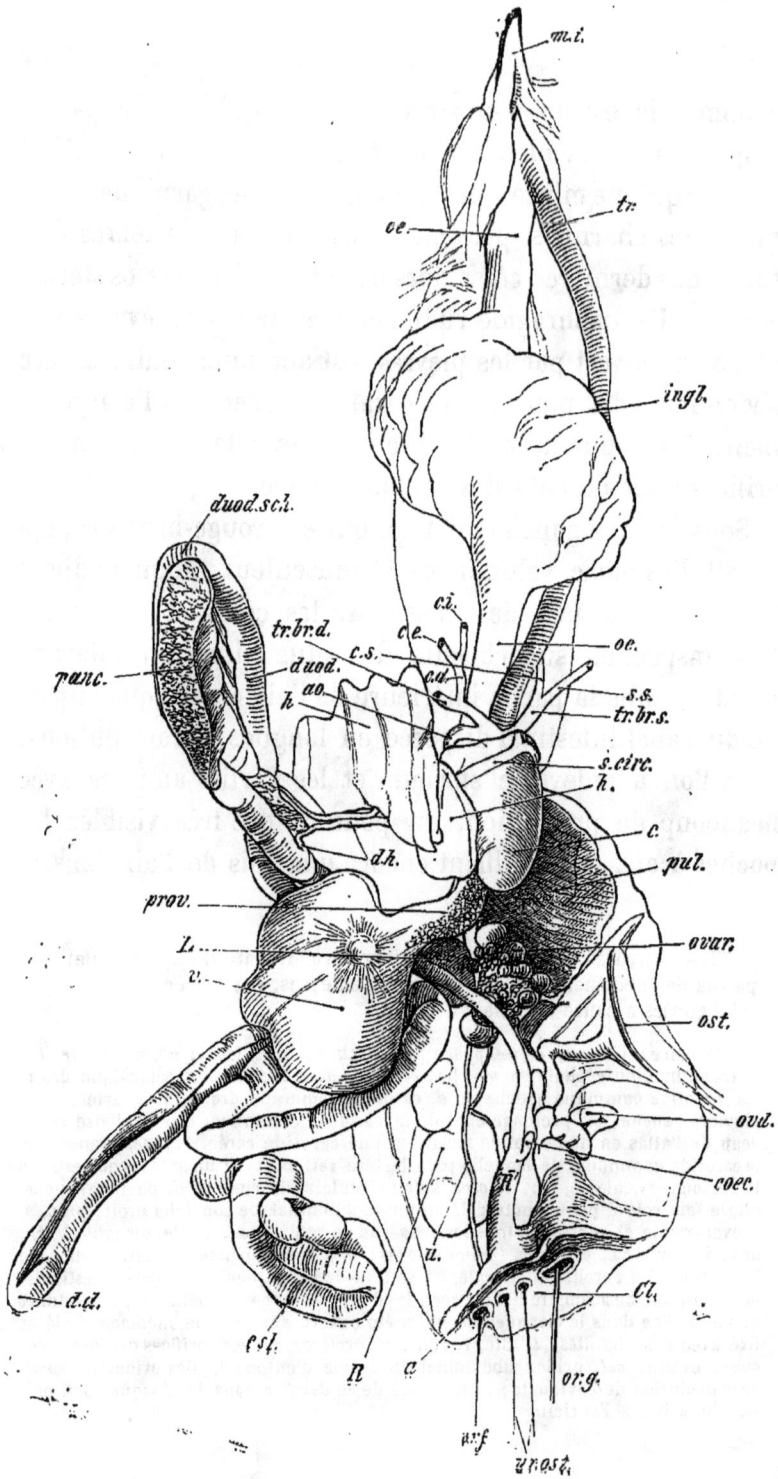

trachée. Ces poches à air doivent être regardées comme de grandes évaginations locales de la membrane des bronches (F. E. Schulze) ; elles sont répandues dans tout le tronc et peuvent aussi bien servir à diminuer le poids spécifique du corps qu'à conserver la chaleur (Claus), ou encore elles peuvent jouer le rôle de réservoirs d'air pour la respiration.

Deux de ces poches se trouvent de chaque côté du cou (Cellulæ cervicales), une troisième, interclaviculaire, est formée par la réunion de deux poches opposées dans l'angle de la clavicule, deux remplissent la cavité abdominale (cellulæ abdominales), et en outre il y a encore de chaque côté deux cellulæ diaphragmaticæ dans les parties latérales postérieures du thorax ; nous verrons leurs communications avec le poumon, lorsque nous aurons enlevé celui-ci.

Avant de se livrer à l'examen de chaque organe en particulier, on doit observer la disposition des grands vaisseaux : de la courte aorte ascendante se développe immédiatement l'arc aortique passant par-dessus la bronche droite et duquel partent deux troncs brachio-céphaliques, un à droite et un gauche ; sa continuation, l'aorte descendante, se dirige conséquemment dans la moitié droite du thorax. De chaque tronc brachio-céphalique naissent deux vaisseaux : une artère carotide commune et une artère sous-clavière ; la première se divise, après avoir donné un tronc formant l'artère vertébrale et un autre destiné à la peau du cou, en une artère carotide externe (faciale) et une artère carotide interne (cérébrale). L'artère sous-clavière donne, entre autres branches plus petites, une artère thoracique externe que nous avons déjà coupée et qui est destinée aux muscles de la poitrine ; elle fournit, comme prolongements directs : l'artère axillaire et l'artère brachiale, qui se

1. L'*Apteryx* possède un diaphragme fermant hermétiquement.

subdivise en une artère radiale et une artère cubitale. Nous rencontrerons plus tard les branches principales de l'aorte descendante thoracique et abdominale.

Remarque. — La disposition des carotides que nous venons de décrire n'est nullement la même pour tous les Oiseaux ; elle varie extraordinairement, d'après Stannius (*l.c.*), chez tous les Rapaces de jour et de nuit, chez tous les Pigeons et les Gallinacés, chez l'Autruche, l'Apteryx et plusieurs autres.

Il n'est pas difficile de suivre le développement de ces branches principales.

Nous commençons par l'examen de la cavité buccale, qu'on rend plus accessible en élargissant avec les ciseaux l'angle buccal ; nous abaissons un peu la mandibule inférieure et nous découvrons sur son sol la langue étroite, pointue, pourvue à son bord postérieur de deux pointes divergentes et garnie de petites papilles cornées. Immédiatement derrière la langue se trouve la fente du larynx formant une ouverture oblongue. Dans le palais nous remarquons une fente très allongée, bordée d'une muqueuse dentelée : c'est l'ouverture postérieure, unique, de la cavité nasale, la choane. Au lieu d'un voile du palais, nous trouvons une bordure du palais, également dentelée. Nous remarquons l'absence de l'épiglotte à l'entrée du larynx supérieur ; nous examinons la fente vocale (*Rimula glottidis*) formée par les cartilages aryténoïdes ; sur son bord postérieur nous observons un pli quelque peu saillant de la muqueuse, garni de pointes cornées excessivement fines et recouvrant un faible creux. Nous terminons ici cet examen rapide après avoir mentionné le larynx supérieur, consistant en trois cartilages comme chez les Mammifères, et la muqueuse à plis longitudinaux de l'œsophage.

Remarque. — Les glandes sudoripares manquent chez tous les Oiseaux. Les glandes salivaires suivantes sont développées chez le Pigeon :

1. La glande sublinguale (*lingualis*) sur la face latérale et inférieure de la langue (insignifiante).

2. Une grande glande de la mandibule supérieure (parotide), entre l'angle buccal et le conduit auditif.

3. Une grande glande sous-maxillaire antérieure.

4. Une insignifiante glande sous-maxillaire postérieure (Meckel).

Les Pigeons n'ont pas de glande nasale.

Dans l'angle extérieur de la cavité orbitaire se trouve la glande lacrymale; sur le bord interne la glande de Harder, qui a son orifice sous la membrane clignotante.

Rapp a donné le nom de tonsilles à une quantité de petits follicules situés derrière les choanes.

Nous retournons maintenant la tête du Pigeon, de manière qu'elle repose sur le sommet du crâne; nous isolons la trachée de l'œsophage, et, en suivant la trachée jusqu'à sa bifurcation, tout près des carotides, nous rencontrons, un peu de côté, deux petites glandes rougeâtres, ovales-arrondies, les glandes thyroïdes[1]; l'œsophage, musculeux et cylindrique dans sa partie supérieure, s'élargit ensuite en une dilatation à parois minces, munies de nombreuses glandes; le jabot, qui d'une part sert de réservoir pour les aliments et d'autre part, à l'époque de la couvaison, sécrète un liquide crémeux ou laiteux, avec lequel les petits sont nourris pendant les premiers jours de leur vie.

Sans déranger beaucoup la position des viscères thoraciques, nous soulevons la pointe du cœur, nous tranchons

---

1. Le thymus pair, bien développé chez les jeunes oiseaux, est placé à côté des bronches et dépasse la moitié de la longueur du cou.

les adhérences ligamenteuses qui s'étendent depuis le péricarde vers le dos jusqu'au bord postérieur et dans la profondeur de la fosse cardiaque du foie, nous détachons le foie du péritoine (ligament hépatico-gastrique, hépatico-duodénal, etc.), nous relevons le foie et nous examinons les trois sillons longitudinaux, assez profonds, formés sur la face inférieure du grand lobe droit par la pression de la partie sous-jacente du canal intestinal [1]; le lobe gauche, plus petit, présente sur la face dorsale une échancrure concave, qui s'adapte au proventricule dont nous allons parler, et sur sa face inférieure une échancrure frontale également concave, s'adaptant au volumineux estomac musculeux (le gésier). On rencontre encore un nombre variable de petits lobes hépatiques séparés par des échancrures et des empreintes plus petites.

Le proventricule, que nous venons de nommer, se distingue extérieurement de l'œsophage par le puissant développement de petites glandes disposées en mosaïque ; il passe, au moyen du cardia, dans l'estomac musculeux, qui est remarquable par de grandes plaques tendineuses et qui affecte la forme d'une poche borgne ; lorsqu'on détache avec des ciseaux la graisse accumulée sur sa petite courbure, on voit, à côté du cardia, le pylore, et le duodénum qui descend en arrière.

Immédiatement en arrière, un peu à gauche, se trouve la rate, qui est allongée, d'un rouge foncé. Le pancréas est blanc jaunâtre ; il est divisé en deux lobes de grandeur inégale ; il est assez long, comme encastré dans les longs lacets du duodénum qui descendent des deux côtés en droite

---

1. Les sillons médian et intérieur correspondent au duodénum.

ligne ; une prolongation du pancréas s'étend aussi jusqu'à la rate.

Environ à 1 centimètre et demi au-dessous du pylore, le canal hépatique ou hépatico-entérique s'enfonce dans le duodénum ; il se voit sans aucune préparation. Les Pigeons n'ont pas de vésicule biliaire et par conséquent pas de canal cholédoque ; cependant, il y a deux conduits excréteurs du foie, dont l'inférieur plus long et plus mince pénètre dans le duodénum vers le milieu de la seconde partie, près des deux premiers canaux pancréatiques ; le troisième canal pancréatique débouche dans l'extrémité du duodénum. Au reste, ici encore les variations ne sont pas rares.

Remarque. — On trouve plus facilement les conduits en question, si l'on place les lacets du duodénum contre la lumière, ce qui fait apparaître d'une manière plus marquée les points de jonction.

Chez la Poule, les dispositions que nous venons de décrire sont un peu autres (voyez fig. 53), quoique chez elle non plus il n'y ait pas de canal cholédoque. La bile est déversée d'un côté par un canal hépato-cystique dans la vésicule biliaire (*vf.*), et de là, par un canal cystique à orifice distinct, dans le duodénum ; d'un autre côté par un canal hépatique voisin du premier et qui sort du lobe médian du foie (le foie offre ici trois lobes) ; en avant de ces deux conduits s'enfoncent les trois canaux pancréatiques (voyez fig. 53).

La partie de l'intestin grêle qui fait suite au duodénum est étroitement maintenue dans des plis minces du mésentère ; elle forme d'abord une anse longitudinale, puis elle affecte une disposition presque spiralée et enfin forme encore une grande anse longitudinale avant de passer dans un court intestin final qui représente le gros intestin et le rectum. Deux courtes poches borgnes, latérales, marquent le passage

dans le gros intestin, elles représentent un cæcum rudimentaire, mais cependant pair.

Nous ligaturons maintenant deux fois le rectum, à environ
1 centimètre au-dessus du point où il débouche dans le cloaque,
et nous enlevons le canal intestinal, avec le foie que nous

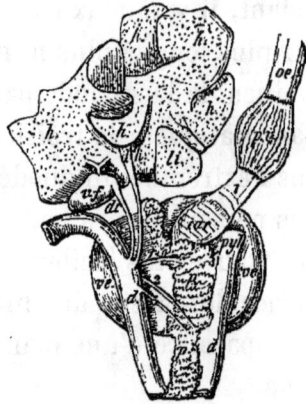

Fig. 53. — Vue postérieure du foie, de l'estomac, de la rate et du duodénum de la
Poule (Brühl) ; *œ*, œsophage ; *pr*, proventricule ; *car*, cardia ; *ve*, ventricule ou gésier ; *pyl*, pylore ; *dd*, duodénum dont l'anse est coupée ; *hhh*, foie ; *vf*, vésicule
biliaire ; *dc*, canal cystique ; *dh*, canal hépatique ; *li*, rate ; *pp*, pancréas ; 1, 2, 3,
canaux pancréatiques.

avons déjà détaché, mais nous laissons encore dans la cavité
abdominale l'estomac avec la partie supérieure du duodénum, que nous coupons en avant de l'entrée du conduit
supérieur de la bile.

Si nous mettons l'intestin grêle ouvert dans l'eau, nous
voyons sur sa face interne de nombreuses franges ; vers son
extrémité celles-ci sont remplacées par des plis longitudinaux ondulés. Les cæcums sont entièrement lisses (Meckel).

Nous entreprenons maintenant l'examen du cœur. Nous
enlevons le péricarde d'après le procédé déjà connu ; nous
remarquons la division de l'artère pulmonaire en un tronc
droit et un tronc gauche et la réunion de toutes les veines

pulmonaires en ce qui paraît n'en être qu'une seule [1] entrant dans l'oreillette gauche ; tout en épargnant les bronches, nous enlevons le cœur, nous le nettoyons avec les ciseaux et les pinces et nous l'ouvrons.

Nous voyons que l'oreillette droite est plus grande que l'oreillette gauche et qu'elle entoure en demi-cercle les grands troncs du cœur. Deux veines caves supérieures (une plus forte à droite et une à gauche) apportent le sang de la tête et des extrémités supérieures ; une veine cave inférieure, renforcée un peu avant son entrée par la veine hépatique, recueille le sang de la moitié inférieure du corps.

Remarque. — Il y a deux valvules membraneuses, sémilunaires, opposées l'une à l'autre, pour fermer les veines caves inférieures ; une valvule pareille pour la veine cave supérieure droite et une valvule musculeuse de même forme pour la veine cave supérieure gauche (Brühl).

Le ventricule droit, à parois minces, entoure en forme de demi-lune le ventricule gauche, qui est environ trois fois plus gros, dont les coupes horizontales sont rondes et qui forme à lui seul la pointe du cœur.

A la place d'un appareil valvulaire tricuspide on trouve, au niveau de l'orifice auriculo-ventriculaire droit, une valvule membraneuse sémilunaire. Le bord interne libre de cette valvule est tourné vers le septum bombé et doit y être appliqué si fortement pendant la systole des ventricules, que la fermeture entre ceux-ci et les oreillettes est impossible (Stannius). Les parois du ventricule droit sont presque lisses ; celles du ventricule gauche offrent de légers renflements longitudinaux, excepté sur la face lisse de la cloi-

---

1. Les Veines pulmonaires droite et gauche entrent tout près l'une de l'autre dans l'oreillette gauche, par une ouverture commune, qui peut être fermée par une valvule semi-musculeuse.

son. Au niveau de l'orifice auriculo-ventriculaire gauche
se trouve une valvule tricuspide. Au niveau des deux orifices
artériels (artère pulmonaire et aorte) se trouvent trois valvules semi-lunaires.

Remarque. — 1. En dehors des ramifications déjà énumé-
rées de l'aorte, il convient encore de remarquer parmi les
petites branches : les artères intercostales et les artères lombaires; parmi les branches principales : l'artère cœliaque,
l'artère mésaraïque supérieure, les artères rénales antérieures, les artères crurales, les artères ischiatiques, et,
comme continuation directe de l'aorte descendante, l'artère
sacrée médiane. Pour toute la classe des Oiseaux il faut
observer que les extrémités postérieures sont alimentées,
non par un seul tronc de l'aorte descendante, mais par deux :
les artères crurales et ischiatiques.

Des artères ischiatiques partent ordinairement les artères rénales médianes, et, de l'artère sacrée médiane, les
artères rénales postérieures; la dernière donne toujours
l'artère mésaraïque inférieure et deux artères latérales, les
artères hypogastriques, qui se continuent, sous les noms
d'artères honteuses internes, pour se terminer en artères
coccygiennes (Stannius).

2. Les deux veines caves supérieures se forment par la
réunion, de chaque côté, des deux veines jugulaires (dont la
droite est la plus forte) avec les deux veines sous-clavières.

3. Quelques auteurs, parmi lesquels Huxley, nient l'existence d'un système de veine porte; Gegenbaur l'indique
comme douteux; d'autres (Carus) en affirment l'existence.
Quoi qu'il en soit, la veine cave inférieure est formée par
deux troncs venant des reins, qui reçoivent les veines crurales et qui peuvent être considérés comme en étant les continuations. Outre les ramifications qui ont leur racine dans

les reins, nous voyons encore entrer dans ces troncs deux veines hypogastiques, réunies à la racine du croupion par une anastomose transversale qui reçoit en arrière la veine caudale, et qui donne en avant une veine coccygio-mésentérique se dirigeant vers la veine mésentérique (Gegenbaur).

4. Les deux canaux thoraciques se déversent dans les veines jugulaires.

On peut examiner *in situ* : l'œsophage, le jabot, le proventricule et l'estomac musculeux ou gésier ; pour cela on ouvre avec les ciseaux l'œsophage isolé des parties voisines ; on en tourne la face interne en dehors, et on découvre, excepté sur la muqueuse, qui est presque lisse, du jabot (plissée cependant en long et en large pendant la couvaison), trois grands plis longitudinaux et un nombre considérable de petits plis, qui s'étendent de son extrémité inférieure jusqu'à son entrée dans l'estomac glanduleux et qui deviennent moins profonds dans cette direction. Les glandes assez grandes, mais simples, du proventricule ou estomac glanduleux, forment une élégante mosaïque. En faisant une coupe verticale avec un scalpel bien tranchant dans l'épaisseur de la paroi, on voit encore mieux les glandes, qui sont pourvues de larges orifices et disposées comme une palissade. Un étranglement assez considérable sépare le proventricule de l'estomac musculeux, que nous partageons avec le couteau en deux moitiés presque égales, par un coupe verticale allant du cardia à travers la grande courbure jusqu'au pylore ; après avoir bien rincé ces deux moitiés on les disjoint, on coupe avec les ciseaux le cardia et le pylore, et on arrache la plaque jaune, rugueuse et cornée, qui tapisse le gésier et qui doit être regardée comme le produit de la sécrétion durcie de la muqueuse du gésier.

Ayant suffisamment examiné ces parties, on coupe l'œsophage un peu au-dessous de la bifurcation de la trachée ; on le retire avec précaution de dessous celle-ci, et on l'enlève ; sa partie inférieure reste fixée à l'estomac.

Immédiatement derrière les poumons, nous trouvons les reins, qui sont assez grands et allongés, profondément enfoncés dans les fossettes formées par les épiphyses et les ailes du sacrum ; tandis que chez d'autres Oiseaux ils se touchent sur la ligne médiane et se réunissent même quelquefois, les reins restent séparés les uns des autres presque par la largeur du sacrum, chez les Pigeons, les Gallinacés et les Rapaces (Wagner).

Les reins ont une surface un peu mamelonnée, à cause de deux échancrures assez profondes qui les divisent en trois lobes principaux. En introduisant doucement le manche du scalpel sous les reins, on peut les enlever sans endommager leur parenchyme mou et d'un rouge brunâtre ; on peut voir alors, sur leur face dorsale, les échancrures produites par les épiphyses transversales du sacrum.

L'uretère passe le long de la partie médiane des reins et transperce la paroi du cloaque au-dessous du rectum, entre les orifices génitaux ; les deux uretères débouchent l'un près de l'autre (fig. 52).

Avant de commencer l'examen des organes génitaux, on observera les petites glandes surrénales ; elles sont jaunes-rougeâtres, ont la forme de grains de millet aplatis, et sont situées sur la face antérieure des reins, en partie couvertes par les organes génitaux.

On sait qu'ordinairement l'ovaire droit et son oviducte sont atrophiés et ne se présentent que sous la forme d'un petit corps rudimentaire, assez semblable à un kyste (Carus). L'ovaire gauche (voyez fig. 52), au contraire, se développe en une grande grappe qui, enfermée dans un pli du péritoine, s'étend souvent au delà de la ligne médiane en avant et au-dessus des extrémités supérieures des reins. En s'aidant de deux pinces, on trouve très facilement l'orifice abdominal, extraordinairement large, de l'oviducte ; en étirant et en sou-levant ses bords libres on voit le pli du péritoine large en haut, s'amincissant en bas, qui retient l'oviducte *in situ* jusqu'à son embouchure dans le cloaque. On doit noter les circonvolutions, semblables à celles d'un intestin, de sa partie inférieure, celle qui a reçu des auteurs le nom de vagin et qui débouche dans le cloaque à côté de l'uretère gauche.

Les testicules sont pairs, en forme de haricots, d'un jaune vif ; celui de gauche est généralement plus grand ; ils sont placés sous les glandes surrénales, qui sont d'un jaune rou-geâtre, en dedans des lobes supérieurs des reins ; leurs bords médians se touchent ordinairement et leurs conduits (canaux déférents) se croisent au-dessus des uretères, des-cendent en faisant de nombreux contours par-dessus la face ventrale des reins, parallèlement aux uretères, et pénètrent, un peu au-dessous et en dehors de ceux-ci, dans le cloaque, après s'être élargis en un gonflement piriforme qui repré-sente une sorte de vésicule séminale.

Pour examiner le cloaque, nous introduisons la lame ar-rondie des ciseaux dans son orifice élargi au moyen d'une pince ; nous coupons sa paroi ventrale sur la ligne médiane ; nous rabattons les deux lambeaux latéralement et nous son-dons l'orifice du rectum, qui est entouré d'un pli circulaire ; à gauche et en arrière de cet orifice se trouve l'orifice géni-tal femelle.

Remarque. — Les canaux déférents débouchent sur des plis de la muqueuse semblables à des papilles, à côté et au-dessous de l'anus.

Pour trouver plus facilement les orifices des uretères, sans endommager par des sondages inutiles la muqueuse très plissée du cloaque, on peut recommander aux commençants de faire de légères entailles dans les parois des uretères avec des ciseaux à fines pointes, après quoi on introduit facilement une soie de porc dans chacune des ouvertures et on la pousse jusqu'aux orifices cherchés.

Derrière les orifices des uretères, sur la paroi dorsale supérieure du cloaque, on trouve l'orifice de la *Bursa Fabricii* entouré d'un pli saillant. Jusqu'à présent, on n'est nullement fixé sur la fonction de cette poche borgne et munie de parois glanduleuses.

Il nous reste encore à examiner, parmi les systèmes d'organes végétatifs, le système de la respiration.

Avec des ciseaux, on fend la trachée, qui est un peu aplatie et munie de nombreux anneaux cartilagineux, au milieu de la face dorsale jusqu'à sa division en deux bronches ; cet endroit est marqué chez presque tous les Oiseaux chanteurs[1] par le développement d'un larynx broncho-trachéal ou syrinx. On doit observer le tambour, formé par les derniers anneaux confondus de la trachée, comprimé ici sur la face dorso-ventrale et dont la cavité est partagée en deux par la saillie qui part de l'angle de division des bronches ; entre cette saillie et la face médiane des bronches s'étend la membrane tympaniforme interne. Chez les Pigeons. la membrane tympaniforme externe, située dans le tambour, est très bien développée.

Pour bien voir les poumons, on enlève les côtes dorsales, ou bien on détache un peu l'adhésion des poumons à la

---

1. Le syrinx peut être formé par la trachée seule, ou encore par et dans les bronches. Il n'existe pas chez *Apteryx, Casuarius, Rhea Struthio*, et chez les Vautours américains (Huxley).

paroi dorsale du thorax, en poussant le manche du scalpel dans les espaces intercostaux correspondants, on exerce une pression contre leurs parois et, avec les doigts de l'autre main, on retire les parties du poumon devenues libres.

Les poumons sont d'un rouge vif, spongieux, non divisés en lobes ; leur surface est sillonnée par les empreintes des espaces intercostaux dans lesquels ils étaient logés. Chez les Pigeons [1], les ouvertures des poches à air dans les poumons sont au nombre de sept.

Avant d'ouvrir la boîte crânienne et le canal vertébral (voyez la partie générale), ce qui peut se faire chez de jeunes Oiseaux avec des ciseaux ordinaires, on doit examiner la glande du croupion, placée sur les tubes des plumes rectrices (au-dessus des dernières vertèbres caudales) ; les deux moitiés de cette glande sont entièrement fondues en un corps cordiforme, qui se termine par un bec pointu qui porte une papille excrétoire [2].

En examinant le système nerveux central, il y a à observer :

1. La surface sans circonvolutions des deux grands hémisphères du cerveau, dont les pointes se continuent dans les lobes olfactifs ; les corps striés au fond du ventricule latéral, qui n'a ni corne inférieure ni corne postérieure, ensuite le corps calleux rudimentaire.

2. Le cervelet (représentant le Vermis des Mammifères),

---

1. Voyez Cuvier, *l. c.*, vol. IV, pag. 703. « La première ouverture se trouve à côté de l'entrée de l'artère pulmonaire dans les poumons, la seconde au niveau de leur bord supérieur, sur la face dorsale, tout près de la bronche qui y pénètre ; la troisième et la quatrième sont très voisines de celle-ci. Les cinquième, sixième et septième, se trouvent sur la pointe inférieure des poumons. Les deux dernières se réunissent en un canal commun. »

2. Robby ossman, « *Ueber die Falgdrüsen der Nögel*, » in *Zeitschr. für wiss. Zoologie*, 21 Band., pag. 574.

avec ses parties latérales atrophiées « *Flocculi* » (Carus).
Sur une coupe, on voit l'arbre de vie.

3. L'absence du pont de Varole.

4. Le chiasma formé par les nerfs optiques, qui sortent
des corps quadrijumeaux (cerveau moyen), dont la cavité
communique avec l'aqueduc de Sylvius et avec le troisième
ventricule.

5. Les couches optiques concourent à la formation du
troisième ventricule, qui est en communication avec les
ventricules latéraux par le trou de Monro.

6. L'hypophyse du cerveau, située entre le chiasma et la
moelle allongée.

7. La glande pinéale, située entre les hémisphères du
cerveau et le cervelet; elle est souvent arrachée avec la
dure-mère.

On observera en outre le sinus rhomboïdal (antérieur)
dans la moelle allongée, et le rhomboïdal (posterieur) formé
dans la partie lombaire de la moelle épinière pour la per-
sistance de la cavité médullaire primitive à l'état de canal
central (Gegenbaur).

Du gonflement antérieur de la moelle épinière, renflement
cervical, se forme le plexus brachial; du gonflement postérieur, le plexus ischiatique.

Voyez pages 88-92 pour la préparation de l'œil et de l'organe auditif.

Straus-Durckheim recommande d'injecter le système artériel des oiseaux, soit par les carotides primitives, soit par
les crurales, ou l'une des artères de l'aile.

CHAPITRE III

_____

1. Chéloniens.

La Tortue grecque, *Testudo græca*, ainsi que la Tortue de Trieste qu'on nomme Albanaise (*Tartaruga albanese*), sont toujours en si grande quantité dans le commerce, qu'on doit recommander, ainsi qu'au point de vue financier, de choisir ces espèces comme objets d'étude. A cause de la ténacité de la vie des Tortues, il est bon de faire mourir les sujets la veille du jour où on veut les étudier. En remplissant un récipient bien clos avec de l'alcool très fort, n'ayant pas encore servi, on peut, il est vrai, les tuer en quelques heures, mais avec de l'alcool affaibli on ne les tue pas même toujours en 24 heures. Il est plus économique de mettre de l'éther sulfurique et du chloroforme en parties égales sur de la ouate, de soumettre les animaux aux vapeurs de ces liquides, qui les tuent lentement, mais sûrement, et de ne les remettre à l'air qu'au moment de les disséquer.

Remarque. — Sans parler de la barbarie qu'il y a à disséquer les animaux à moitié vivants, ce qui, du moins dans les exercices de zootomie, n'est nullement nécessaire, les contractions énergiques des muscles, qui se produisent au moindre contact, rendent toute manipulation délicate impossible.

L'inspection extérieure doit s'étendre, chez les Tortues, surtout à la configuration de la carapace et de ses divisions, à la disposition des plaques les plus voisines de la tête, qui est au reste un peu variable, et à la forme des extrémités.

Chez la Tortue grecque comme chez toutes les autres Tortues, la carapace est elliptique et très bombée; elle est composée de deux parties : la carapace dorsale et le plas-

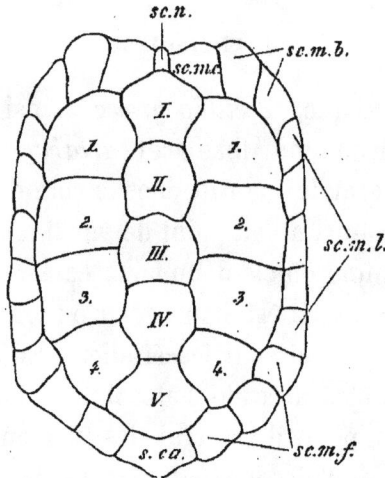

Fig. 54. — Carapace dorsale de la Tortue L.

Sc.n, plaque nuquale; sc. m.c, plaques margino-collaires; s. m. b, plaques margino-brachiales; s. c. m. l, plaques margino-latérales; sc, m. f, plaques margino-fémorales; s.ca, plaques supra-caudales; 1, 2, 3, 4, + I, II, III, IV, V, disque; I-V, plaques vertébrales; 1-4, plaques costales (SCHREIBER).

tron ou carapace ventrale. Des sutures osseuses intérieures réunissent ces deux parties en une carapace absolument solide et immobile.

1. Comp. Dr E. SCHREIBER, « Herpet elogia Europœa », Brunswick, 1875.

Le nombre et la disposition des plaques (Scuta [1]) qui forment la carapace ne correspondent pas aux parties de l'ossature qui se trouvent au-dessous et qui doivent leur

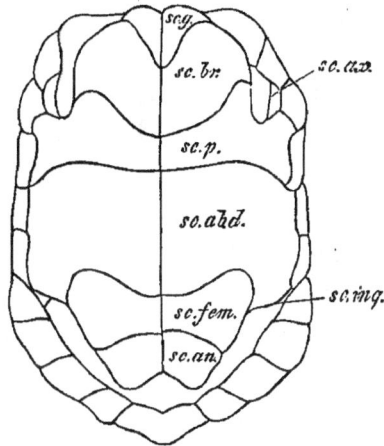

Fig. 55. — Plastron de la Tortue grecque L.

Sc. g, plaques gulaires; *sc. br*, plaques brachiales; *sc. p*, plaques pectorales; *sc.abd*: plaques abdominales; *sc. fem*, plaques fémorales; *sc. an*, plaques anales; *sc. ax*, plaques axillaires; *sc, ing*, plaques inguinales (d'après Schneiber.).

origine en partie à la transformation des os de la colonne vertébrale (Claus), plaques neurales et costales (Huxley), en partie à des ossifications assez importantes du derme (plaques nuquales, pygales et marginales, ainsi que tous les os du plastron).

Dans la carapace (voyez fig. 54) on distingue cinq plaques vertébrales, situées sur la ligne médiane du dos, et, de chaque côté, quatre plaques costales, formant ensemble le disque, qui est entouré par les plaques marginales qu'on distingue encore, d'après les différentes régions du corps, en plaque

1. La partie particulièrement plate du test d'où part sa croissance s'appelle Areole, les rangées qui l'environnent portent le nom de bandes d'accroissement.

mucale (impaire), plaques margino-collaires, une de chaque côté, plaques margino-brachiales, deux de chaque côté, plaques margino-latérales, cinq de chaque côté, plaques margino-fémorales, trois de chaque côté, et enfin la plaque supra-caudale : total 24. Dans la partie ventrale de la carapace nous voyons les plaques gulaires, les plaques brachiales, les plaques pectorales, les plaques abdominales, les plaques fémorales, les plaques anales, les plaques axillaires et les plaques inguinales (voyez fig. 55), toutes paires.

Remarque. Chez quelques Tortues (*Thalassochelys*) les bords du test dorsal et ventral sont joints par des plaques sterno-latérales, et entre les plaques gulaires se trouve une plaque intergulaire impaire.

Sur la face dorsale de la tête il y a, chez l'espèce dont nous nous occupons, deux grandes plaques impaires, la plaque fronto-nasale et la plaque frontale. Celle-ci fait suite à une petite plaque internasale, pentagonale, placée sur la pointe

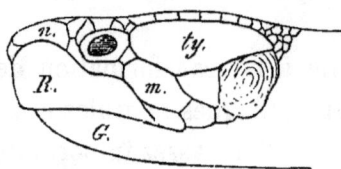

Fig. 56. — Tortue grecque.

n, plaque nasale; *ty*, plaque tympanale; *m*, plaque massétérique; *R*, Rhinothèque; *G*, Gnathothèque (d'après SCHREIBER).

du museau, et à laquelle vient se joindre, de chaque côté, une plaque nasale allongée (fig. 56). Une grande plaque tympanale s'étend depuis l'œil jusque sur le tympan; en avant et au-dessous de cette plaque s'en trouve une autre petite et heptagonale nommée massétérique. Le reste de l'espace situé entre la plaque tympanale et le tympan est occupé par deux petites plaques et une plus grande[1] (Schreiber).

Le reste de la tête et la gorge sont couverts de plaques polygonales irrégulières et la peau du cou offre de petites écailles plates, juxtaposées.

Sur les jambes, les petites plaques polygonales sont en partie transformées en écailles cornées qui s'imbriquent. Les membres sont massifs et extraordinairement musculeux; ils se terminent en pieds arrondis; ceux de devant sont pourvus de cinq griffes et ceux de derrière de quatre. La pointe de la queue est engaînée dans un ongle recourbé vers le bas et très puissant.

Les deux gaînes maxillaires cornées : le rhinothèque (mâchoire supérieure) et le gnathothèque (mâchoire inférieure), sont toujours dépourvues de dents véritables; elles ont tantôt des bords lisses, tantôt des bords plus ou moins découpés en dents de scie (Schreiber).

Remarque. — Toutes les petites espèces de Tortues peuvent être conservées dans l'alcool. On pratique sous les ouvertures antérieure et postérieure du test une incision assez profonde pour que le liquide puisse pénétrer convenablement. Il vaut mieux faire sécher les grandes Tortues. Dans ce but on enlève le plastron de la manière que nous allons expliquer plus bas, on vide complètement l'animal et on le met ensuite, pour arrêter l'exfoliation de l'écaille, qui se produit dès que la putréfaction commence, dans un récipient rempli jusqu'au bord d'une solution de sel d'alun, et on l'y laisse un ou deux jours. Après cela on empoisonne et on fait sécher (Martin).

Pour disséquer les Tortues, on scie d'abord la carapace, ce qui n'est pas sans quelque difficulté. On commence par

---

1. Dans les exemplaires âgés on trouve souvent que les diverses plaques qui recouvrent la tête sont fondues ensemble (Schreiber).

les bords latéraux du plastron, au niveau de ce qu'on appelle l'isthme. Ordinairement on fait deux coupes droites, parallèles, avec la scie à archet. Quand on tient particulièrement à épargner les dessins des écailles, on se sert d'une scie à lame mince qu'on dirige entre les plaques.

On doit faire attention lorsqu'on cesse d'entendre le grincement de la scie ; on introduit alors un ciseau ou un bec d'âne dans la fente faite par la scie, et on cherche à détacher le plastron en le soulevant peu à peu ; avec un petit coin de bois on le maintient dans la position voulue; on saisit l'extrémité antérieure du plastron avec la main gauche et on tranche la peau et les muscles qui y sont insérés en dirigeant le tranchant du couteau obliquement vers sa face interne; on soulève en même temps la carapace pour tendre les muscles non encore atteints ; après avoir coupé ces derniers, on détache de la même manière l'extrémité postérieure de la carapace.

Pour obtenir une vue d'ensemble du *situs viscerum,* on enlève les lambeaux des muscles pyramidaux pectoraux, major, etc., qui ont été coupés en détachant la carapace ; on écarte et on fixe les pieds, et on maintient l'animal en équilibre en plaçant un tampon sous la carapace bombée. On saisit la peau du ventre avec une pince et on la coupe avec des ciseaux; on se sert quelquefois du couteau pour trancher la symphyse pubienne.

Si l'on n'a pas l'intention de conserver le squelette de l'animal, on facilite la préparation des viscères en amputant complètement les jambes (voyez fig. 57). Avant d'entreprendre l'examen des systèmes organiques, on doit encore trancher la peau de la face ventrale du cou par une coupe médiane allant jusqu'à l'angle du menton et on doit dépouiller les lambeaux obtenus, qu'on déploie latéralement. En coupant alors le *musculus latissimus colli*, dont les fibres sont transversales et qui est situé superficielle- ment, on dénude complètement les viscères du cou.

Nous commençons la dissection par l'examen de la cavité buccale, en y introduisant la lame arrondie des ciseaux et en coupant, pour aller vite, l'articulation de la mâchoire inférieure. Si cette désarticulation doit être faite d'une ma- nière soignée, nous nous servons d'un petit scalpel.

Nous abaissons alors un peu la mâchoire inférieure ; nous, nettoyons avec une petite éponge la bouche, qui est souvent remplie de salive, et nous voyons ce qui suit : la langue charnue, cordiforme, est attachée au sol de la cavité buccale par la partie médiane de sa face inférieure ; ses côtés sont libres et se relèvent obliquement ; sa face supérieure est cou- verte de papilles très longues, pressées, ressemblant à des franges flexibles ; immédiatement derrière l'échancrure cor- diforme, c'est-à-dire derrière le *radix linguæ*, se trouve l'ouverture du larynx en forme de longue fente ; il n'y a pas d'épiglotte.

Remarque. — La larynx n'a pas la conformation néces- saire à la formation de la voix ; il consiste en un cartilage principal annulaire, le cartilage laryngien, et deux petits cartilages aryténoïdes. La paroi interne est lisse, excepté un pli longitudinal médian de la membrane et une saillie irré- gulière à la base de chaque cartilage aryténoïde.

Excepté une glande sublinguale paire qui s'étend sur la face interne, le long des mâchoires inférieures jusqu'à leur point de jonction, il paraît que les vraies glandes salivaires manquent (57). Meckel mentionne une glande sous-maxillaire.

Sur les deux faces opposées des mâchoires cornées nous observons une crête dentelée extérieure et une intérieure, qui laissent entre elles un sillon assez considérable ; lorsque les mâchoires sont fermées, la crête intérieure de la mâchoire supérieure s'enfonce dans le sillon d'en bas et la crête extérieure de la mâchoire inférieure s'enfonce dans le sillon d'en haut. Cette organisation des mâchoires permet aux Tortues non seulement de couper les aliments, mais encore, jusqu'à un certain point, de les écraser et de les moudre.

Sur le palais, nous voyons· un léger enfoncement, bordé d'un pli saillant de la muqueuse. Dans cette fossette se trouvent les deux ouvertures de la choane situées entre les os vomer et palatin et séparées par un septum solide et allongé ; en avant et en arrière de ces ouvertures, la muqueuse du palais est perforée par de nombreux petits orifices de follicules glandulaires simples (57) ; à côté et en arrière des ouvertures nasales postérieures on voit les trompes d'Eustache, qui sont petites, ovales, arrondies, séparées par un large intervalle.

La muqueuse de l'œsophage offre de légers plis longitudinaux ; elle est lisse et non pourvue de piquants dirigés vers l'estomac, appelés dents pharyngiales, comme chez *Chelonia* et *Sphargis*.

Tant que le *situs viscerum* n'est pas dérangé, le foie, qui est brun, particulièrement grand, recouvre une grande partie des intestins ; il s'étend sur toute la largeur de la cavité abdominale, mais, au-dessus de sa partie médiane très amincie et qui consiste ordinairement en deux traverses, un isthme supérieur et un isthme inférieur, il laisse libre le cœur. Celui-ci est enfermé dans un péricarde très résistant. A partir de l'isthme, les contours supérieurs du foie se dirigent presque en forme de demi-arc vers les parois latérales de la cavité abdominale ; il est en rapport avec le muscle grand dentelé (Bojanus), qui est en grande partie aponévrotique, inséré latéralement sous le péricarde et s'étendant comme un diaphragme du bord antérieur de la carapace jusqu'au plastron. Lorsqu'on détache, à partir de l'isthme supérieur, le péricarde, du péritoine qui le recouvre latéralement, et qu'on soulève avec une pince le cœur, par le péricarde, on aperçoit la fosse cardiaque du foie, qui est très imparfaite ici. Le cœur est seulement entouré par la partie médiane du foie, dont les bords supérieurs sont tant soit peu adaptés à sa forme, mais il n'est pas à proprement parler encastré dans le foie. Les bords inférieurs du foie offrent une échancrure de forme très variable ; elle laisse à découvert la vessie, toujours très grande, ainsi qu'une petite partie du canal intestinal, et, chez la femelle, un côté de l'oviducte, qui est très large. Les ovaires gonflés par des œufs nombreux recouvrent souvent toutes les parties inférieures des viscères (excepté la vessie).

En soulevant un peu le lobe gauche du foie, on soulève en même temps en partie l'estomac. Celui-ci est remarquable par sa position transversale ; il est fixé au foie par un ligament hépatico-gastrique ; la partie un peu relevée du pylore vient ainsi sous le bord médian du lobe droit, qui est beaucoup plus volumineux que le lobe gauche; souvent, mais pas toujours, la vésicule biliaire grande et piriforme est enfoncée dans son sillon supérieur ; il recouvre l'anse du duodénum qui embrasse le pancréas, ainsi que la dernière partie de l'intestin grêle et l'élargissement du côlon connu sous le nom de cæcum.

Pour voir plus complètement la situation de l'intestin nous relevons les deux lobes du foie et l'estomac et nous voyons, outre deux anses transversales de l'intestin grêle, la continuation du côlon, qui, décrivant un demi-cercle autour du cæcum, se dirige vers le haut, puis à gauche, recouvre, sous le nom de côlon transverse, la dernière partie du duodénum,

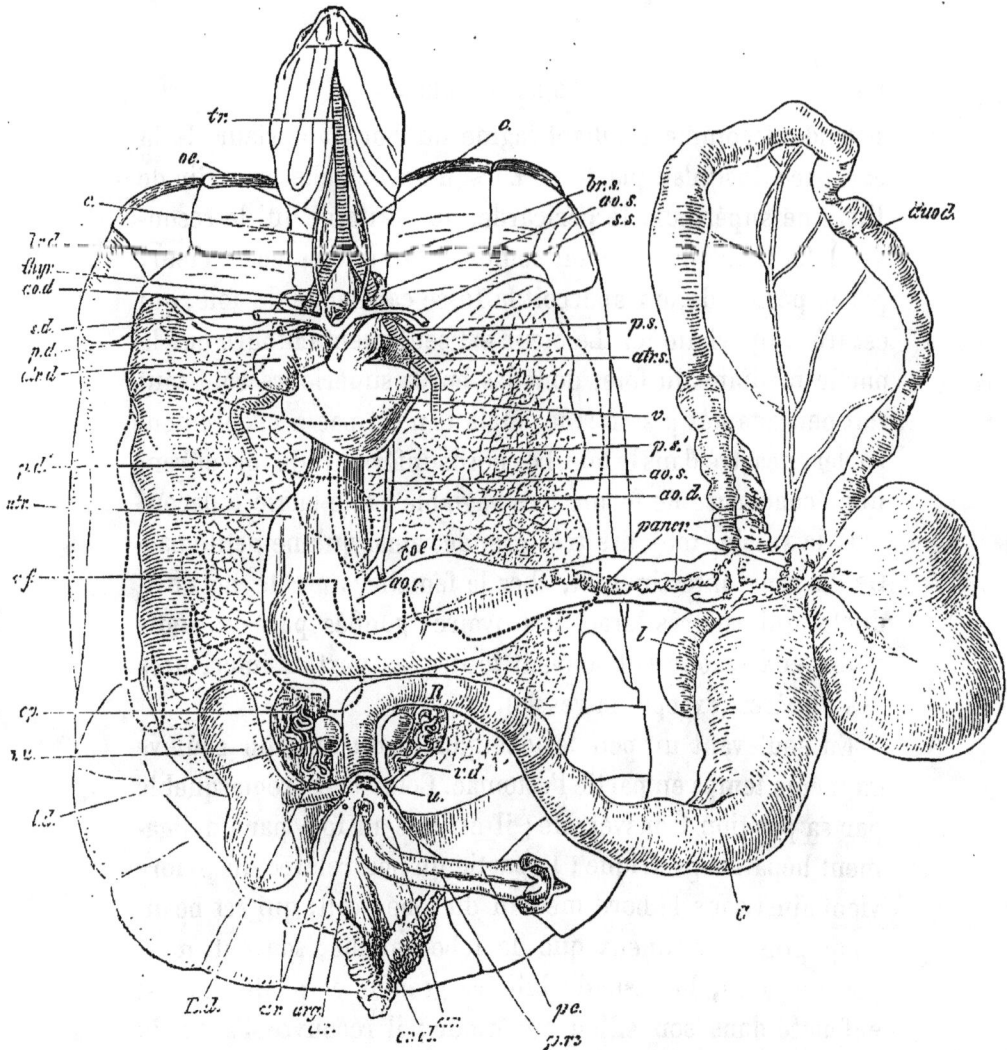

Fig. 57. — Viscères de la Tortue grecque mâle, demi-grandeur naturelle.

Figure dessinée d'après nature par Pressel avec utilisation de Carus et Otto (3) et Wagner (40). Le plastron a été enlevé. A cause du manque de place les extrémités ne sont pas figurées. Le canal intestinal est rejeté à gauche depuis le duodénum jusqu'à l'extrémité du côlon. Les limites du foie sont marquées par des points qui indiquent sa position naturelle. Le cloaque a été ouvert le long de sa ligne médiane ventrale, ses deux lobes sont écartés et fixés avec des épingles. La verge est mise à nu par sa face ventrale, elle est rejetée et fixée sur le côté gauche avec une épingle. Les reins et les testicules se voient sur la ligne médiane.

tr, trachée; *oe*, œsophage; *br.s*, bronche gauche; *br.d*, bronche droite; *thyr*, glande thyroïde; *v*, ventricule du cœur; *atr.s*, oreillette gauche; *atr.d*, oreillette droite; *ao.d*, aorte droite; *ao.s*, aorte gauche; *cœl*, artère cœliaque; *pd*, artère pulmonaire droite; *ps*, artère pulmonaire gauche; *ps*, artère pulmonaire droite; *sd*, artère sous-clavière droite; *ss*, artère sous-clavière gauche; *c,c*, artère carotide; *aoc*, aorte commune; *pd*, poumon droit; *ps'*, poumon gauche; *ventr*, estomac; *vs*, vésicule biliaire dessinée dans le contour du foie; *duod*, duodénum; *pancr*, pancréas; *l*, rate; *c*, côlon; il couvre ici la partie inférieure de l'intestin grêle; *R*, rectum; *vu*, vésicule urinaire; *Rd*, rein droit; *td*, testicule droit; *ep*, épididyme; canal déférent; *u*, uretère; *an*, anus; *ur.ur*, orifices de l'uretère; *urg*, col de la vessie; *pe*, penis; *p.ri*, gouttière séminale; *or.el*, orifice externe du cloaque fendu.

et entre sous le nom de rectum dans le cloaque, après avoir décrit la forme d'une S.

Après avoir suivi sommairement le cours du canal intestinal, nous enlevons toute la partie abdominale du canal digestif, pour mieux en examiner les détails les plus importants sur la planchette à préparations. A cette fin, nous détachons du péricarde la partie du péritoine qui recouvre le foie, ainsi que les adhésions qui remplacent le ligament suspenseur, avec le diaphragme décrit plus haut, qu'on doit bien distinguer du véritable diaphragme des Chéloniens ; nous détachons avec précaution les adhérences du péritoine avec les poumons ; nous coupons ensuite les veines, l'œsophage et le rectum ; nous observons la jonction des deux aortes et nous laissons intacte leur continuation : l'aorte commune ; nous laissons environ 1 centimètre de l'artère cœliaque qui part de 'aorte gauche ; après avoir encore coupé quelques plis du mésentère, les organes que nous devons étudier sont isolés.

On voit maintenant que :

Le foie consiste en deux lobes principaux, réunis par les commissures mentionnées plus haut. Celles-ci sont en nombre variable ; il y en a tantôt deux, tantôt trois, le premier cas est plus fréquent. On trouve alors généralement un isthme supérieur plus large et un isthme inférieur plus étroit ; entre les deux il existe dans le foie une lacune irrégulière ou arrondie, remplie par le péritoine. Ces lobes principaux sont divisés en un nombre également variable de petits lobes et de languettes, par des échancrures plus ou moins profondes de leurs bords. Le conduit excréteur de la vésicule biliaire est toujours large et facile à sonder. Dans les exemplaires de grandeur moyenne de la *Testudo græca* le canal cystique débouche à environ 7 centimètres au-dessous du pylore, dans le duodénum ; le canal hépatique, plus difficile à sonder, débouche un peu avant lui et communique souvent avec lui par un embranchement (10,24).

Le pancréas, qui est lobé, jaunâtre, commence immédiatement en arrière du pylore ; il est étroitement appliqué contre la paroi supérieure du duodénum, et émet le plus souvent un, quelquefois deux canaux pancréatiques ; quand il y en a deux, l'un d'entre eux possède une embouchure séparée, tandis que l'autre s'unit, comme d'ordinaire, avec le canal hépatique.

Remarque. — Le canal pancréatique n'est pas si facile à trouver. Sa position est probablement très variable ; sans cela on s'expliquerait difficilement les indications inexactes et contradictoires données par beaucoup d'auteurs.

Près du pancréas, au-dessus de la dernière partie du côlon transverse, se trouve la rate, qui est grande et d'un rouge foncé.

Lorsqu'on a examiné toutes ces parties, on ouvre le canal intestinal par le procédé déjà indiqué et on observe :

1. L'estomac, avec son épaisse paroi musculeuse, la muqueuse relevée en plis onduleux dans la région cardiaque et en plis longitudinaux au niveau du pylore, ainsi que la valvule pylorique annulaire, un peu proéminente dans le duodénum.

2. La muqueuse de l'intestin grêle présente en général des plis longitudinaux très fins et très rapprochés ; dans le commencement du duodénum ceux-ci sont transformés en un élégant réseau par de nombreuses commissures transversales et diagonales.

3. Au niveau du passage de l'intestin grêle dans le gros intestin se trouve également un pli annulaire et proéminent de la muqueuse (valvule du côlon). Le cæcum, arrondi en

forme de poche, communique directement avec le côlon. La muqueuse du côlon est à peu près lisse. Ce n'est que dans le rectum et surtout dans la dernière partie qu'elle offre des plis longitudinaux, irréguliers.

Nous allons maintenant examiner l'intérieur du cou et le cœur.

La trachée est formée par de solides anneaux cartilagineux et se distingue (dans le genre *Testudo*) par sa brièveté. Sa bifurcation est située très haut, au-dessus des grands vaisseaux sanguins (*fig.* 57). Avant de la couper (ce qui doit être fait pour examiner les poumons) nous introduisons un tube dans la fente de la gorge, et nous insufflons de l'air dans les poumons, pour nous rendre compte de leur volumineux développement. Ils s'étendent jusqu'au bassin.

Nous soulevons ensuite le cœur, nous ouvrons le large péricarde, et nous observons sa communication avec la pointe du cœur par ce qu'on appelle le *Gubernaculum cordis*, [1] dans lequel passe une petite veine conduisant à la veine porte. On rencontre fréquemment des adhérences filamenteuses. En ce qui concerne le cœur, nous appelons l'attention sur son grand développement en largeur, son aplatissement dorsoventral, son sommet émoussé et la séparation extérieure complète des oreillettes.

Le ventricule, unique à l'extérieur, émet trois troncs artériels, qui forment un bulbe par leur étroite cohésion au niveau de leur origine (*fig.* 57). Sur la face ventrale, le tronc situé dans le côté gauche de l'animal concorde avec l'artère pulmonaire, qui se divise bientôt en deux ; le tronc voisin passe, sans donner aucun embranchement, au-dessus de la

---

1. Comparez les excellentes recherches de Fritsch: *Vergleichende Anatomie der Amphibienherzens*, dans *Müller's Archiv*, 1869

bronche gauche, sous le nom d'aorte gauche ; le troisième se continue, sous le nom d'aorte droite, par-dessus la bronche droite, après avoir fourni un court tronc anonyme qui donne naissance aux deux artères sous-clavières, ainsi qu'aux deux artères carotides.

L'aorte droite se réunit en aorte commune ou abdominale avec l'aorte gauche devenue insignifiante parce qu'elle a donné naissance à une artère cœliaque[1].

Chaque carotide commune se divise en une carotide externe et une carotide interne, après avoir donné de petites artères destinées aux muscles et aux parties internes du cou. De l'aorte commune sortent encore : les artères spermatiques, les artères surrénales, les artères iliaques, les artères rénales et les artères hypogastriques ; leur continuation médiane impaire est l'artère caudale.

Remarque. Une artère épigastrique réunit l'artère iliaque avec l'artère sous-clavière (57). Voyez pour le système artériel, qui se distingue par plusieurs particularités : BOJANUS, *Anatome Testudinis europææ*, ou encore le dessin de Stannius (57), fait en grande partie d'après les recherches de Bojanus.

Une veine pulmonaire entre dans l'oreillette gauche. La veine cave inférieure et les deux veines caves supérieures débouchent dans le sinus veineux qui communique avec l'oreillette droite. Deux veines du foie débouchent directement dans le sinus veineux[2]. Chaque veine cave supérieure naît, en réalité, de la réunion d'une veine jugulaire (pour la tête et le cou) et d'une veine sous-clavière (pour l'extrémité antérieure).

---

1. Les deux arcs aortiques encerclent l'œsophage, leur réunion se fait à peu près vers le milieu de la colonne vertébrale (voy. fig. 57).

2. Voyez pour le système veineux : 13, 14, 24, 28, 31, 35.

Avant d'enlever le cœur, on doit examiner la glande thyroïde, qui est ovale, arrondie, quelquefois assez grande, impaire, placée sur l'œsophage, entre les deux carotides ; elle
reçoit du tronc brachio-céphalique droit une petite artère
thyroïde.

Remarque. Le thymus est pair ; il se trouve près des carotides, au-dessus du cœur (13). Il est souvent à peine reconnaissable dans les individus âgés.

Il n'y a rien d'essentiel à ajouter à ce qui a été dit dans
les chapitres précédents. On doit observer les valvules semi-
lunaires de chaque orifice artériel, la cavité artérielle dorsale, à parois épaisses, la cavité veineuse ventrale, plus
large, de laquelle sortent les trois troncs artériels ; ces cavités sont séparées par une cloison rudimentaire qui s'étend,
sous la forme de trabécules tendineuses et charnues, du septum de l'oreillette vers les parois du ventricule (57), enfin
on doit constater la présence, au niveau des orifices auri-
culo-ventriculaires, de deux valves membraneuses, une intérieure plus grande à droite, et une extérieure plus rudimentaire à gauche.

Pour faciliter l'examen du système urogénital il faut couper (si cela n'a pas déjà été fait plus tôt, voyez pag. 179) la
symphyse de l'os pubis, ce qui réussit ordinairement fort
bien avec un couteau à cartilages ; il convient de fixer latéralement les extrémités, pour qu'on puisse préparer la vessie et le col de la vessie sur la face ventrale où elle est en
cohésion avec le cloaque.

Si la simple abduction des extrémités ne suffit pas, l'os
pubis et l'ischion doivent être coupés avec les cisailles au-
dessus des acetabula, en sacrifiant la ceinture du bassin.

Préparation des organes urogénitaux mâles [1].

Nous écartons latéralement la vessie qui est volumineuse et nous enlevons avec la pince et le scalpel le péritoine de la région du bassin, sans blesser le parenchyme des poumons, jusqu'à ce que les reins et les testicules, qui sont enfoncés dans le péritoine, deviennent visibles. Nous trouvons : les reins, qui sont grands, bruns, presque triangulaires, avec de nombreuses circonvolutions à leur surface, situés dans la cavité du bassin, non loin du cloaque, avec des uretères courts descendant vers le milieu (voyez fig. 57). Les testicules sont blancs-jaunâtres, presque ovales, à épididymes colorés par un pigment foncé, et passant dans de courts vaisseaux déférents : ils sont en partie couchés par leurs bords latéraux sur les reins.

Les capsules surrénales sont jaunes, allongées, aplaties, situées au-dessus des veines rénales récurrentes.

Nous élargissons maintenant l'orifice du cloaque, qui forme, étant fermé, une fente allongée, à bords très plissés ; nous y introduisons simplement les deux branches d'une forte pince et nous augmentons le diamètre de l'orifice autant que l'élasticité des bords le permet ; nous soulevons avec une pince la paroi ventrale et nous l'ouvrons prudemment, un peu à gauche [2] de la ligne médiane, avec des ciseaux ; au moyen de quelques fortes épingles, nous fixons les lambeaux que nous écartons.

La muqueuse fortement plissée et très élastique du cloaque

---

1. Pour l'étude des ouvrages traitant ce sujet il est absolument nécessaire de se bien rendre compte de la valeur des expressions : au-dessus, au-dessous, derrière, devant, externe, interne. — On trouvera que les différents auteurs sont peu d'accord sur l'emploi de ces mots.

2. A gauche du préparateur !

est parsemée de taches foncées, dues à la répartition inégale
du pigment. La paroi dorsale supérieure cache l'orifice, facile
à trouver, du rectum. Il est bon d'y placer une forte sonde,
afin de s'orienter, d'après sa position, pour la recherche des
autres orifices.

Nous pénétrons maintenant dans le col de la vessie, qui ne

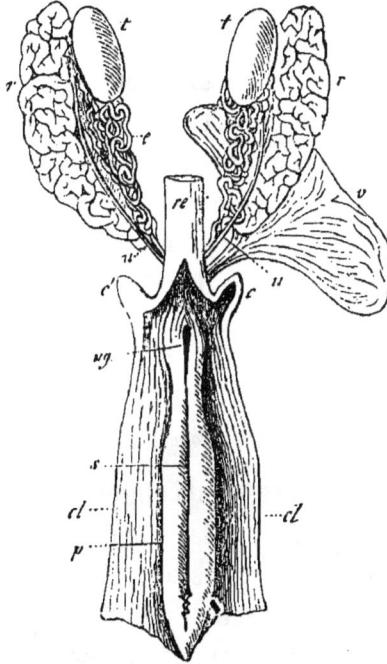

Fig. 58. — Appareil urogénital mâle du *Chelydra serpentina* (GEGENBAUR).
Le cloaque est ouvert par la face dorsale.

r, reins; *u*, uretères; *v*, vessie; *t*, testicules; *e*, épididyme et canal déférent; *ug*, orifice du sinus uro-génital et du cloaque; *cl, p*, verge; *s*, gouttière spermatique; *re*,
rectum; *cc'*, poches anales.

se trouve pas sur la ligne médiane; son axe forme plutôt
avec la vessie un angle ouvert à gauche et en arrière; nous
l'ouvrons ainsi que la vessie, et nous observons leur muqueuse à plis nombreux et irréguliers. En avant de l'orifice
du col, nous trouvons les orifices des uretères, souvent ca-

chés par la muqueuse, et que, pour ce motif, il vaut mieux
suivre du dehors[1] avec une fine soie de porc ; un peu en arrière de ces orifices se trouvent les vaisseaux déférents qui
débouchent chacun sur une espèce de papille minuscule. Le
col de la vessie devient ainsi un sinus urogénital (fig. 57) ;
la figure 58 donne une vue dorsale des mêmes parties (chez la
Chelydra)[2].

Un conduit séminal partant de l'orifice du sinus urogénital, et couvert dans sa première partie par un tissu caverneux, se continue sur la face dorsale d'un grand organe
mâle de copulation (Pénis, *p e*, fig. 57), qui est situé près de
la paroi ventrale du cloaque et consiste en deux corps fibreux,
recouverts de muqueuses et étroitement unis. Un appareil
spécial de muscles s'insère dans la verge. L'extrémité élargie
de la verge forme un gland qui se distingue par des appendices lobés.

Appareil urogénital femelle.

Les reins et les uretères sont comme chez les mâles. Les deux
ovaires sont symétriques ; ils rappellent, à l'état de développement complet, ceux des Oiseaux. Chaque ovaire a la forme
d'une plaque, sur la face libre de laquelle se développent
des œufs arrondis, très jaunes et nombreux (58), qui lui
donnent l'apparence d'une grappe. Comme les testicules, les
ovaires sont recouverts par le péritoine, qui se continue
sous la forme d'un ligament libre sur des oviductes larges et
serpentants. Les orifices abdominaux des oviductes sont
infundibuliformes, très larges ; on peut facilement les rendre
très visibles en les dilatant avec une pince émoussée. Tandis

---

1. Comparez page 105.
2. Pour les différences offertes par les organes génitaux mâles des Tortues,
voyez les auteurs cités dans 33.

qu'au début leurs parois sont minces et tendres, elles s'é-
paississent plus tard considérablement, et la muqueuse de
leur lumière très rétrécie est fortement plissée dans le sens
de la longueur. Dans la partie médiane, qui est très glanduleuse, les œufs sont pourvus de leur enveloppe d'albumen
et d'une coque calcaire blanche et dure. Leurs orifices dans
le cloaque sont bordés de plis annulaires de la muqueuse ;
ils sont opposés l'un à l'autre dans le col de la vessie. Le
clitoris est petit ; il offre, comme le pénis, une rainure dorsale et se termine par un gland conique, coloré par un pigment foncé.

On décrit sous le nom de bourses anales deux évaginations
borgnes de la paroi du cloaque, situées près du rectum ; souvent on ne les trouve pas.

Avant de passer à la préparation des poumons, on doit se
rappeler qu'ils sont fortement adhérents au périoste interne
de la carapace et que du côté ventral ils sont complètement
recouverts par le péritoine, sur lequel s'étend le diaphragme
qui comprime les poumons, d'accord avec le muscle transverse de l'abdomen. Il faut donc bien faire attention en enlevant les poumons. En premier lieu, les organes urogénitaux
doivent être éloignés, et leurs adhérences avec le péritoine
doivent être détachées avec soin à l'aide du couteau ; ensuite
on coupe le périoste de la carapace le long du bord libre
des poumons ; on enlève chaque poumon en employant tour
à tour les doigts, le scalpel et la pince ; il est rare que le
premier essai réussisse sans endommager les poumons.

On trouve, en suivant la direction de la bronche ouverte
(plus facilement avec des poumons remplis d'air, séchés et
coupés dans leur longueur), que sa continuation droite en
dedans de la cavité du poumon, soutenue par des anneaux
cartilagineux, présente de nombreuses ouvertures arrondies,

qui donnent accès dans des cavités séparées par des cloisons, et qui n'ont pas d'autre issue. Sur la paroi intérieure de ces poches borgnes, placées ordinairement sur deux rangées, se trouvent des crêtes saillantes qui portent sur leurs faces la-térales d'autres crêtes plus petites et réticulées : celles-ci en portent de nouveau d'autres, etc. (pour plus de détails, voyez F. E. Schulze[1]).

On ouvre le crâne comme il a déjà été expliqué dans les

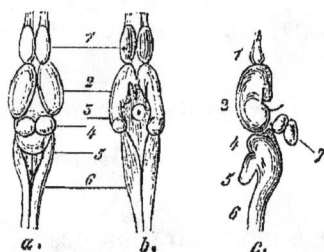

Fig 50. — Cerveau de l'Emys européen, grandeur naturelle (STIEDA).

a, face supérieure; *b*, face inférieure; *c*, face latérale; 1, lobe olfactif; 2, hémi-sphères; 3, cerveau intermédiaire; 4, cerveau moyen; 5, cervelet; 6, moelle allon-gée; 7, hypophyse.

chapitres précédents ; voyez les différentes vues du cerveau dans la figure 59 pour la dénomination des parties reconnais-sables extérieurement.

En ce qui concerne l'organe de la vue, il y a à observer : l'existence de deux paupières horizontales et d'une mem-brane clignotante, d'une glande lacrymale assez grande, située en haut et de côté dans l'orbite ; « son large conduit excréteur débouche au niveau de la limite extrême de la con-jonctive de la paupière supérieure ; dans l'angle interne de l'œil, il existe une plus petite glande de Harder. » Le bulbe

1. « *Die Lungen der Reptilien und Vögel*, » dans le Manuel d'Anatomie mi-croscopique de Stricker, p. 489-484.

possède, outre les quatre muscles droits et les deux muscles obliques, un muscle rétracteur du bulbe, composé de plusieurs ventres et inséré près du nerf optique. L'anneau sclérotique est formé d'écailles osseuses imbriquées.

[Comme on ne peut atteindre les gros troncs vasculaires des Chéloniens qu'en enlevant la carapace et, par suite, en coupant un grand nombre de vaisseaux, il est bon d'injecter le système artériel soit par l'une des carotides, soit par l'une des artères d'un membre. Il en est de même pour le système veineux.]

2. **Crocodiliens.**

Quoique sous forme d'appendice, nous examinerons en détail un représentant de l'ordre des Reptiles le plus élevé sous beaucoup de rapports, celui des Crocodiliens. Nous choisirons comme exemple l'*Alligator mississipiensis*, qu'on peut faire venir de Hambourg à peu de frais. Le tégument extérieur des Crocodiles se distingue comme on sait par des épaississements circonscrits du chorion, qui ont l'apparence de boucliers et de granulations, et qui sont recouverts d'une épaisse couche cornée (épidermoïdale). Ces formations cutanées se développent en os dermiques couvrant en rangées symétriques surtout le dos, et dans quelques groupes aussi le ventre. Elles constituent une espèce de carapace qui ne recouvre chez l'Alligator que le dos et est formée de plaques osseuses non reliées par des articulations. Sans entrer dans une description détaillée des plaques disposées en rangées transversales régulières sur le dos, nous mentionnerons encore que les bords postérieurs de la plupart des plaques sont munis d'une paire de petits pores, par lesquels sort le produit de sécrétion de follicules sébacés. On a décrit de grands follicules sébacés sous-cutanés, pairs, comme se trouvant aux bords de la mâchoire inférieure et sur les côtés de l'anus (voy. fig. 63).

Pour disséquer l'animal, on le fixe sur le dos par les moyens ordinaires ; on coupe la peau soit sur la ligne médiane, soit de côté, de la face ventrale. Dans le premier cas, on soulève

avec les doigts la peau du ventre (qui n'a que des plaques
cornées), on pique presque horizontalement la pointe des ciseaux entre deux plaques et on coupe jusqu'à l'angle du menton, en tenant toujours le tranchant de la lame des ciseaux
contre la face interne du pli soulevé de la peau ; cette précaution est nécessaire : sans elle on endommagerait facilement le sternum abdominal, qui est enfermé dans la paroi
musculeuse du ventre[1], presque immédiatement sous la peau.
Si l'on pratique une coupe latérale dans la peau, on la dirige
le long d'une des mâchoires inférieures[2]. Dans les deux cas,
l'enlèvement de la peau exige les plus grandes précautions.
On peut recommander d'humecter souvent les bords de la
section, surtout si les animaux qu'on examine ont été conservés dans l'alcool.

Pour arriver à la cavité abdominale, on détache la partie
du sternum abdominal, qui forme une grande et large plaque
(décrite sous le nom de sternum du bassin), de son articulation avec les os pubis ; quelquefois même on coupe ceux-
ci ; on prolonge la section immédiatement sous les extrémités
libres des côtes ventrales ; on détache des côtes vertébrales
les côtes sterno-costales ou les parties médianes (entre les
côtes vertébrales et sternales) ; on désarticule les os coracoïdes
près du mésosternum, et on enlève entièrement la peau qui
recouvre le ventre, ou bien chez les jeunes animaux on la
laisse attachée d'un côté et on se contente de la rabattre.

Avant de nous occuper du *situs viscerum*, nous examinons la spacieuse cavité buccale[3], qui est fermée en arrière
par un voile du palais échancré en forme de demi-lune. La

---

1. Le sternum se trouve dans la continuation de l'aponévrose superficielle
des muscles obliques externes (35).
2. Il est indifférent de commencer par la tête ou par la région de l'anus.
3. La désarticulation de la mâchoire inférieure est superflue.

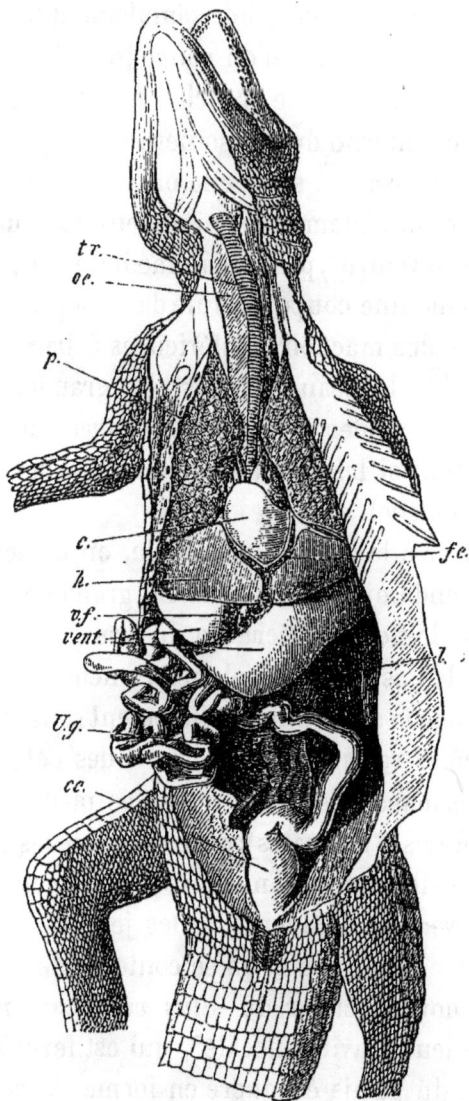

Fig. 60. — *Aligator mississipiensis* jeune, 1¦4 de grand. na!ur. La paroi ventrale a été coupée à gauche de la ligne médiane pour montrer les viscères.

tr, trachée ; *œ*, œsophage ; *p*, poumon droit ; *c*, cœur ; *f.c*, fosse cardiaque du foie ; *h*, foie ; *vf*, vésicule biliaire ; *vent*, estomac ; *l*, rate ; *U.g*, appareil urogénital ; *ce*, cloaque.

langue est plate ; elle est complètement soudée au sol de la
cavité buccale et offre sur son bord postérieur un pli un peu
relevé de la muqueuse (55).

Les dents sont coniques, sans racines ; elles sont placées
dans des alvéoles distincts ; elles garnissent, en rangées simples, les bords formés par l'intermaxillaire et les deux supra-
maxillaires d'un côté et par les mandibules de l'autre côté.
Le voile du palais cache les orifices des choanes ; immédiatement en arrière se trouve l'orifice commun des deux trompes
d'Eustache, entouré d'un bourrelet circulaire qui forme une
espèce de petit tube.

Derrière cet orifice se trouvent un grand nombre de follicules et des plis longitudinaux de la muqueuse qu'on doit
étudier avec soin. Une humeur visqueuse sort d'entre ces
plis qui sont très rapprochés et que Stannius compare aux
tonsilles des Oiseaux. D'après les indications concordantes
de tous les auteurs, les glandes salivaires[1] manquent.

L'orifice du larynx est situé derrière la racine de la langue,
mais il n'est pas fermé par une épiglotte, qui, d'après
Cuvier, existerait cependant rudimentairement chez quelques
espèces. Le larynx est formé de cartilages aryténoïdes et d'un
cartilage laryngien annulaire ; les bords postérieurs des premiers entrent dans la cavité du larynx, dont la muqueuse
forme au-dessous d'eux une poche profonde, ce qui rend la
formation de la voix possible (55).

La trachée est placée contre l'œsophage ; dans sa partie
inférieure seulement elle est formée de cercles cartilagineux
qui se soudent sur le côté dorsal, et ce n'est que très bas
qu'elle se divise en deux bronches.

---

1. Les glandes de la mâchoire inférieure dont nous avons parlé en commençant, et qui ont de larges orifices extérieurs, produisent une sécrétion
visqueuse, d'un noir grisâtre, reconnaissable à la forte odeur de musc qu'elle
dégage (10).

Les poumons, renfermés dans le péritoine, élèvent librement leurs bords supérieurs médians ; ils ne recouvrent pas
le cœur, mais sont seulement très rapprochés de sa moitié
supérieure (voyez fig. 60). On doit enlever les poumons avec

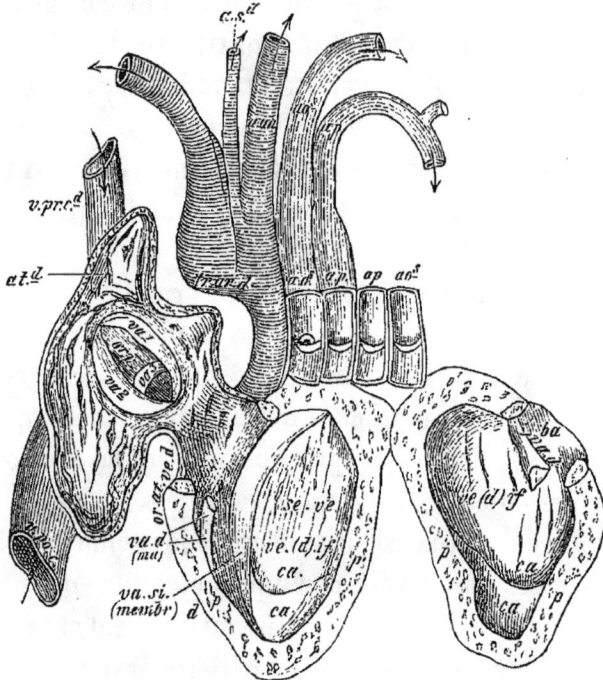

Fig. 61. — Vue, par la face ventrale, du ventricule et de l'oreillette droits ouverts de l'*Alligator mississipiensis* (BRUHL).

tr.ar.d, tronc artériel droit (aorte droite) ; *a.s.d*, artère sous-clavière droite ; *a, an,*
artère anonyme ; *ao.s*, aorte gauche ; *ap,* artères pulmonaires, leurs parois sont re-
jetées sur le côté pour montrer les valvules semi-lunaires et le foramen de Panizza ; *d,* bords extérieurs droits ; *ve. (d)if,* ventricule droit inférieur ; *ca,* sa cavité ;
p, parois du cœur ; *se.ve,* cloison interventriculaire ; *va.d.(mu),* valvule musculaire
droite coupée ; *va.si, (membr),* valvule gauche membraneuse ; *(ba)* ou *or.at.ve,d,*
orifice auriculo-ventriculaire droit ; *at.d,* oreillette droite (l'oreillette gauche est
écartée) ; *v.pr.c.d,* veine præcavale droite ; *v.po.c,* veine postcavale ; *or.v,* orifice
veineux (orifices du sinus veineux) avec les valvules transverses ; *va¹.va².va³,* une
valvule longitudinale découverte par Brühl destinée à fermer le sinus veineux
gauche supérieur dont l'orifice est visible.

précaution, parce que leur face dorsale adhère intimement
à la paroi dorsale du thorax.

Le cœur est enfermé dans un péricarde épais ; il est encastré dans une fosse hépatique bien marquée ici. Le péricarde est uni au sommet du cœur par un ligament (13, 35 et ailleurs); il est fixé par sa face postérieure au péritoine. Les ventricules du cœur sont complètement séparés par un solide septum interventriculaire (voyez fig. 61). Du ventricule droit (ventral) naissent deux troncs, dont chacun offre, au niveau de son ouverture, deux valvules semilunaires; l'oreillette droite peut être fermée du côté du sinus veineux par deux valves transversales (fig. 59); elle est séparée du ventricule droit par une valvule membraneuse à droite et une valve musculeuse, plus petite, à gauche. Le sinus veineux reçoit une veine cave inférieure et deux supérieures, dont celle de gauche possède une valvule particulière, placée longitudinalement. Les troncs déjà mentionnés : le tronc artériel gauche, le tronc pulmonaire, sont séparés à leur origine par un septum commun; le premier se continue directement dans l'aorte gauche et donne un rameau principal, l'artère cœliaque, avant de se réunir avec l'aorte droite sous le nom de rameau communicant; le second tronc se prolonge sous le nom d'artère pulmonaire, qui se divise en une artère droite et une artère gauche. Du ventricule gauche (dorsal), qui peut se fermer du côté de l'oreillette gauche par deux valvules membraneuses, naît le tronc artériel, qui communique avec le tronc artériel gauche par un foramen de Panizza contenant un petit cartilage hyalin (4) dans son bord supérieur et placé près de la valvule semilunaire ventrale.

Les opinions diffèrent sur l'importance du mélange de sang qui est rendu possible par cette disposition.

Le tronc artériel droit donne : (1) une artère anonyme, dont naissent l'artère sous-clavière gauche et l'artère carotide primitive, qui est très courbe (fig. 62); (2) une artère sous-clavière droite; nous avons déjà mentionné sa continuation en aorte droite et la réunion de celle-ci avec l'aorte gauche en une aorte abdominale.

Remarque. — La carotide commune primitive se divise chez quelques espèces, seulement tout près de la tête, en

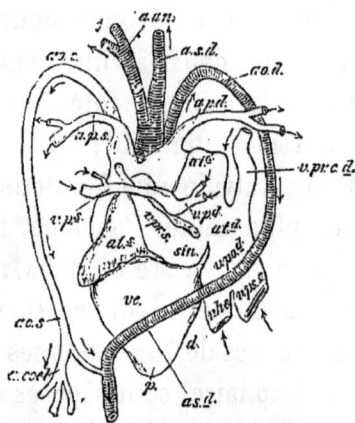

Fig. 62. — Vue dorsale du cœur de l'*Alligator mississipiensis* après l'enlèvement du péricarde (d'après Bruhl).

ve, ventricule; *at.s*, oreillette gauche; *at.d*, oreillette droite; *v.pr.c.d*, veine præcavale droite (Bruhl); *v.pr.s*, veine præcavale gauche (Bruhl); *v.po.c*, veine postcavale (Bruhl); *v.he*, veine hépatique; *v.pu.s*, veine pulmonaire gauche; *a.pud*, veine pulmonaire droite; *a.p.d*, artère pulmonaire droite; *a.p.s*, artère pulmonaire gauche; *ao.d*, aorte droite; *asd*, artère subclavière droite; *a. an*, artère anonyme (avec l'artère subclavière gauche), les artères carotides communes droite et gauche qui en partent ne sont pas dessinées; *ao.s*, aorte gauche; *a.coel*, artère cœliaque; *sin*, un sinus, dilatation découverte par (Bruhl) sur le sinus veineux gauche supérieur; une dilatation semblable existe sur la veine pulmonaire du même côté; *d*, contour extérieur droit du ventricule supérieur; *p*, contour inférieur du même.

deux artères carotides communes (35) (voyez aussi, *loc, cit.*, Fritsch).

Par la soudure des parois à la naissance des vaisseaux se forme une espèce de bulbe.

Le foie est assez dur; il consiste en deux lobes, dont celui de droite est plus volumineux que celui de gauche, avec lequel il est uni par un isthme. De même que chez les Chéloniens, le foie est surtout développé en largeur. La vésicule

biliaire, qui existe toujours, se trouve dans le lobe droit ;
son conduit sécréteur se réunit avec le canal hépatique ou
bien les deux canaux ont des orifices séparés. La remarque
de Meckel que ces conduits ressemblent à ceux des Amphibiens en général ne fait qu'appuyer la supposition que leurs
conditions, qui n'ont pas encore été suffisamment étudiées,
sont excessivement variables.

L'estomac n'est recouvert qu'en partie par le foie ; sa face
ventrale est en majeure partie libre, et il descend assez loin ;
extérieurement il ressemble absolument à celui des Oiseaux,
sa paroi musculeuse très épaisse se distinguant par un
disque tendineux dorsal et un ventral ; le cardia et le pylore
étant très rapprochés, l'estomac prend la forme d'une poche
borgne, arrondie et aplatie. Le pylore conduit à un estomac
pylorique, peu développé ici et également pourvu de parois
épaisses, auquel succède le duodénum disposé en plusieurs
anses. Cette partie de l'intestin grêle a des parois minces ;
on trouve généralement indiqué comme caractéristique que
la muqueuse est garnie de papilles. On signale dans la seconde
partie des parois épaisses et des plis en zigzag (9, 35, et
ailleurs). Il n'y a pas de cæcum, mais bien une valvule du
côlon, en forme de bourrelet circulaire (24, 35, et ailleurs),
qui conduit à un court rectum, pourvu d'une muqueuse
lisse et entrant dans le cloaque près de la paroi ventrale en
s'amincissant en entonnoir.

Le pancréas est placé sur le duodénum et possède deux
conduits excréteurs. La rate (voyez fig. 60) se rapproche de
la ligne médiane et est placée derrière le pancréas, entre les
anses du duodénum.

Remarque. La fig. 60 montre que le canal intestinal est
soutenu par un mésentère; comme analogie avec les Oiseaux
on remarque que les organes abdominaux sont renfermés

dans des poches séreuses. Ces poches (35) ont été constatées pour le foie, la première partie de l'estomac, le pylore, la vésicule biliaire et la première partie du cloaque.

Pour ce qui concerne l'appareil urogénital il y a à observer : la position des reins, qui sont volumineux, munis de circonvolutions spiralées à leur surface ; les uretères sortent des extrémités inférieures des reins, dans lesquels ils sont

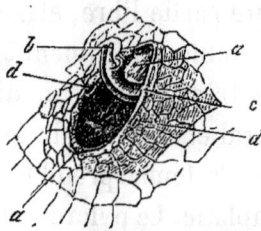

Fig. 63. — Orifice extérieur du cloaque de l'Alligator (d'après Carus et Otto). *aa*, angles supérieur et inférieur de la fente cloaquale ; *b*, pénis ; *c*, orifice gauche du canal péritonéal ; *dd*, orifice des glandes anales.

profondément enfoncés, pour entrer dans le fond du bassin ; l'absence d'une vessie ; l'ouverture des uretères immédiatement derrière le rectum dans un cloaque très allongé (7, 35, etc.). En avant des ovaires et des testicules sont placées des capsules surrénales, jaunâtres et longues. Les glandes génitales ne nous offrent rien de remarquable. Les oviductes débouchent sous un pli annulaire très saillant, derrière les uretères, c'est-à-dire plus près de l'orifice du cloaque ; les canaux déférents débouchent derrière la verge, qui est pourvue d'une rainure, ainsi que le clitoris ; à l'aide du microscope on voit qu'à sa surface elle est garnie de fins piquants (5). Très intéressants sont les canaux du péritoine, qui débouchent par des méats excessivement petits à la racine des organes de copulation.

Relativement aux organes des sens il y a à mentionner :

la valvule auriculaire extérieure pourvue de muscles et recouvrant le tympan de son bord inférieur libre (2); la communication des trompes par d'étroits canaux avec les os crâniens pneumatiques et avec l'os articulaire de la mâchoire
inférieure (3); l'existence de deux paupières horizontales et
d'une membrane clignotante, ainsi que d'un peigne rudimentaire (4); l'absence d'un anneau sclérotique (5). Les
ouvertures extérieures du nez à l'extrémité du museau peuvent être fermées par des valvules.

3. **Ophidiens**.

Rabl et Rückhard ont récemment décrit en détail le cerveau et la moelle épinière (*Zeitschr. f. wiss. Zoologie*, XXX, p. 336-373).

Le thymus est long et pair; il s'étend depuis le péricarde jusqu'à la mâchoire inférieure (13). La glande thyroïde est bilobée et placée du côté ventral des grands vaisseaux, en dehors du péricarde (35).

Le corps cylindrique, allongé, dépourvu de membres, des animaux de cet ordre, est recouvert d'une couche épidermoïdale cornée, continue, qui, comme on le sait, est rejetée plusieurs fois par an tout d'une pièce.

Le dessin de cette enveloppe cornée, très différent d'après les différents groupes, correspond à des épaississements réguliers, très stables, du chorion. C'est pourquoi, dans la classification des Serpents, on parle d'écailles lorsque les compartiments du dessin sont comme imbriqués, et de plaques lorsqu'ils sont juxtaposés.

Les écailles (*squamæ*) ont ordinairement la forme d'un hexagone allongé; elles sont lisses, ou bien la ligne médiane de leur surface s'élève en crête (*carina*) comme chez le *Tropidonotus*. Elles recouvrent toujours la face dorsale du corps et la queue [1], et dans beaucoup de cas la tête et la partie ventrale. Les plaques (*scuta*) de formes très variées, qui recouvrent la tête, s'appellent *céphalostéges*; les plaques

1. Voyez SCHREIBER, *l. c.*, pag. 173.

hexagones ou polygones placées (avec quelques exceptions) en une rangée sur la face ventrale sont nommées *Gastro-stèges*, et les boucliers de la queue, ordinairement en deux rangées, *Urostèges*. La fente transversale de l'anus est recouverte par deux, plus rarement par une seule plaque anale (*l. c.*); voyez fig. 64, D.

Dans l'espèce que nous avons choisie comme exemple de cet ordre, parce qu'elle se trouve dans beaucoup de pays, la Couleuvre à collier commune, *Tropidonotus natrix*, les plaques de la tête sont placées dans l'ordre suivant : à une plaque frontale impaire (voyez fig. 64, A) se relient latéralement des plaques supra-oculaires paires, des plaques pariétales en arrière, des plaques préfrontales en avant; devant ces dernières se trouvent des plaques du museau, plaques internasales; toutes ensemble forment le chapeau, *pileus*.

La vue latérale de la tête de la Couleuvre (fig. 64, B) montre une plaque rostrale impaire, dont le bord inférieur offre une légère échancrure pour la langue, qui sort de la bouche lorsque celle-ci est fermée; les sept plaques supra-labiales s'y relient latéralement; entre la plaque internasale et la première plaque supra-labiale se trouve la plaque nasale avec le pore nasal, touchant à la plaque frénale, qui est carrée; en avant de l'œil se trouve la plaque préoculaire, qui est unique dans ce cas; derrière l'œil sont disposées les trois plaques post-oculaires; les deux inférieures sont en rapport avec la plaque temporale qui recouvre les cinquième, sixième et septième plaques supra-labiales. Schreiber désigne sous le nom de plaques suboculaires les petites plaques intercalées entre les plaques supra-labiales et le bord inférieur de l'œil.

Sur la face inférieure de la tête du Serpent d'Esculape, représentée par la figure 64, C, nous voyons la plaque mentale

triangulaire; en arrière, les premières plaques supra-labiales,
qui se suivent en rangée de chaque côté jusqu'à l'angle de
la bouche.

Sur la ligne médiane de la face inférieure se rencontrent
les deux plaques infra-maxillaires paires; leur soudure, creu-

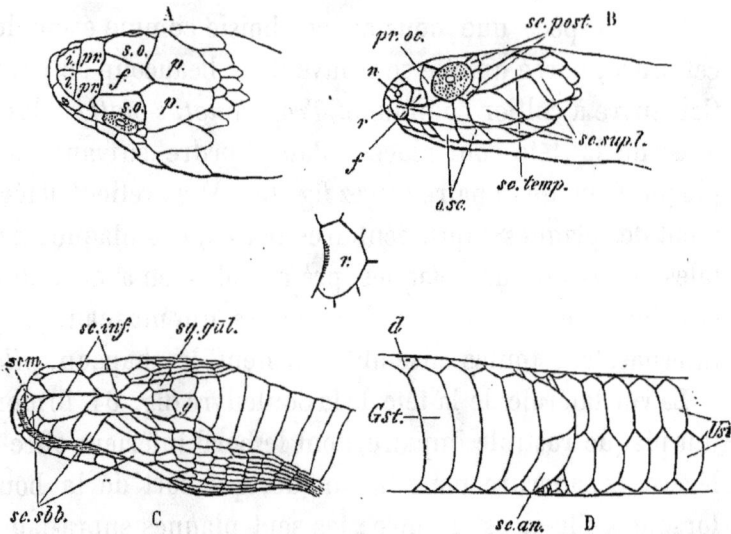

Fig.

A. *Tropidonotus natrix L. i*, plaque internasale; *pr*, plaques préfrontales; f, plaque
frontale; *so*, plaques supra-oculaires; *p*, plaques pariétales; *r*, rostrale (d'après
Schreiber). B. *Tropidonotus natrix L. r*, plaques rostrales; *n*, plaques nasales;
f, plaques frenales; *pr.oc*, plaques préoculaires; *sc.post*, plaques pos-toculaire;
sc.sup.l, plaques supra-labiales; *osc* plaques, sublabiales; *sc.temp*, plaques tempora-
les (d'après Schreiber). C. *Calopeltis Æsculapii Ald. sc.m*, plaques mentales; *sc.sbb*,
plaques sublabiales; *sc.inf*, plaques infra-maxillaires; *sq.gul*, écailles gulaires; *g*,
plaque gulaire (d'après Schreiber). D. *Zamenis atrovirens. Schaw. Gst*, gatrostège;
Ust, urostège; *sc.an*, plaques anales; *d*, dernière rangée d'écailles (d'après Schreiber).

sée comme une gouttière, se continue entre la première paire
sublabiale et forme ce qu'on appelle le sillon du menton, le
sulcus gularis. Dernière les plaques infra-maxillaires viennent les écailles de la gorge (*squamæ gulares*) et la plaque
gulaire.

En épargnant les plaques anales et les deux dernières plaques du ventre (*gastrostèges*) nous fendons la peau de l'animal, fixé sur le dos, le long des *gastrostèges*, nous continuons à couper depuis l'un des angles de la bouche le long des deux branches de la mâchoire inférieure jusqu'à l'angle du côté opposé, de sorte que le lambeau de peau détaché avec précaution finisse en une pointe. On coupe la peau transversalement entre l'avant-dernière plaque du ventre et la précédente. Toute la peau est alors rabattue latéralement et attachée avec quelques épingles sur la planchette à préparations.

Remarque. — Si l'on a à sa disposition de grands baquets, on s'en servira (voyez la partie générale) et on poursuivra l'examen sous l'eau.

La cavité abdominale est ouverte en tranchant avec des ciseaux les muscles abdominaux le long de la ligne médiane, c'est-à-dire entre les extrémités des côtes. Pour faciliter le travail et pour obtenir une vue d'ensemble, on détache les intestins, en les repoussant doucement avec le doigt, des parois latérales de l'abdomen, contre lesquelles ils sont étroitement appliqués, suffisamment pour que sans déplacer latéralement les intestins on puisse fixer ces parois avec de petites épingles piquées dans les espaces intercostaux.

Si on fait la préparation sous l'eau, les intestins, suspendus aux duplicatures hyalines très minces du péritoine, flottent alors au-dessus du péritoine, qui est pigmenté de noir.

Pour examiner la cavité buccale, on désarticule les mâchoires avec les ciseaux ou avec un couteau; on abaisse alors la mâchoire inférieure, on introduit la lame arrondie des ciseaux dans l'œsophage, qui est très élastique, et on le fend latéralement sur une longueur de 1 centimètre et demi.

On voit alors les minces plis longitudinaux de la mu-

queuse de la cavité buccale se continuant directement avec
les plis longitudinaux, plus considérables, de la muqueuse
de l'œsophage sans être aucunement interrompus par des
plis transversaux à la limite de la cavité buccale et de l'œsophage. Sur le sol de la cavité buccale se trouve, enfermée
dans une mince gaîne, une langue noire, longue, en forme
de cylindre aplati, terminée par deux pointes excessivement
fines. En saisissant la langue avec une pince et en la tirant
hors de sa gaîne par l'étroite ouverture de cette dernière,
on peut facilement introduire la pointe d'une petite paire de
ciseaux dans la gaîne ; on fend celle-ci sur le côté et on observe comment elle est rattachée à la muqueuse du sol de la
cavité buccale. Au-dessus d'elle s'étend, chez tous les Serpents, très loin en avant (jusque dans la cavité buccale)
l'orifice du larynx : le larynx lui-même, n'ayant pas les organes nécessaires pour l'émission de la voix, n'offre rien de
remarquable.

L'orifice des choanes est placé dans la région antérieure,
il se trouve dans une fossette allongée de la cavité buccale,
en avant des os palatins.

De nombreuses petites dents crochues garnissent les mâchoires et le palais ; celles qui sont placées le plus en arrière
sont un peu plus grandes.

La préparation des glandes céphaliques et salivaires est
assez minutieuse. En général, elle ne peut avoir des résultats
instructifs que sur les grands exemplaires. En ce cas il faut
distinguer, très près de la peau, les glandes des mâchoires
supérieure et inférieure, les glandes labiales supérieure et
inférieure, qui débouchent par plusieurs conduits allant
des rangées correspondantes des dents dans la cavité buccale ; ensuite la glande lacrymale, assez grande ici, située
entre le bord postérieur de l'orbite et la glande labiale

14

supérieure, ainsi que la glande nasale qui verse également son produit de sécrétion dans la cavité buccale; son conduit se réunit avec le canal lacrymal, qui débouche par un étroit méat en avant de l'os palatin[1].

On doit maintenant introduire un tube dans l'orifice du larynx et observer le développement inégal des poumons. Celui de gauche n'est représenté que par un petit sac ovale, situé à gauche de la pointe du cœur, tandis que celui de droite est allongé et volumineux. Si l'on fend la trachée, marquée sur sa face ventrale par des striures pigmentées, foncées et transversales, et si on l'étend en la tenant contre la lumière, on s'aperçoit qu'elle consiste, sauf dans sa partie supérieure, en anneaux cartilagineux, ordinairement incomplets, et, à partir de la moitié de sa longueur environ, en demi-anneaux, réunis du côté dorsal par une membrane tendre et élastique ; des cavités polygonales irrégulières ou des mailles, développées sur cette membrane, font croire qu'elle participe aux fonctions de la respiration. On doit observer ensuite l'entrée de la bronche dans le poumon qui a l'apparence d'une poche à parois d'abord épaisses. Dans sa première partie, sa surface est couverte de mailles formant un réseau compliqué et élégant; plus loin elles deviennent peu à peu plus simples, et, à son extrémité, le poumon n'est qu'une poche borgne membraneuse, à parois lisses[2]. Il adhère au foie dans sa plus grande étendue; il faut donc l'isoler avec quelque précaution.

A côté de la trachée on doit observer un corps allongé,

---

1. Meckel décrit encore une glande linguale ou sublinguale, sous le sol de la cavité buccale, près de son extrémité antérieure; elle déboucherait en avant et à côté de l'orifice de la gaîne linguale. Duvernoy les regarde comme deux saillies cartilagineuses; voyez là-dessus Stannius et von Siebold (35).

2. Voyez pour plus de détails F. E. Schulze, *Die Lungen*, dans le manuel de Stricker pour l'anatomie microscopique, pag. 464-488.

blanc jaunâtre, appliqué contre la carotide, c'est la glande
thymus; un peu plus bas, en avant du cœur, je trouve une
petite glande impaire, arrondie, mamelonnée, la glandule
thyréoïde, placée directement sur la face ventrale de la trachée.

On peut alors commencer l'examen du cœur et des grands
vaisseaux. On soulève avec deux pinces le péricarde attaché
au foie par le péritoine extérieur; on le déchire un peu et on
l'enlève avec des ciseaux; le ventricule est allongé; il n'offre
pas de sillon extérieur qui puisse être interprété comme
l'indice d'une séparation, en tout cas très incomplète, en deux
compartiments (*cavum venosum et cavum arterosium*); entre
les deux oreillettes écartées sur la face ventrale se trouvent
les trois troncs artériels, qui sortent du ventricule veineux :
celui qui est le plus haut, vu du côté ventral, l'aorte gauche,
forme un arc sans rameaux, qui descend immédiatement pour
former l'aorte commune; le tronc placé au-dessous de lui le
croise et forme l'aorte droite, de laquelle sort une forte artère carotide commune; primitive, qui, passant sous l'œsophage, à gauche, le long de la trachée, fournit une artère
carotide commune gauche après avoir donné de petits rameaux à l'angle de la mâchoire inférieure; entrant ensuite
dans le canal spinal, forme un tronc transversal, d'où naît
l'artère carotide commune droite, ainsi que d'autres vaisseaux. La continuation de l'aorte droite contourne la trachée,
après avoir donné l'artère vertébrale qui monte à droite vers
le côté dorsal, et se réunit à la continuation de l'aorte gauche (voyez plus haut), derrière et sous le cœur (comparez la

---

1. D'après Stannius, chacun d'eux possède à son origine trois valvules semi-
lu naires (35). Comparez avec Meckel, 24, d'après lequel il n'y en a que deux,
ce que j'ai trouvé confirmé.
2. Après avoir donné les artères coronaires.

fig. 46 un peu schématique), au-dessus de l'œsophage. Le tronc inférieur est l'artère pulmonaire, qui se divise en une branche gauche oblitérée et une branche droite considérable.

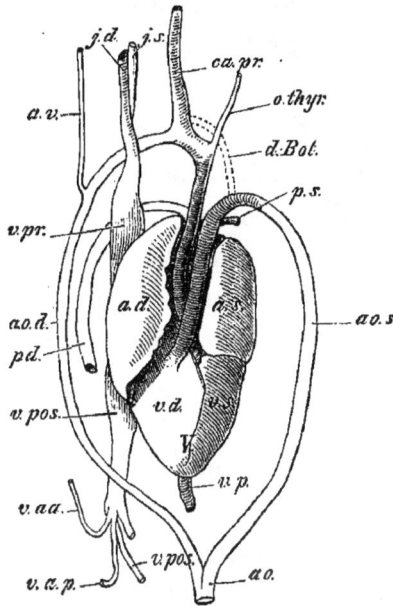

Fig. 64. — Cœur et gros vaisseaux d'un Serpent figure eu partie schématique d'après Fritsch.

V., ventricule; v.,d., ventricule veineux; v. s., ventricule artériel; a. d., oreillette droite; a. s., oreillette gauche; ao.,s, aorte gauche; ao. d., aorte droite; ca. pr., carotide primitive; a. thyr, artère thyroïde souvent fournie par l'artère carotide primitive; a. v., artère vertébrale ao,; aorte commune; p. s,, artère pulmonaire gauche ordinairement atrophiée; p. d., artère pulmonaire droite; j. d., artère jugulaire droite ou anonyme; j. s., veine jugulaire gauche; v. pos., veine post-cavale ou veine cave inférieure; v. a. av.. a. p, veines abdominales antérieure et postérieure; v. p., veine pulmonaire; d. Bot., canal de Botal allant de la carotide à l'arc aortique gauche.

Remarque. —On isole facilement ces troncs en se servant de deux pinces fines (voyez la préparation des vaisseaux dans la partie générale).

Parmi les branches de l'aorte commune il faut encore remarquer : un nombre considérable d'artères hépatiques (10-12, Meckel et autres), qui entrent dans le sillon vasculaire du foie, en se réunissant d'avant en arrière par de longues

courbes, quelques rameaux se rendant, sous le nom d'artères
bronchiales, à la partie inférieure du poumon (Hyrlt); plusieurs artères gastriques, une artère mésaraïque supérieure,
une artère mésaraïque inférieure, six artères rénales (pour
chaque rein) et des artères génitales paires.

Relativement aux veines qui entrent dans le cœur il y a
à observer ce qui suit :

Dans l'oreillette gauche débouche la veine pulmonaire qui
n'a pas de valvules; dans l'oreillette droite la veine cave
inférieure et la veine jugulaire gauche; dans le sinus veineux la veine anonyme, qui est formée par la réunion de la
veine jugulaire droite et des veines subvertébrales.

(Pour le système des veines portes des reins, voyez Gegenbaur, 13-14).

Lorsqu'après avoir examiné tous ces détails on poursuit
l'œsophage qui est très dilatable, on arrive, sans rencontrer
d'étranglement rappelant le cardia [1], dans l'estomac qui
est très allongé, et qu'on ne reconnaît que par son diamètre un peu plus large et par les plis longitudinaux plus
forts de sa muqueuse. Dans sa partie inférieure, ses parois
sont considérablement épaissies par de fort muscles, et finalement un rétrécissement annulaire (pylore) indique le commencement de l'intestin grêle (duodénum). Celui-ci, ainsi
que le rectum, possède des plis longitudinaux irréguliers de
la muqueuse, réunis par de rares plis transversaux. L'intestin grêle est disposé en un grand nombre de petites circonvolutions spiralées (voyez fig. 66), qui sont fortement comprimées par des adhérences partielles du péritoine [2]; il s'étend
davantage dans sa partie inférieure, peu avant de passer

---

1. La partie située à côté du foie est décrite sous le nom de *Portio cardiaca*.
2. On ne peut pas parler d'un mésentère proprement dit, la totalité des circonvolutions de l'intestin étant seulement contenue dans un repli du péritoine
(32, 35 et ailleurs).

dans le *rectum*, à la limite duquel se trouve une valvule du colon, annulaire, facile à constater chez le *Tropidonotus*. Environ à 1^{mm} derrière la valvule se trouve un bourrelet annulaire s'avançant en guise de diaphragme.

Environ à trois centimètres sous le cœur commence le foie. Il est allongé, aplati, aminci à ses deux extrémités, il n'est pas lobé ; il est brunâtre, assez dur et recouvert de deux feuillets du péritoine ; il se trouve à droite de l'œsophage ; dans son sillon vasculaire médian passe la veine porte qui donne des rameaux jusqu'à son extrémité antérieure. A deux centimètres au-dessous du foie se trouve une grande vésicule biliaire piriforme. On reconnaît tout de suite la vésicule à son contenu vert ; son conduit excréteur (canal cystique, fig. 65), rejoint à angle aigu le canal hépatique et forme avec lui un canal cholédoque qui, passant à travers le pancréas et s'unissant à son canal excréteur, débouche dans la première partie du duodénum. Le pancréas est blanc, assez compact, presque rond ; contre lui est étroitement appliquée ; une petite rate rougeâtre, également arrondie. Tous les deux se trouvent à droite du duodénum, sous le pylore (33,35, 39,40).

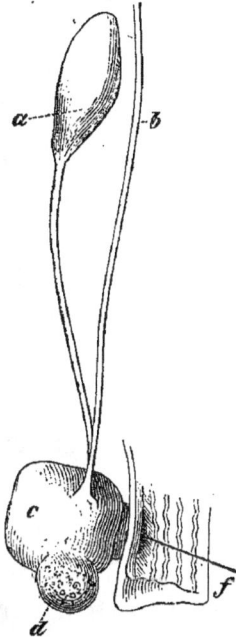

Fig. 65. — Vésicule biliaire Pancréas et Rate du *Tropidonotus natrix* (D'après R. WAGNER).

a, vésicule biliaire et canal cystique qui se réunit avec le canal hépatique *b* pour former le canal cholédoque ; celui-ci traverse le pancréas *c*, et s'ouvre, uni au canal d'excrétion de ce dernier, dans le duodénum ; *f*, cet orifice se trouve dans le point où s'enfonce la sonde ; *d*, rate.

1. Dans l'exemplaire long de 60 centimètres que j'ai devant les yeux.

Lorsqu'on étale le repli du péritoine qui contient l'intestin grêle, on remarque un grand nombre de petits lobes graisseux irréguliers, adhérant pour la plupart les uns aux autres, et étendus en deux longues rangées jusqu'aux reins et même sur ceux-ci ; c'est ce qu'on appelle le corps adipeux.

Si l'on rabat la partie inférieure des intestins à droite, par dessus la paroi abdominale, comme cela est représenté dans la fig. 66, et si l'on étend à un même niveau les organes isolés à l'aide de deux pinces et fixés par quelques épingles à insectes, la préparation est assez avancée pour fournir une vue d'ensemble très instructive de l'appareil urogénital (voyez plus bas pour la préparation du cloaque et des organes de copulation), et il ne s'agit plus que de chercher et de reconnaître chaque partie.

Les reins et les glandes génitales sont disposés par paires, mais (d'après l'organisation générale des Ophidiens) ils ne sont pas placés symétriquement ; leurs parties droites sont situées plus en avant que leurs parties gauches. Les deux reins ont à peu près la même taille. Le testicule droit, au contraire, est ordinairement plus développé que le gauche et souvent l'ovaire droit contient plus d'œufs que le gauche.

Les reins (voyez fig. 66) sont allongés, bruns, jaunâtres, divisés sur leur face ventrale (ou médiane) par plusieurs sillons profonds et transversaux en un grand nombre de petits lobes, auxquels ne correspondent, sur la face dorsale, que des lignes ou de légers sillons transversaux. Indépendamment de leur enveloppe péritonéale ils possèdent des capsules membraneuses (35). L'uretère descend de l'extrémité antérieure des reins le long du rectum, absorbant successivement les grands canaux urinaires qui sortent des sillons transversaux ; il suit la ligne médiane. Chez le mâle il accompagne toujours le canal déférent du même côté ; il traverse la paroi posté-

rieure du cloaque et débouche à côté de l'anus, dans un enfoncement, sur une espèce de papille, en même temps que le
canal séminal. Chez les femelles l'orifice de l'uretère se trouve
à côté ou un peu en avant de l'oviducte (voyez fig. 67).

Les testicules sont des corps blanchâtres, ayant la forme de
fèves; aplaties ils sont enfermés dans une membrane fibreuse,
dont les prolongements s'étendent à l'intérieur dans les sillons transversaux du testicule, à la façon d'une membrane
albuginée (35). Du bord aminci du testicule sortent, vers le
côté médian, les canaux efférents qui forment un épididyme
(voyez fig. 66), dont la continuation est un canal déférent qui
s'ouvre dans le cloaque de la manière déjà décrite, après un
parcours très entortillé [1].

En ce qui concerne la position des glandes génitales on
doit observer que chacune d'elles se trouve devant le rein du
même côté. Dans le cas représenté par la figure 66, le testicule droit est situé à environ 5 centim. au-dessous du pylore
et à environ 12 centim. en avant de la fente du cloaque;
le testicule gauche se trouve 4 centim. plus bas que celui de
droite.

Pour préparer le cloaque et les organes mâles de copulation, on pousse la pointe de fins ciseaux dans la fente du
cloaque; on coupe la paroi ventrale du cloaque, à gauche,
jusqu'à l'avant-dernière plaque ventrale; on dirige alors les
pointes des ciseaux contre soi et on coupe le lambeau obtenu
en travers, on le rabat à droite et on le fixe avec une épingle; ensuite on fend la peau ventrale de la queue le long
des urostéges sur une longueur d'environ 6 centim. (voyez.
fig. 66), et on fixe de même ce lambeau, quand on l'a détaché.
Si alors on explore la paroi postérieure du cloaque avec une

1. Les nombreuses circonvolutions des canaux déférents sont solidement
reliées les unes aux autres par du tissu conjonctif (35).

fine sonde on trouve latéralement deux petites ouvertures, qui correspondent chacune à la cavité d'une des deux verges. On peut introduire une pointe de ciseaux dans l'une

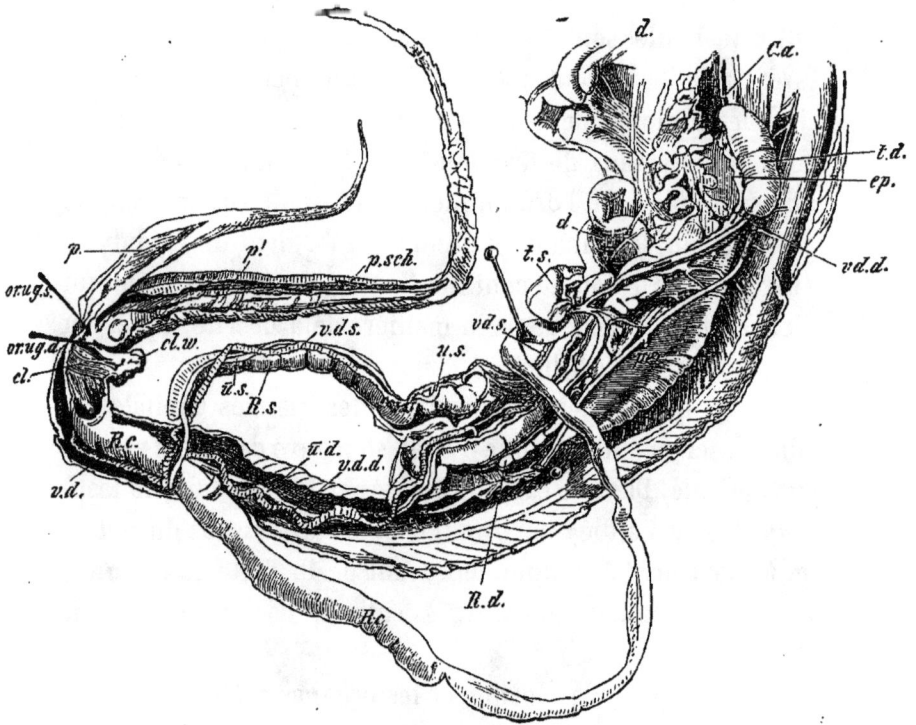

Fig. 66. Appareil urogénital d'une Couleuvre à collier mâle, de 60 centimètres de long ; grandeur naturelle (fig. orig.).

d, d, circonvolutions de l'intestin grêle ; *per*, lames péritonéales ; *C. a.*, corps adipeux ; *t. d.*, testicule droit ; *ep*, épidyme ; *vd. d*, canal déférent droit ; *t. s.*, testicule gauche ; *v. d. s.*, canal déférent gauche ; *R. d.*, rein droit ; il est appliqué contre la veine rénale récurrente droite, qui se courbe en arc vers la gauche, s'unit avec la veine du même nom de l'autre côté, pour former la veine cave inférieure ; *u. d.*, uretère droit ; *R. s.*, rein gauche ; *u. s.*, uretère gauche ; *Rc.*, rectum ; *Cl*, cloaque ouvert ; *Cl. w*, la paroi ventrale du cloaque rejetée sur le côté ; *or. ug. d*, et *or. ug. s.*, sondes placées dans les orifices des canaux déférents et des uretères ; *p.*, pénis gauche dont le canal a été ouvert ; *p.*, pénis droit en place ; *p. sch*, gaine du pénis.

d'elles, couper du côté ventral l'enveloppe qui se termine bientôt en cul-de-sac et dépouiller le pénis jusqu'à son extrémité qui est très-fine, ou même l'enlever. Si l'on regarde de

plus près la paroi de sa cavité, on remarque une rainure
bordée de deux petites crêtes, qu'on peut poursuivre depuis
l'extrémité de la cavité jusqu'à l'orifice du canal déférent du
côté correspondant. La muqueuse de la cavité est garnie de
piquants excessivement pointus, plus longs en avant que
dans la partie postérieure et disposés en rangées longitudinales très pressées; il n'y en a pas près de l'orifice; lorsque
ces utricules sont retournées en dehors, les rainures séminales et les piquants se montrent sur la face extérieure
des verges. Un muscle rétracteur du pénis est inséré sur
l'extrémité postérieure solide de la verge.

Remarque. — La paroi de chaque verge est entourée des
muscles ventraux de la région caudale et présente extérieurement une couche élastique, intérieurement une muqueuse;
entre les deux il y a des interstices caverneux (35).

Quelques auteurs mentionnent un développement asymé-
trique des organes de copulation; celui de gauche serait
plus long chez le *Tropidonotus* que celui de droite (39 et
ailleurs).

Il y aurait encore à mentionner deux glandes cylindriques, membraneuses, jaunâtres, placées derrière l'anus, à
côté des organes de la copulation, débouchant près d'eux et
atteignent plus de 2 cent. de longueur. Les mâles et les femelles possèdent également ces glandes, ils emploient leur
produit de sécrétion qui a une odour d'ail, comme moyen
de défense (Lenz, *Les serpents et leurs ennemis*, p. 245).

Les ovaires sont des glandes allongées, dans lesquelles les
œufs, placés sur une rangée, se touchent par leurs extrémités ou bien sont séparés par un intervalle rétréci (35). Les ovaires ont, comme les testicules et les canaux déférents, une enveloppe péritonéale, qui se continue sur les oviductes. Ceux-ci
commencent par une trompe abdominale assez large; ils décri-

vent de nombreux détours dans leur parcours supérieur, et débouchent dans le cloaque à côté ou un peu en arrière des uretères.

Remarque. — Dans la partie de l'oviducte qui est élargie à la façon d'un utérus, se trouvent des glandes courtes, en forme de pochettes.

Les œufs se développent entre deux plaques soudées l'une avec l'autre ; à mesure que les œufs grandissent et se détachent du stroma ces plaques membraneuses s'écartent de manière à former une poche, par la rupture de laquelle les œufs deviennent libres (7).

Dans 59 et 28 on trouve décrite une ouverture ronde de l'ovaire, placée en avant et formée primitivement. Les œufs pénètrent par des couvertures particulières, qui ont apparu de bonne heure dans les parois de l'ovaire, mais qui sont très rétrécies à d'autres moments, et ils passent dans la cavité abdominale, où l'oviducte les reçoit.

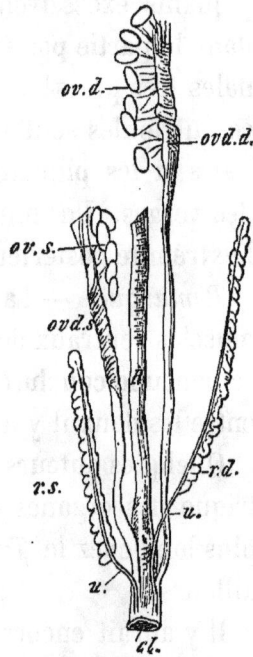

Fig. 67. — Organes urinaire et reproducteurs du *Tropidonotus natrix* Femelle.

ov. d., ovaire droit ; *ovd. d.*, oviducte droit ; *ov. s.*, ovaire gauche ; *ovd , s.*, oviducte gauche ; *r. s.*, rein gauche ; *r. d.* rein droit ; *u. u.*, uretère ; *cl.*, cloaque.

Chez les Serpents une des ouvertures dont nous venons de parler se trouve à l'extrémité antérieure de chaque ovaire. (Rathke 52.).

Les organes de copulation très rudimentaires des Serpents femelles ressemblent à ceux des mâles, quant à la position, à la forme, à la disposition des muscles, mais la texture de leur muqueuse est différente ; ce sont des cônes courts, cylindriques, minces, pointus à leur extrémité (Voyez sur ce sujet l'indication de Stannius sur le *Trigonocephalus, l. c.,* p. 264.). D'après Rathke (52, p. 159) ces points disparaissent sans laisser de trace pendant la saison des amours. Je n'ai pas de citation sous la main concernant leur présence et le degré de leur développement chez le *Tropidonotus*. Jusqu'à présent je ne les ai pas vus ; il est vrai que je ne les ai guère cherchées.

Les capsules surrénales se montrent sous l'aspect de faisceaux jaunâtres, allongés, situés contre la face interne des organes génitaux, enfermés dans la cavité du péritoine. Celle de droite est reliée par quelques rameaux avec la veine cave inférieure et reçoit plusieurs (2 paires) artères surarénales. Celle de gauche, plus petite, est appliquée contre la veine rénale récurrente du même côté, tout près du canal déférent.

Dans l'appareil de la vision il faut remarquer qu'il n'y a pas de paupières et que le globe possède une enveloppe épidermique qui est rejetée, avec l'épiderme tout entier, au moment des mues. (Pour les glandes lacrymales et le canal lacrymal, voyez p. 129.) La sclérotique n'a pas d'anneau osseux.

Dans l'appareil auditif il faut mentionner l'absence de la caisse du tympan et des trompes d'Eustache. La fenêtre ovale est fermée par une columelle.

CHAPITRE IV

PRÉPARATION DES AMPHIBIENS.

Nous choisissons comme représentant du groupe des Amphibiens la *Rana esculenta*, qui répond parfaitement à notre but.

Laissant de côté, dans l'examen extérieur de cet animal, le dessin et les couleurs extrêmement variés que peut offrir cette espèce très répandue, nous nous arrêterons seulement un peu à l'examen de la peau dont l'importance est considérable, non seulement comme siège de l'organe du tact, mais encore comme organe de sécrétion et de respiration. Si l'on observe de près quelques plis soulevés de la peau visqueuse, on remarque en premier lieu qu'elle n'adhère au corps qu'à de rares endroits par ses muscles superficiels; il en résulte l'existence d'interstices assez grands, communiquant ensemble, que Langer (voy. 5) a désignés sous le nom d' « espaces lymphatiques. » On peut très facilement les rendre visibles en y insufflant de l'air au moyen d'un tube introduit sous la peau. Nous observons ensuite que généralement la peau n'est pas lisse et unie partout, mais qu'en certains points du dos et sur la face ventrale des extrémités antérieures et postérieures, elle est garnie de légères granulations qui peuvent même devenir sur le dos des inégalités verruqueuses. Ces petites inégalités proviennent principalement de groupes de petites glandes (glandes granulaires, Engelmann) dont le produit de sécrétion frais (Leydig) peut exercer une action corrosive, semblable à celle que produit le liquide des parotides des Tortues. Ces glandes sont surtout très développées sur deux lignes qui s'étendent sur les côtés depuis la tête jusqu'à la région anale. On trouve en outre sur toute la peau un nombre considérable de glandes beaucoup plus petites, qui ne peuvent, comme les glandes granulaires isolées, être étudiées qu'au microscope, quoiqu'on puisse découvrir ces dernières à l'œil nu. En outre, la peau des Grenouilles est caractérisée par un riche réseau de nerfs et de vaisseaux sanguins.

Le mâle de la *Rana esculenta* possède derrière les angles de la bouche deux vésicules blanches, qui se gonflent lorsque l'animal coasse et qui sont réunies sous la langue par une poche impaire. Le mâle possède aussi, à l'époque des amours, une verrue dure sur le pouce.

Il faut encore observer la position dorsale de l'ouverture ovale du cloaque, position déterminée par l'organisation du bassin qui est très allongé.

Dès qu'on a placé et fixé l'animal de la manière connue, on doit couper la peau sur la ligne médiane, en commençant par un pli soulevé à dessein, depuis l'ouverture du cloaque jusqu'à l'angle du menton; on a bientôt détaché et rabattu de côté les lambeaux de la peau qui est peu adhérente. On saisit alors avec une pince le tendon du muscle droit abdominal qui est triangulaire et naît du bord antérieur de l'os pubis et est pourvu d'insertions tendineuses généralement divisées en cinq faisceaux; on le coupe avec des ciseaux, on pénètre dans cette ouverture et on coupe, sur la ligne blanche jusqu'à l'appendice xyphoïde toute la paroi musculeuse

du ventre (muscle droit abdominal ou pubo-thoracique,
dorso-abdominal), muscle oblique externe et muscle oblique
interne (dorso-abdominal) ; on fait en suite deux coupes latérales allant jusqu'à la colonne vertébrale et croisant la
première.

Remarque. — Une partie du faisceau du muscle antérieur
ou muscle dorso-abdominal interne, qu'on a aussi désigné
sous le nom de muscle transverse s'étend, en couvrant le
péritoine, jusque dans la partie antérieure de la cavité abdominale, entoure l'œsophage comme un diaphragme, et se
rabat ensuite en partie sur le péricarde, auquel il s'attache
jusqu'à la ligne médiane (3, 7, 35).

On fixe latéralement les quatre lambeaux ou on les enlève
complètement.

Avant de trancher la ceinture des épaules au milieu, on
doit la dépouiller des muscles du côté ventral et examiner
les parties situées sur la ligne médiane : l'*épisternum*, le
mésosternum qui vient ensuite, le *corpus sterni* (*hyposter-
num*) avec sa plaque terminale cartilagineuse élargie, le *processus xiphoïdes* (appendice xyphoïde). A l'extrémité supérieure du *mésosternum* se relient latéralement les clavicules,
immédiatement en dessous, les os coracoïdes, élargis vers le
milieu. Le *scapulum* et la région suprascapulaire peuvent être
examinés quand on a terminé la dissection.

On doit trancher la ceinture des épaules avec des ciseaux
forts et pointus, en évitant soigneusement d'endommager le
tendre diaphragme et le cœur qui est situé sur la ligne médiane, derrière l'os hyoïde.

On doit alors soulever les muscles intermaxillaires antérieur et postérieur (ils forment le plancher de la cavité buccale et croisent ainsi les deux branches de la mâchoire inférieure) ; on les enlève, ainsi que le muscle sterno, hyoïdien

ou thoraco-hyoïen [1], qui fixe encore les parties médianes de la ceinture des épaules qu'on vient de trancher.

Le large os hyoïde est alors entièrement visible; de chaque côté, il existe, près de son bord inférieur, une glande thymus jaunâtre, de la taille d'un grain de millet; elle a l'air d'être fixée à la veine jugulaire externe. La glande thyroïde, impaire d'après Stannius, paire d'après Leydig, est un corps rouge grisâtre, ayant en moyenne de 4 à 5 millimètres de grandeur, elle adhére à la veine ou à l'artère linguale ou est reliée à celles-ci seulement par un rameau. Dans son voisinage se trouvent encore une ou deux vésicules plus petites, de structure analogue (3). On trouve ces vésicules piriformes non pigmentées placées immédiatement sous le thymus.

Lorsqu'on a reconnu tous ces détails, on désarticule l'une des articulations de la mâchoire inférieure, on tire la mâchoire de côté et on examine la langue qui est fixée au sol de la cavité buccale, derrière l'angle de jonction des branches de la mâchoire dépourvue de dents; l'extrémité élargie de la langue porte, de chaque côté, un prolongement pointu. Sur le palais nous trouvons à côté des deux plaques *Vomer* pourvues de dents, des choanes ovales; immédiatement derrière les deux proéminences des prémaxillaires se trouvent les conduits ascidiformes (20, 25) de la glande intermaxillaire (1), considérés par Wiedersheim comme une glande salivaire. Après avoir soigneusement

---

1. On le considère comme une partie jugulaire du pubo-thoracique (*rectus abd.*). Il naît par deux faisceaux, l'un médian et l'autre latéral; le premier vient du coracoïde, du sternum, et par quelques fibres, de l'épisternum. Le second est la continuation directe du pubo-thoracique (3).

2. Voyez là-dessus R. WIEDERSHEIM, *Die Kopfdrüsen der geschwänzten Amphibien und die Glandula intermaxillaris der Anuren*, in *Zeitschr. f. wiss. Zoologie*, XXVII, p. 1-50.

l'œsophage, qui est très dilatable. Les orifices des trompes
d'Eustache sont remarquablement grands, et entourés
chacun d'une bordure presque triangulaire de la muqueuse; ils se trouvent de chaque côté, près de l'articulation de la mâchoire. L'orifice du larynx, large et allongé, se
trouve à peu près sur le même niveau frontal que les
trompes d'Eustache; les cornes postérieures de l'os hyoïde
entourent le larynx, et leurs épiphyses cartilagineuses se
confondent avec le cartilage laryngo-trachéal [1] (3,35).

Chez les *Rana esculenta* et *temporaria* les pointes échan-
crées des cartilages aryténoïdes contiennent chacune un
cartilage plus petit. Il y a deux paires de cordes vocales
membraneuses (Stannius).

Comme la trachée manque absolument, les poches pulmonaires paires se rattachent immédiatement au larynx; les
extrémités des poumons pénètrent à travers le diaphragme
musculeux dans la cavité abdominale, en invaginant le péritoine. La partie invaginée du péritoine est étroitement appliquée contre le poumon et le recouvre directement (35).
La paroi interne des poumons est remarquable par un réseau de proéminences inégales, s'élevant comme des crêtes,
formant des mailles polygonales de plus en plus petites qui
limitent des alvéoles minuscules, dont les orifices sont dirigés vers la cavité du poumon (voyez F. E. Schulze, *loc. cit.*).

Remarque. — On peut enfin préparer le larynx, les poumons et l'os hyoïde réunis, en ouvrant les premiers.

Au-dessous du diaphragme, soudé, comme il a déjà été
dit, avec le péricarde, se trouve le foie, retenu par un ligamentum suspenseur et un ligament hépato-gastrique. Il
est très grand, développé surtout en largeur, d'un brun noi-

---

1. Henle, *Vergleichend anatomische Beschreibung der Kehlkopfes*; Leipzig, 1859.

râtre et divisé en deux lobes principaux : un petit à droite et un plus grand à gauche. Ce dernier est encore divisé en deux lobules par une échancrure profonde, oblique ; le plus latéral de ces deux lobules recouvre en grande partie l'autre. Les deux lobes principaux sont réunis en haut par un isthme étroit ; la vésicule biliaire est piriforme ; elle est appliquée contre cet isthme, inclinée davantage vers le lobe droit. Sous le lobule latéral du lobe principal gauche est situé l'estomac, qui est cylindrique, assez musculeux. Chez *Rana esculenta*, il ne recouvre nullement la cavité abdominale, il descend plutôt diagonalement de gauche à droite, il se rétrécit considérablement dans la partie pylorique, pour se transformer en un duodénum qui remonte sur un petit espace dans la même direction. Ensuite vient la courte continuation de l'intestin grêle, disposée en de rares anses, et, enfin, le rectum, d'abord très large et très court, nettement séparé de la partie supérieure de l'instestin. Toute la partie abdominale du canal digestif est suspendue dans un mésentère continu. Le pancréas est jaunâtre, allongé (voyez figure 68) ; il se trouve entre la partie pylorique de l'estomac et la partie remontante du duodénum ; son canal excréteur se réunit au canal cystique et au canal hépatique, unis eux-mêmes en un canal cholédoque qui débouche, près du pylore, dans le duodénum (figure 68).

La rate est rouge-brunâtre, arrondie, quelquefois aplatie ; elle est enfermée dans le mésentère, entre la dernière partie du duodénum et le rectum ; au reste, sa position n'est pas toujours la même.

On doit maintenant couper l'œsophage musculeux et détacher le canal digestif jusqu'à la fin du rectum, en détruisant ses adhérences avec le péritoine. Il va sans dire qu'en détachant le foie on doit prendre quelques précautions pour le cœur, les poumons, et pour les conduits génitaux qui, chez la femelle, commencent à cette hauteur.

Si l'on ouvre maintenant le canal intestinal, depuis l'œsophage, sur sa face libre, on remarque qu'après un pli annulaire, qui peut facilement échapper aux regards, la muqueuse de l'estomac, ridée et garnie de crêtes longitudinales, se distingue très nettement de la muqueuse de l'intestin grêle, qui est reconnaissable à des rétrécissements irréguliers, zigzagués ou ondulés.

Remarque. — L'œsophage et certains points de l'estomac sont revêtus de cellules épithéliales ciliées. Pour les cellules cylindriques et cupuliformes de l'intestin de la Grenouille, voyez aussi : F. E. Schulze, *Epithel. und Drüsenzellen*, in *Schultze's Archiv.*, III, 1867 ; C. Arnstein, *Ueber Becherzellen und ihre Beziehung zur Fettsorption und Secretion*, in *Virchow's Archiv*, XXXIX, 1867 ; Th. Eimer, *Ueber Becherzellen*, in *Virchow's Archiv*, XLII, 1860. Pour le système des vaisseaux lymphatiques des Grenouilles, voyez Langer, in *Wiener Sitzungsberichte*, LIII, 1re série, 1866. — Pour les travaux nombreux qui ont encore rapport à ce sujet, nous renvoyons à la liste des ouvrages (3).

Un léger repli annulaire marque la limite entre la partie inférieure, à plis longitudinaux, de l'intestin grêle, et le rectum, qui est presque lisse et débouche, par un étroit orifice, dans le cloaque.

Préparation de l'appareil urogénital.

1. *Appareil femelle* (voyez figure 69). — Les ovaires sont symétriques, pairs, placés des deux côtés de la ligne médiane, pointillés de noir par le pigment des œufs ; ils sont divisés par des cloisons intérieures en compartiments variables en nombre ; ils n'ont pas d'orifices primitifs et ils éva-

cuent les œufs mûrs dans la cavité abdominale par la rupture
de leur enveloppe péritoniale. En relevant les poumons, on
trouve sur leur bord latéral, qui adhère au diaphragme, les orifices abdominaux des oviductes, maintenus sur tout leur parcours par un pli du péritoine. Si l'on a épargné le diaphragme,
ce que nous avons recommandé au début, on n'a qu'à l'étendre

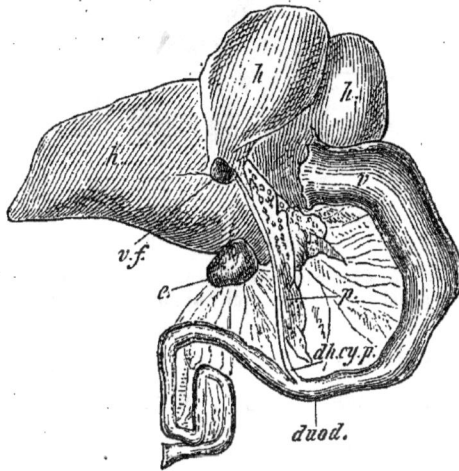

Fig. 08. — Foie, estomac, pancréas et rate de *Rana esculenta*.

h h h, le foie relevé; *v. f*, vésicule biliaire; *v*, estomac; *duod*, duodénum; *p*, pancréas; *d. h. cy. p*, canal d'excrétion commun du foie, de la vésicule biliaire et du
pancréas; *e*, rate.

un peu, en tirant de côté la ceinture des épaules alors
déjà tranchée au milieu, ou introduire, sans peine, les
branches d'une petite pince, dans l'oviducte, dont les parois
sont tendres, par l'orifice infundibuliforme devenu visible.

Les oviductes décrivent des circonvolutions analogues à
celles de l'intestin; souvent ils sont plus longs que l'intestin grêle, et dans leur partie médiane, qui est caractérisée
par des utricules glandulaires cylindriques et pressées, ils
sécrètent l'enveloppe gélatineuse des œufs. Leur partie
inférieure, transparente, a des parois qui s'amincissent tout

à coup; elle est large; on la nomme utérus, quoiqu'elle ne fonctionne jamais comme cet organe. Les ouvertures des oviductes, séparées chez *Rana*[1], se trouvent sur deux papilles pigmentées, rapprochées l'une de l'autre, très

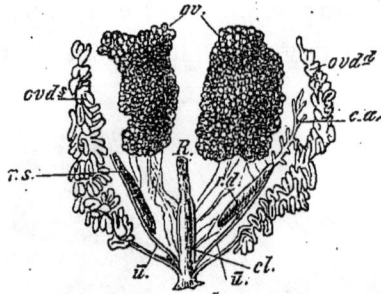

Fig. 69. — Système urogénital femelle de *Rana esculenta* vu par derrière; figure schématique.

ov, ovaires; *R*, rectum; *Cl*, cloaque; *ovd. s*, oviducte gauche; *ovd. d*, oviducte droit; *r. s*, rein gauche; *r. d*, rein droit; *uu*, uretère; *c. a*, corps adipeux.

proéminentes dans l'intérieur du cloaque; on peut facilement découvrir les orifices, surtout lorsqu'on ouvre le cloaque par la face dorsale; à cet effet, il est nécessaire d'enlever le coccyx.

Les reins sont rouges, aplatis, placés symétriquement; ils sont environ trois fois plus longs que larges, arrondis dans le haut, amincis en arrière; leurs bords médians se touchent presque sur la ligne médiane du corps. Lorsqu'on enlève le péritoine qui recouvre leur face ventrale, les capsules surrénales allongées, jaunes-oranges, situées près de leurs bords latéraux, deviennent distinctivement visibles. En avant des reins on trouve des corps adipeux pairs, jaunâtres, dactylés.

Chaque rein paraît être divisé en plusieurs grands lobes,

1. J. W. SPENGEL, *Das Urogenitalsystem der Amphibien*; *Der anatomische Bau*, etc., in *Arbeiten aus dem zoolog.-zootomischen Laboratorium in Würzburg*, III, Heft I, 1876.

par un petit nombre d'échancrures, environ 7-8, plus ou moins
profondes. Les uretères naissent de chaque côté sur le bord
latéral du rein le long duquel ils descendent, pour déboucher
séparément derrière l'oviducte, dans le cloaque (3). D'après
Stannius (35), ils débouchent dans la dernière partie de
l'oviducte. La vessie, formée par une évagination ventrale
de la paroi du cloaque, offre deux proéminences latérales
arrondies, produites par une légère compression médiane
du sommet. Le col de la vessie pénètre, derrière l'orifice du
rectum, dans le cloaque, qui est pigmenté de noir, et dont
l'ouverture est entourée de nombreuses glandes anales.

2. *Appareil urogénital mâle.* — Les testicules sont aussi
placés symétriquement ; ils ont l'aspect de corps blancs-jaunâtres, non lobés, ovales ; ils sont allongés, placés entre les
faces ventrales des reins, aux bords internes desquels ils
sont attachés par une continuation de leur enveloppe péritonéale qui forme un *Mesorchium* (3). Leurs canaux efférents,
reliés par des anastomoses, se dirigent transversalement
vers les bords internes des reins, près desquels ils sont ab-
sorbés par un canal longitudinal. De petits canaux sortant
de celui-ci traversent probablement les reins, sans se mêler
aux corpuscules de Malpighi, et débouchent dans l'uretère,
qui fonctionne comme canal uro-spermatique, le conduit de
Leydig, dont l'extrémité inférieure élargie d'un côté en forme
de gourde doit être considérée comme un réservoir séminal.
Dans la circonférence de cette cavité débouchent un grand
nombre de courtes utricules (3).

Remarque. — Chez *Rana temporaria* on trouve de grandes utricules glandulaires ramifiées (*Vesicula seminalis*).
Pour ce qui concerne les canaux de Müller, ou trompes
mâles, il faut remarquer que, placés dans la même situation que les oviductes, ils passent vers le bord latéral du

poumon, s'y terminent en pointe et s'appliquent en bas contre le lobe libre de la vésicule séminale (3). Voyez aussi 35.

Remarque. — Consultez (3) pour les ouvrages traitant des organes urogénitaux des Anoures, qui ne sont pas encore complétement connus.

Système des vaisseaux sanguins.

On ouvre le péricarde sur la ligne médiane et près de son insertion sur le tronc artériel. Chez d'autres espèces il faut encore faire attention au *Gubernaculum cordis* (Fritsch), qui unit le sommet du cœur avec le lobe pariétal du péricarde. Extérieurement on peut voir que du bord droit supérieur du ventricule, qui est simple, sort un bulbe artériel considérable. Celui-ci se divise (fig. 71) bientôt en deux troncs, un droit et un gauche, donnant chacun : 1°, un rameau supérieur (premier arc aortique), artère carotide avec la glande carotide ovale et l'artère hyoïdo-linguale (Fritsch) ; 2°, une racine aortique (deuxième arc aortique), donnant à gauche l'artère cœliaque. L'aorte droite comme l'aorte gauche donne (fig. 72) une artère vertébrale, une artère œsophagienne et une artère sous-cla-

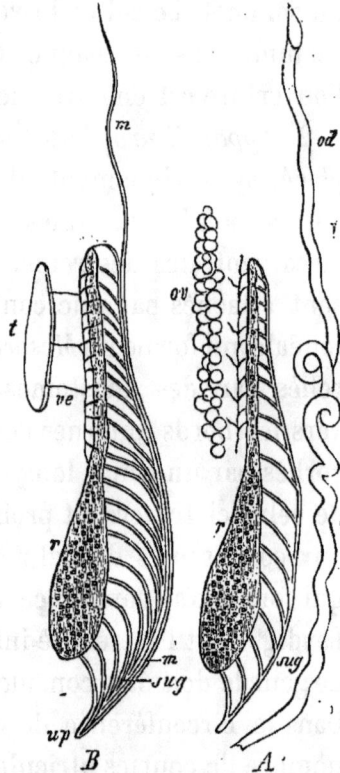

Fig. 70. — Figure schématique du système urogénital d'un Amphibien (*Triton*) (d'après GEGENBAUR).
A, femelle ; *B*, mâle ; *r*, reins ; *sug*, uretère ; *od*, oviducte ; *m*, canal de Müller ; *ve*, canaux afférents du testicule (*t*) ; *w*, ovaire ; *up*, orifice urogénital.

vière, avant de se réunir en aorte abdominale. Les deux arcs
aortiques enserrent l'œsophage, derrière lequel naissent les
rameaux susnommés; ils se réunissent sous le cœur: 5°, un
rameau (troisième arc aortique) qui donne l'artère pulmonaire ainsi qu'une artère cutanée, cette dernière avec l'artère
infra-maxillaire, et l'artère occipitale. Les veines pulmonaires, réunies en un tronc, entrent dans l'oreillette gauche; tout le sang veineux du corps se réunit dans un sinus
veineux, qui reçoit par conséquent : en haut, les deux veines
caves supérieures (précavales); en bas, la veine cave infé-

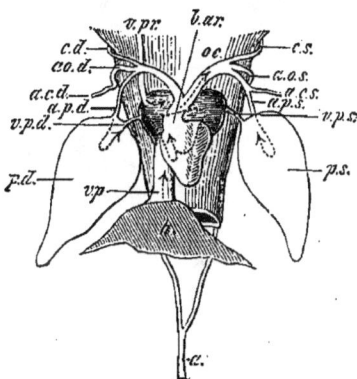

Fig. 71. — Figure schématique, cœur et poumons de *Rana esculenta*.

b.ar, bulbe artérielle; *œ*, œsophage; *cs*, artère carotide gauche; *cd*, artère carotide
droite; *ao.s*, aorte gauche; *ao.d*, aorte droite; *a*, aorte abdominale; *a.c.s*, artère
cutanée gauche: *a.c.d*, artère cutanée droite; *a.p.s*, artère pulmonaire gauche;
a p.d, artère pulmonaire droite; *v.p*, veine cave inférieure (postcavale); *v.p.r*,
veine cave supérieure droite (précavale droite); *p.d*, poumon droit; *p.s*, poumon
gauche; *h*, foie. La direction du courant sanguin est indiquée par des flèches.

rieure (postcavale), ainsi que deux veines hépatiques qui
débouchent séparément dans sa cavité, à droite et à gauche.

Remarque. — Nous devons aux recherches de Brücke et
de Fritsch la connaissance de la structure du cœur de la Grenouille. Nous en dirons brièvement ce qui suit :

D'après Fritsch, le ventricule est traversé par des trabécules qui se résolvent chez les Batraciens dans un tissu

spongieux, parsemé de cavités irrégulières; mais, à la base du
ventricule, se trouve toujours une cavité commune, dans
laquelle débouchent les plus grands alvéoles du système
trabéculaire, qui communiquent en outre toujours entre
eux (3).

La valvule auriculo-ventriculaire consiste, chez *Rana*, en
deux systèmes de trabécules, un antérieur, et un postérieur

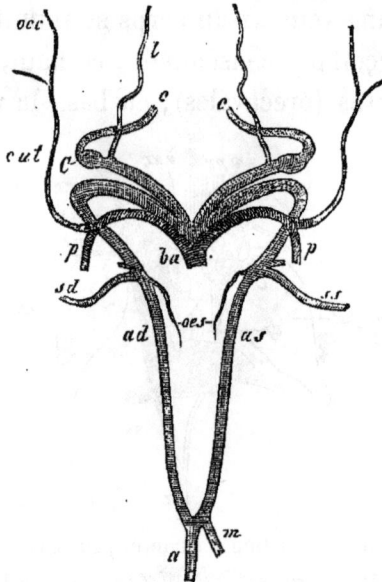

Fig. 72. — Système artériel de la Grenouille (d'après Gegenbaur).

ba, bulbe artériel; *c*. carotide; *C*, glandes carotides; *l*, artères hyoïdo-linguales;
p p, artères pulmonaires; *cut*, artère cutanée droite; *occ*, artères occipitales; *ad*,
aorte droite; *as*, aorte gauche; *a*, aorte abdominale; *m*, artère cœliaque; *oe.s*,
artères œsophagiennes; *ss*, artère sous-clavière gauche; *sd*, artère sous-clavière
droite.

qui est relié par un prolongement avec le septum de l'oreillette. La fermeture est complétée par des saillies latérales des
oreillettes. Les oreillettes sont extérieurement à peine séparées; intérieurement elles le sont seulement par un septum
très rudimentaire. Au niveau du point où le sinus veineux
débouche dans l'oreillette droite se trouve une forte valvule,
correspondant à la valvule d'Eustache.

Le bulbe artériel est divisé dans sa longueur en deux branches par une crête (valvule spiralique) qui commence sur la face dorsale et s'avance vers la paroi antérieure sans l'atteindre.

Au niveau de l'orifice artériel du ventricule se trouvent trois valvules semi-lunaires.

Dans l'arc de l'aorte se trouve une valvule d'une forme elliptique, découverte par Brücke, dans laquelle est découpé un cercle oscillant à une extrémité de son axe longitudinal et fixé obliquement à la paroi antérieure, supérieure et postérieure, de manière que son bord libre est dirigé vers le cœur, et que la valvule se lève et ferme en partie la lumière du vaisseau, dès que le courant sanguin se précipite contre elle (3).

Les deux troncs qui naissent du bulbe paraissent extérieurement simples, mais ils sont divisés chacun, à l'intérieur, par deux cloisons longitudinales membraneuses, en trois canaux complètement séparés, et chaque cloison se continue dans les parois des vaisseaux qui en sortent.

Derrière l'iliaque il existe, de chaque côté de l'anus, un cœur lymphatique; il en existe un autre au-dessus de l'apophyse transverse de la troisième vertèbre dorsale, recouvert par la partie postérieure du scapulum.

Le canal thoracique débouche dans la veine sous-clavière.

Pour le système nerveux, voyez la fig. 73. La préparation est déjà connue.

Remarque. Des indications précises sur le cerveau de la Grenouille se trouvent, outre dans 3, 30, 35, 38, dans le vingtième vol. de : *Zeitschr. f. wiss. Zoologie*, L. Stieda. *Studien über das centrale Nervensystem der Wirbelthiere*, p. 287 et s.

Le tympan est membraneux, presque rond; il devient

visible lorsqu'on enlève la peau avec précaution. A son centre, et fixée à l'anneau cartilagineux du tympan par une extrémité cartilagineuse, se trouve une lame operculaire cartilagineuse, la Columelle, qui ferme la fenêtre ovale.

Outre Stannius, voyez les nouvelles et remarquables recher-

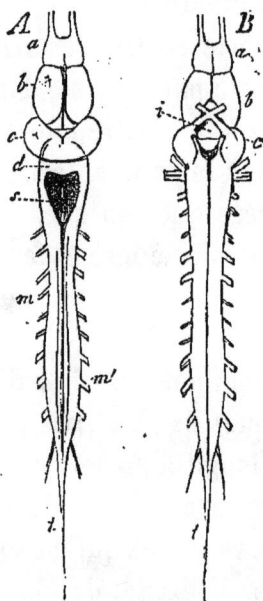

Fig. 73. — Cerveau et moelle épinière de la Grenouille (d'après GEGENBAUR).
A. face supérieure. — B, face inférieure.

a, lobes olfactifs; b, cerveau antérieur; c, cerveau moyen; d, cerveau postérieur; e, cerveau intermédiaire; i, infundibulum; s, fossette rhomboïdale; m, moelle épinière; t, filum terminal.

ches de C. Has, *Das Gehörorgan der Frösche*, dans *Zeitschr. f. wiss. Zool.*, XVIII, p. 359.

Il existe une grande paupière supérieure, fixée au globe oculaire, ainsi qu'une membrane clignotante, et un muscle rétracteur du bulbe inséré sur le globe oculaire, à côté de l'entrée du nerf optique. La sclérotique est cartilagineuse; il n'y a pas d'apophyse choroïdale.

CHAPITRE IV

---

1. Téléostéens.

Comme type de l'ordre des Téléostéens nous choisissons la Carpe du Danube, *Cyprinus Carpio* L., très répandue dans l'Europe moyenne. Elle appartient, comme on sait, au sous-ordre des Physostomes, caractérisés par la présence constante d'une vessie natatoire pourvue d'un conduit aérifère, et au groupe pourvu de nageoires ventrales, Physostomes abdominaux. Dans ce groupe, la Carpe est le type de la famille des Cyprinoïdes. Nous allons résumer brièvement les caractères de son espèce : la bouche possède des lèvres épaisses, charnues ; elle est dépourvue de dents à son extrémité, avec deux barbillons au niveau de ses angles et deux autres au niveau des mâchoires ; la tête est sans écailles, les dents de la gorge sont pourvues d'une couronne plate, avec un sillon, de chaque côté 1, 1, 3, une nageoire dorsale à longue base et une nageoire anale à courte base, toutes deux à rayons osseux, en dents de scie. Le corps est recouvert de grandes écailles cycloïdes, imbriquées ; sa hauteur atteint à peu près le tiers de sa longueur.

Le nombre des rayons des nageoires et celui des écailles sont d'une grande valeur pour la classification. On se sert donc ordinairement d'une formule, par exemple : D (dorsales) 3/17-22, A (anales) 3/5, V (ventrales), 2/8, P (pectorales) 1/15-16, C (caudales) 19. — 6/35-38/6.

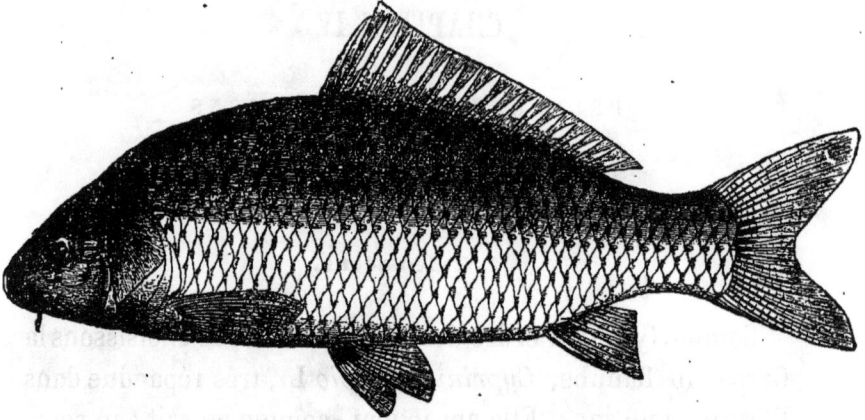

Fig. 74.

Cyprinus Carpio (d'après Heckel et Kner) pour la démonstration des nageoires et de la ligne latérale. En dessus se voit la nageoire dorsale (*pinna dorsalis*) avec ses rayons osseux épineux. A droite, la nageoire caudale homocerque (*pinna caudalis*). Dans son voi-inage et au-dessous de l'animal, la nageoire anale soutenue par un rayon osseux (*pinna analis*). En avant d'elle une paire de nageoires abdominales (*pinnæ abdominales seu ventrales*). Sur les côtés et au-dessous des opercules, une paire de nageoires pectorales (*pinnæ pectorales*). La ligne latérale est bien visibl au niveau de la limite inférieure des hachures qui marquent la région dorsale.

Squ (écailles) 6/35—38/6 ; les chiffres qui se trouvent entre les traits obliques indiquent le nombre des écailles de la ligne latérale, les autres chiffres (6, 6) indiquent le nombre des écailles placées au-dessus et au-dessous de la ligne latérale[1].

Remarque. Pour ce qui concerne la ligne latérale et son rapport avec le nerf latéral ou avec les organes cupuliformes, voyez, outre Claus (9), pag. 869-870, les mémoires de Leydig,

1. HECKEL et KNER, *Die Süsswasser Fische der œsterreichischen Monarchie;* Leipzig, chez W. Engelmann, 1858.

Ueber die Schleimcanäle der Knochenfische, dans *Muller's Archiv,* 1860, et *Ueber das Organ eines sechsten Sinnes,* Dresde, 1868; ceux de F. E. Schulze, *Ueber die becherformigen Organe der Fische,* dans *Zeitschr. f. wiss. Zoologie,* XII, 1862, pag. 218-222; *Ueber Die Sinnesorgane der Seitenlinie bei Fischen und Amphibien,* dans *Arch. für mikr. Anat.,* VI, 1870. Pour ces mêmes organes chez les Amphibiens, voyez Malbranc, dans *Zeitschr. f. wiss. Zool.,* XXVI, pag. 24-86.

Ordinairement, le tronc principal de la ligne latérale donne un rameau transversal se rendant au côté opposé, un rameau frontal infra-orbitaire et un rameau s'étendant le long de la mâchoire inférieure, au-dessus de l'opercule des ouïes. Dans la Carpe du Danube, la ligne latérale est formée par de petits tubes droits à pores simples; parmi les canaux de la tête, le rameau sous-orbitaire et le rameau passant le long du préopercule sont particulièrement développés (*l. c.*).

Pour ce qui concerne la dissection des Poissons en général, il y a à observer s'il s'agit d'un animal rare, dont le squelette doit être conservé; on l'ouvre par une coupe dirigée depuis l'anus jusqu'à la ceinture des épaules, à côté de la ligne médiane ventrale, en évitant les nageoires ventrales; une fois qu'on a coupé ainsi la paroi latérale, on peut facilement juger quelles solutions de continuité sont encore permises. Cependant, si le but principal est d'étudier les viscères, il est désirable, pour les préparations de la cavité abdominale, d'enlever d'abord, sur une grande étendue, la paroi du corps; en ce cas, on peut, comme cela est indiqué dans la fig. 75, mettre à nu un côté du situs viscerum en ôtant une paroi latérale tout entière, sans épargner les côtes et les opercules des ouïes; ou bien en affermissant le Poisson dans la position dorsale en le calant avec des serviettes, on peut

enlever à peu près la moitié des deux parois latérales et
trancher la ceinture des épaules au milieu, pour arriver à

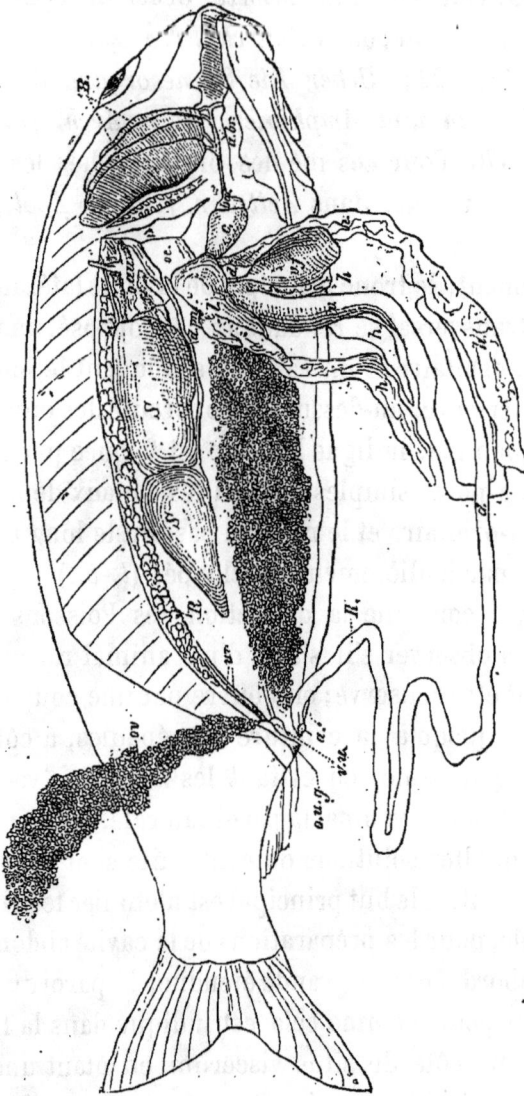

Fig. 75. — *Cyprinus Carpio*, demi-grandeur naturelle. La paroi du ventre est enlevée.

c, cœur; *ba*, bulbe artériel; *a.br*, tronc artériel branchial commun; *B*, branchies; *œ*, œsophage; *v*, ventricule; *hah*h, foie; *v.f*, vésicule biliaire; *d*, canal cystique; *e*, rate; *d.R*, intestin; *a*, anus; *SS*, vessie natatoire; *d.pn*, canal aérien; *O.au*, osselets de l'ouïe; *R*, rein droit; *ur*, uretère; *v.u*, vésicule urinaire; *o.u.g*, papille urogénitale.

dégager d'en bas le cœur avec le tronc des artères branchiales. Au reste il faut toujours se laisser guider par la

structure du corps du Poisson : ainsi, on ne sera guère
embarrassé chez une Raie, ou une Plie, pour mettre à nu
la cavité abdominale sans produire de lésions considérables
du squelette, etc.·

Remarque. Si l'on veut préparer le squelette d'un Poisson osseux, il est bon, en général, d'enlever, outre la tête
et la ceinture des épaules, la nageoire caudale et les nageoires ventrales, de noter les points au niveau desquels ces dernières sont fixées à la colonne vertébrale et d'enlever les
muscles autant qu'on peut le faire sans détruire la continuité de la colonne vertébrale et des côtes, qu'il est désirable
de conserver.

Nous renvoyons à la partie générale pour la macération
des Poissons, en faisant seulement observer qu'il est bon de
détacher toutes les parties du squelette à mesure qu'elles
sont près de tomber, de les marquer soigneusement et de les
conserver séparément. Dans le squelette de la tête, qu'on
peut conserver en son entier avec quelque attention, tous
les os mobiles, ainsi que l'appareil operculaire des ouïes,
peuvent être conservés écartés par des morceaux intercalés
de liège ou de bois, avant de terminer la préparation et de la
faire sécher. On prépare séparément, pour l'étudier avec
soin, le squelette hyoïdien et la corbeille branchiale.

Les squelettes des Cyclostomes, des Sélaciens et des Ganoïdes, peuvent fournir de bonnes préparations à l'alcool.

Nous devons encore mentionner les préparations très instructives qu'on peut obtenir en faisant des coupes horizontales et médianes de têtes de Poissons congelés : on fait une
coupe horizontale, partant de l'ouverture buccale, le long
d'une paroi latérale, à travers la corbeille branchiale, assez
loin pour que la moitié supérieure, renfermant le crâne,
puisse être laissée de côté ; on tranche avec le scalpel ou avec

les ciseaux les parties molles que nous devons encore décrire ;
la préparation est fixée sur une plaque de verre, ou bien, si
elle est trop grande, suspendue librement ; les coupes médianes sont très recommandables pour montrer le crâne primordial en continuité avec les os operculaires (Ganoïdes,
Eson, *Salmo*, etc.).

Lorsqu'on a ouvert la cavité abdominale d'une manière

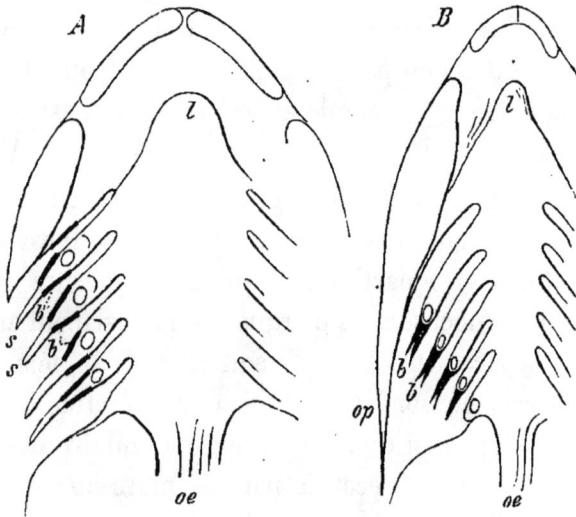

Fig. 76. — Coupes horizontales à travers la cavité branchiale. *A.* du *Scyllium* ;
B. du *Barbus* (d'après Gegenbaur).

l, rudiment de la langue; *oe*, œsophage; *b*, branchies ; *S*, cloisons des chambres
branchiales; *op*, chambres branchiales.

ou de l'autre, on doit noter sa séparation d'avec les cavités
buccale et branchiale par un diaphragme plus ou moins
membraneux, qui s'étend depuis les os inférieurs du pharynx et depuis le larynx, sur toute l'étendue antérieure de la
ceinture des épaules.

A la limite des deux cavités, entre les deux clavicules qui
convergent en bas et en avant, est situé le cœur, enfermé dans
un péricarde passablement dur. On sait que les parois laté-

rales de la spacieuse cavité buccale sont interrompues par
cinq fentes (fig. 76 B.) donnant accès vers les organes de la
respiration, qui garnissent les quatre arcs branchiaux sous
la forme de petits lobes lancéolés disposés sur deux rangées.
La partie de chaque arc dirigée vers la cavité buccale est plus
large et pourvue de petites dents latérales qui s'engrènent,
pour empêcher que les aliments ou d'autres corps pénètrent
dans les fentes branchiales; mais l'eau destinée à la respiration peut passer entre ces dents, pour se rendre aux branchies.

La muqueuse du plancher de la cavité buccale est un peu
soulevée dans sa partie antérieure par l'os glosso-hyoïdien ;
c'est ce pli qui forme ce qu'on appelle la langue (*l*).

Afin de préparer le canal intestinal en continuité avec la
dernière partie de la cavité buccale qui se rétrécit en entonnoir pour former le gosier, nous enlevons l'opercule des
branchies (si l'on a dénudé le Poisson d'un côté, cela a déjà
été fait); nous coupons avec de forts ciseaux les arcs branchiaux d'un côté, en suivant une ligne horizontale à partir
de la bouche; nous détachons, à l'aide d'un couteau, le
diaphragme du côté interne de la ceinture des épaules, et
nous enlevons toute la partie de cette ceinture de ce côté. On
doit ensuite trancher le court œsophage; on doit le nettoyer
avec une éponge humide et noter ce qui suit: la muqueuse du
palais est, surtout dans la partie postérieure, excessivement
tendre; sous la base du crâne, entre et sous les os pharyn-
giens supérieurs, se trouve ce qu'on appelle l'organe contractile du palais; cet organe est rouge, il est riche en fibres
musculaires transversales et reçoit des rameaux du nerf
vague et du glosso-pharyngien[1].

---

1. Jadis on a regardé ce corps comme une glande salivaire (Rathke), plus
tard comme une couche de glandes salivaires (Meckel).

Remarque. La découverte de nombreux organes cupuliformes (capsules du goût) dans la muqueuse du palais des
Poissons, faite surtout par F. E. Schulze, a répandu quelque
jour sur la fonction de ce corps.

L'œsophage est court et situé immédiatement derrière
le cœur ; son origine est indiquée par une crête transversale de la muqueuse, dépassant un peu l'extrémité postérieure de l'os hyoïde ; la muqueuse offre des plis longitudinaux irréguliers. On doit ensuite remarquer les dents du
pharynx dont nous avons déjà fait mention ; une plaque den-
tale impaire, presque triangulaire, soudée à l'os occipital basilaire, y correspond en haut. Les glandes salivaires manquent absolument.

L'estomac n'est qu'un élargissement peu considérable
du canal intestinal, de diamètre presque invariable, mais
qui a environ deux fois la longueur du corps et qui décrit
sept circonvolutions (24). Il s'étend d'abord jusqu'à l'extrémité postérieure de la cavité abdominale, il remonte
ensuite presque jusqu'à l'extrémité antérieure, il se
replie jusqu'au milieu, puis se rapproche de l'extrémité antérieure, il retourne encore vers le milieu,
puis de nouveau en avant et enfin, par une longue
courbe, va jusqu'à l'anus. Les circonvolutions 3-6, qui
occupent la moitié antérieure de la cavité abdominale, n'ont
que la moitié de la longueur des autres. Le canal intestinal,
ainsi que les glandes dont nous devons encore parler, et les
organes génitaux, sont revêtus par le péritoine, qui réunit
par des adhérences fibriformes, tendres, facilement déchira-
bles, les circonvolutions de l'intestin entre elles et avec les
lobes du foie.

1. D'après Rathke, le péritoine change avec l'âge ; celui qui existerait primitivement disparaîtrait par résorption (35).

Le foie est coloré en brun clair, quelquefois presque jaunâtre ; il est divisé en 3 ou 4 grands lobes étroits, allongés,
à bords intercalés entre les circonvolutions de l'intestin. Si
l'on désire isoler les lobes, il faut s'y prendre prudemment,
le parenchyme du foie étant très tendre et très fragile.
La vésicule biliaire est grande, piriforme; elle est
presque cachée dans le voisinage de ce qu'on appelle l'estomac ; elle se vide par un large conduit, après avoir absorbé le canal hépatique, sur une petite proéminence en
forme de papille, dans la première partie de l'estomac [1].

Remarque. Si, en général, à défaut d'un système particulier de valvules, l'entrée du canal cholédoque compte
comme unique critérium pour distinguer l'estomac du
duodénum, nous ne pouvons désigner ici l'élargissement
mentionné que comme une section anonyme et fort peu
différenciée du canal intestinal.

Il n'y a pas de pancréas [2].

Remarque. Parmi les Téléostéens, le Brochet, la Truite
et l'Anguille, ont seuls une glande salivaire abdominale.

La rate est d'un rouge foncé ; elle est irrégulièrement lobée,
longue, assez volumineuse, très fragile ; elle se trouve dans
le voisinage de l'estomac, et se distingue immédiatement par
sa couleur, des lobes du foie. L'orifice du rectum se trouve
en avant de celui de l'appareil urogénital : par conséquent,
il n'y a pas de cloaque.

Sur la face dorsale du canal intestinal, sous les reins, se
trouve la vessie natatoire. Elle est séparée en deux moitiés

1. On devine déjà la présence du conduit biliaire en ouvrant le pharynx, qui
est souvent coloré par la bile.
2. D'après WEBER, *Ueber die Leber von Cyprinus Carpio*, etc.., dans *Meckel's
Archiv*, II, p. 294, le pancréas et le foie seraient confondus, et le conduit
excréteur du premier se trouverait près du canal biliaire. Meckel combat cette
opinion (24).

par un col étroit. De sa moitié postérieure, amincie à son
extrémité libre, part, près du cou, le canal pneumatique,
qui s'ouvre à l'extérieur sur la face dorsale de l'œsophage.
De la base de la moitié antérieure de la vessie natatoire
naissent deux minces ligaments, qui se rattachent aux os
de l'ouïe de Weber.

On peut maintenant rejeter de côté le canal digestif et la
vessie natatoire et commencer l'examen de l'appareil urogénital.

Les reins sont pairs, bruns, rougeâtres, placés symétriquement sous le péritoine ; ils s'étendent le long de la
colonne vertébrale, depuis l'extrémité de la cavité abdominale jusque dans le voisinage de la base du crâne, enfoncés
dans les cavités intercostales ; de largeur assez égale en
général et s'amincissant seulement un peu en avant et en
arrière, ils offrent, dans la région située entre les deux moitiés de la vessie natatoire, deux grands lobes irrégulièrement
élargis, appliqués, chacun de son côté, contre les parois
latérales de l'abdomen. Les uretères se montrent sous l'aspect de deux petits canaux blancs, assez durs, situés près
du bord latéral de chaque rein et débouchant dans une vessie
urinaire spacieuse, à parois minces (voyez fig. 75) ; de celle-
ci part un court urèthre qui débouche au dehors, derrière
l'anus.

Les ovaires sont pairs, allongés ; leur forme varie avec le
degré de développement ; ils sont presque libres sur les côtés
du canal intestinal, comme des utricules enfermées dans le
péritoine [1] ; leurs extrémités canalisées, qu'on doit considé-
rer comme des oviductes, se réunissent en un conduit unique, qui s'ouvre en avant de l'orifice de l'uretère, par consé-

---

1. Celui-ci se continue dans un mésovarium qui s'étend le long du dos 35).

quent immédiatement derrière l'anus, sur la papille urogénitale [1].

Les testicules offrent une taille très différente suivant l'âge et la saison; ce sont des corps pairs, blanchâtres, placés symétriquement, ayant aussi la forme d'utricules; leurs canaux déférents, unis à eux, débouchent, après s'être réunis en un seul tronc, dans la papille urogénitale. Leur position et leur adhérence au péritoine correspondent à celles des ovaires.

Remarque. — On a quelquefois rencontré des Carpes androgynes. Les mâles adultes présentent souvent une hypertrophie particulière de l'épiderme, une éruption verruqueuse.

On a décrit sous le nom de glande thyroïde un petit corps situé entre l'extrémité inférieure du tronc des artères branchiales et la copula de l'arc de l'os hyoïde (14, 35).

On considère comme des glandes surrénales deux petits corps blanchâtres, irrégulièrement arrondis, placés dans la partie caudale des reins, à la limite antérieure du canal vasculaire formé par les arcs vertébraux inférieurs (35).

On n'a pas trouvé chez la Carpe de thymus.

Le dessin schématique de la fig. 77 donne le schéma du système vasculaire sanguin.

D'un ventricule unique sort un tronc artériel branchial commun; il conduit le sang purement veineux dans les arcs des branchies, au-dessous des copulæ, envoie de chaque côté, le long de la convexité des courbes des branchies, quatre artères branchiales qui naissent ordinairement, chez

---

1. Il serait superflu de donner plus de détails sur la manière de préparer ou de sonder les parties en question; on peut facilement introduire des soies de porc dans la papille, qu'on élargit au besoin. Au moyen d'une fine pince, on peut ensuite élargir les orifices.

la Carpe, de la division dichotome de deux rameaux, et qui passent dans une espèce de gouttière.

De ces artères branchiales sortent autant de veines branchiales qui forment les racines aortiques droite et gauche : celles-ci, par leur réunion, produisent le tronc bosselé et sinueux de l'aorte commune.

Les veines branchiales se réunissent en avant en deux troncs situés en dehors de la cavité crânienne, pour former le circulus céphalique qui varie beaucoup quant à son développement chez le *Cyprinus Carpio*. Des artères carotides antérieures et postérieures paires naissent ordinairement des extrémités antérieures des racines aortiques.

Parmi les artères principales qui sortent de l'Aorte commune, il faut remarquer :

1. Les artères sous-clavières ;

2. Une artère cœliaco-mésentérique qui correspond à l'artère cœliaque et à l'artère mésentérique antérieure (35) ;

3. Une artère mésentérique postérieure.

Leur continuation impaire, l'artère caudale, passe dans le canal des arcs vertébraux inférieurs.

Le sang veineux se rassemble dans une paire antérieure de

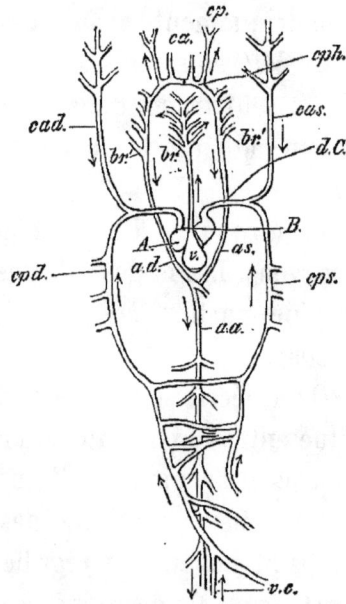

Fig. 77. — Figure schématique des dispositions de l'appareil circulatoire des Poissons.

A, oreillette ; B, bulbe artériel ; v, ventricule ; br, tronc artériel branchial communiquant avec les quatre artères branchiales ; br, veines branchiales ; ca, carotide antérieure ; cp, carotide postérieure ; cph, circulus céphalique ; ad, aorte droite ; as, aorte gauche ; aa, aorte abdominale ; cas, cad, veines cardinales antérieures droite et gauche ; d. C, canal de Cuvier ; cpd, cps, veines cardinales antérieures droite et gauche ; v. c, veine caudale ; à côté est l'artère caudale. Les flèches indiquent la direction du courant sanguin.

veines cardinales antérieures symétriques (ou jugulaires ou vertébrales ant.) et une paire postérieure de veines cardinales postérieures asymétriques (vertébrales post.). Chacune de celles-ci débouche dans le canal de Cuvier transversal de leur côté, qui est absorbé par le sinus veineux ainsi que la veine hépatique (qu'on considère comme la veine cave inférieure des Poissons): de là le sang arrive dans le ventricule par une oreillette spacieuse, à parois minces.

Remarque. Dans un des manuels cités on peut voir les détails relatifs à la circulation des veines portes des reins et du foie.

Dans le cœur on distingue quatre compartiments, séparés ordinairement par des valvules : 1, le sinus veineux; 2, l'oreillette; 3, le ventricule; 4, le bulbe artériel.

Remarque. Entre le sinus veineux et l'oreillette se trouve une double valvule membraneuse. La paroi interne de l'oreillette se distingue par de nombreuses trabécules charnues qui se croisent; du côté ventral de l'oreillette est situé le ventricule peu volumineux; il est musculeux et pourvu de parois épaisses, à partir desquelles des faisceaux de muscles s'avancent dans la cavité du ventricule et enserrent de nombreuses excavations (35). L'orifice auriculo-ventriculaire est fermé par deux valvules libres, membraneuses; à la naissance du bulbe artériel se trouvent deux valvules sémi-lunaires. Voyez, fig. 82, le cœur de *Squatina vulgaris*.

Système nerveux central et organes des sens.

Sur la face dorsale on distingue, dans le cerveau de la Carpe, les divisions suivantes : En avant, les petits lobes olfactifs avec les nerfs qui en partent; en arrière, les hémisphères presque piriformes du cerveau (cerveau antérieur), auxquels se relient deux renflements ovales, arrondis, notablement plus grands ; les lobes du troisième ventricule et les corps quadrijumeaux (lobes optiques antérieurs). L'organe impair, bombé, qui suit, est le cervelet. La moelle allongée qui vient ensuite forme deux lobes postérieurs arrondis, remarquablement grands, qui touchent au quatrième ventricule et entre lesquels est placé un lobe impair arrondi (Tubercule impair).

Sur la face ventrale du même cerveau on voit, outre les parties déjà nommées : les nerfs optiques qui ne forment pas de chiasma ; puis, immédiatement après, la grande hypophyse (naissant avec l'infundibulum du plancher du troisième ventricule), recouverte partiellement en arrière par les lobes inférieurs, qui sont des gonflements inférieurs de la région du lobe optique (35) et qui se confondent dans leur partie antérieure avec l'infundibulum. Viennent alors : appliqués contre les lobes inférieurs, les nerfs trochléaires, puis les nerfs oculo-moteurs, ensuite les gros nerfs trijumeaux et faciaux ; un peu en dedans de ceux-ci les gros nerfs acoustiques qui sortent de la moelle allongée ; les lobes postérieurs déjà nommés (lobi nervi vagi) suivent alors avec les nerfs vagues ; les nerfs glosso-pharyngiens sortent latéralement d'entre les racines des nerfs précédents. Il faut encore remarquer les nerfs abducteurs (35) qui sortent de la ligne médiane des pyramides antérieures de la moelle allongée.

Remarque. Nous renvoyons à la partie générale, p. 89-91. pour les organes de l'ouïe [1] et de la vue. Les deux ouvertures

---

1. D'après R. Wagner, le plus grand os de l'ouïe et le plus en arrière correspond au marteau, celui du milieu à l'enclume et celui qui est le plus en avant à l'étrier. Bojanus donne aux osselets les noms suivants (*Parergon ad testudinis anatomen*) : 1. le crochet (Hamus), la petite apophyse séparable du marteau, se dirige vers la vessie natatoire. 2. l'ancre (Ancora, Malleus), l'appendice ensiforme de la seconde vertèbre. 3. l'équerre (Norma, Incus), au-dessus de l'apophyse transversale de la seconde vertèbre. 4. la cuil-

nasales sont séparées par un lambeau de peau relevé, l'ouverture postérieure plus petite est située près de l'œil (Heckel
et Kner).

2 Sélaciens.

Le *Mustelus lævis* ou Requin lisse d'Aristote, le *Mustelus
vulgaris* et le *Scyllium canicula* se trouvent fréquemment
sur le marché aux poissons de Trieste. Si, pour le développement embryonnaire, une de ces espèces diffère des deux
autres, tous les autres caractères distinctifs importants ne
concernent que la position des nageoires et la forme des
dents. Nous pouvons donc prendre indifféremment une de
ces espèces. L'enveloppe extérieure du corps consiste, chez
chacune d'elles, en une peau dure, rendue rugueuse comme
une peau de chagrin par l'ossification des papilles du chorion, dont l'épiderme, disparu en grande partie par le frotte-
ment, n'est conservé que par endroits (la membrane clignotante 7); on donne le nom d'écailles placoïdes [1] à ces osselets
dermiques, recouverts d'une couche extrêmement mince,
homogène et ressemblant à de l'émail. Outre les nageoires
paires thoraciques et ventrales qui sont bien développées,
nous devons observer une nageoire anale, deux nageoires
dorsales séparées, et une nageoire caudale, remarquable
par son hétérocercie. La large bouche forme une fente
semi-lunaire, placée transversalement sur la face ventrale du
corps (voyez figure 78); les fosses nasales placées un peu

---

lère (Trulla, Stapes) entoure de son extrémité en forme de cuillère l'Atrium
sinus imparis. 5. le gobelet (Pocillum, Claustrum) enferme l'Atrium (39).

1. Chez tous les Sélaciens le système des canaux latéraux est très développé ;
en outre ces Poissons ont, surtout les Requins, un système de tubes à minces
parois, remplis d'un mucilage hyalin, placé principalement sur la tête près du
rostre, débouchant d'un côté par une ampoule innervée. (Pour plus de détails
à ce sujet, voyez dans 35; ces tubes sont aussi décrits en 9, 14, et ailleurs.)

plus en avant et de côté sont reliées à la bouche par les
gouttières nasales (r), elles sont recouvertes toutes deux par un
grand pli de la peau, qui a été nommé valvule nasale ; un
pli pareil plus petit s'étend sur la paroi postérieure des
fosses nasales.

Si on relève la valvule nasale (n'), on voit la fosse nasale
spacieuse et profonde, dont la muqueuse est pourvue d'un

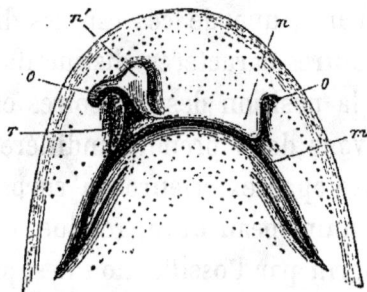

Fig. 78. — Face inférieure de la tête du *Scyllium* (d'après Gegenbaur).

m, fente buccale ; o, entrée des fosses nasales ; n, valvule nasale dans sa position naturelle ; n, valvule nasale relevée ; r, gouttière nasale.
Le pointillé indique l'ouverture des glandes à mucus.

système de plis, consistant en une haute et longue crête,
transversale à la direction du corps, et en un grand nombre
de petits plis latéraux, diagonaux ou verticaux par rapport à
la crête principale.

Les yeux, placés sur les côtés de la tête, près de la face dorsale, ont, chez les Requins à peau lisse, outre deux paupières
libres, une membrane clignotante mobile ; immédiatement
derrière les yeux se trouvent des évents presque ronds ;
lorsqu'on y introduit une sonde, on arrive dans l'arrière-
bouche.

On ouvre les Squales par une coupe pratiquée au milieu
du ventre et fendant la peau depuis le cloaque jusqu'à la
mâchoire inférieure. On enlève alors complètement une paroi

latérale de la cavité abdominale (voyez figure 79) ; mais ce n'est qu'après avoir examiné la disposition des branchies qu'on fend latéralement la cavité buccale ; on peut attendre pour cela qu'on ait terminé la préparation du cœur et du tronc des artères branchiales. Si l'on maintient le large

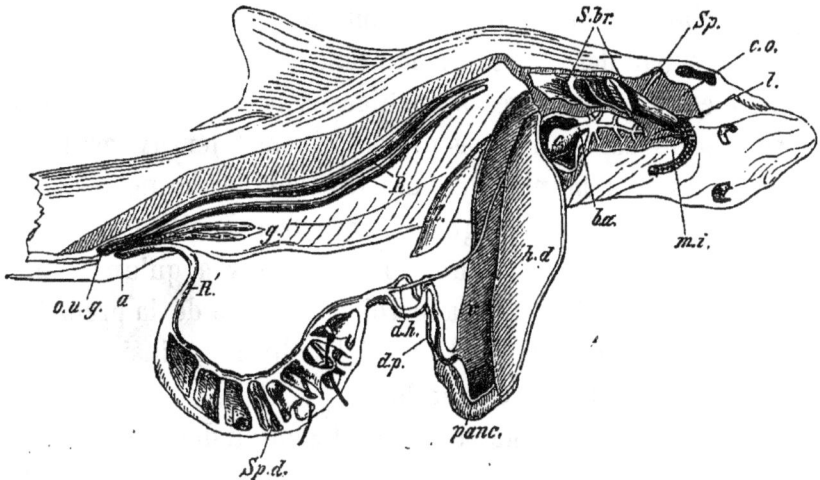

Fig. 79. — *Mustelus vulgaris* jeune ; la paroi droite du corps a été enlevée ; l'intestin et ses glandes annexes sont rejetés de côté ; quart de grandeur nat.

mi, mâchoire inférieure ; *e*, langue ; *co*, cavité buccale ; *Sp*, évent ; *S. br*, sacs branchiaux ; *c*, cœur ; *b.a*, passage du cône artériel dans le tronc artériel branchial commun ; *h.d*, lobe droit du foie ; *l*, rate ; *v*, estomac ; *panc*, pancréas ; *d.p*, canal pancréatique ; *d.h*, canal cholédoque ; *Sp.d*, intestin spiralé ; *R*, rectum ; *a*, son orifice dans le cloaque ; *R*, rein ; *g*, organes génitaux ; *o.u.g*, orifice urogénital.

museau ouvert au moyen d'un morceau de bois, on voit, sans autre préparation préalable, ce qui suit : de petites dents pressées, pointues comme des aiguilles, garnissent en plusieurs rangées successives les mâchoires supérieure et inférieure. Dans le genre *Scyllium*, elles sont grêles, avec une pointe médiane longue et ordinairement une ou deux pointes latérales plus petites. Dans le genre *Mustelus*, elles ont la forme d'une dalle, à bord postérieur dentelé.

La muqueuse de la bouche est assez lisse, un peu plissée en travers dans la première partie. Le rudiment de langue est large, arrondi en avant (voyez figure 76). Cinq fentes allongées percent les parois latérales de la cavité buccale, et conduisent dans des poches branchiales dirigées en diagonale d'avant en arrière. Si l'on ouvre extérieurement la paroi ventrale d'une poche branchiale, on voit que les poches sont limitées par des cloisons membraneuses, qui s'étendent du bord convexe des arcs branchiaux à la face interne de la peau et qui sont soutenues par des rayons latéraux cartilagineux des arcs branchiaux. Les feuillets des branchies sont fixés dans toute leur longueur sur la face de chaque cloison tournée vers le centre de la poche. Il n'y a qu'une seule rangée de feuillets sur la paroi antérieure de la première chambre branchiale, adhérente à l'os hyoïde, ainsi que sur la paroi de la dernière chambre.

L'œsophage est large et court; il conduit dans un estomac spacieux, allongé, à parois épaisses, pourvu d'une courte évagination borgne, en avant de sa partie pylorique, soudainement et fortement rétrécie. Sa muqueuse est soulevée en crêtes longitudinales, hautes et épaisses, mais nullement régulières, interrompues au contraire par des plis obliques et transversaux. Ces crêtes se remarquent surtout dans la partie cardiaque, près des plis nombreux, mais peu profonds, de la muqueuse de l'œsophage. Un duodénum court, à parois minces, décrivant peu de courbes, conduit dans une section considérablement élargie de l'intestin : l'intestin spiralé ou valvaire; celui-ci est à peu près aussi long que l'estomac, et se continue par un rectum court et étroit. Dans la paroi dorsale du rectum débouche un petit corps piriforme, glandulaire, attaché au péritoine. L'orifice du rectum se trouve dans le cloaque, en avant de l'orifice urogénital.

Sauf l'intestin spiralé, le canal digestif est soutenu par
un mésentère (voy. 35).

La valvule de l'intestin spiralé (lequel peut être comparé
à une anse de l'intestin grêle des Vertébrés supérieurs) est
contournée en forme d'hélice, de manière que son bord
fixé à la paroi de l'intestin forme une spirale.

Remarque. Je ne peux pas découvrir dans *Scyllium* la valvule pylorique très proéminente que plusieurs auteurs décrivent. Au microscope et même à l'œil nu on voit sur la muqueuse de l'intestin spiralé un dessin élégant. Le rectum a
des parois minces, entièrement lisses à l'intérieur.

Le foie est brunâtre, quelquefois pigmenté ; il est fixé par
un ligament suspenseur. Il commence derrière le péricarde,
et consiste en un lobe droit, long, et un lobe gauche plus
court, uni au premier par un isthme étroit, et portant encore
(chez *Scyllium*) un petit lobe médian, court, presque triangulaire, dans lequel s'enfonce la vésicule biliaire [1]. Le canal
cholédoque débouche un peu en avant de l'intestin spiralé
(fig. 79), à côté du canal pancréatique, qui est entouré jusqu'à son extrémité par de la substance glanduleuse.

Le pancréas est formé de deux lobes réunis par un pont [2] ;
il se trouve immédiatement derrière l'estomac, tout près
de la rate, qui est simple, longue, un peu lobée (voy. 35 et
40, tab. XXI).

Il n'y a pas de vessie natatoire.

1. Avant de déboucher intérieurement sur une petite papille, elle passe, sur
un certain espace, entre les membranes des intestins, et est pourvue là de plis
abdominaux, qui empêchent le retour de la bile (Stannius).

2. J'ai cité la description du situs de ces organes, littéralement, d'après
Stannius, parce que, contrairement au dessin cité par R. Wagner, elle s'ac-
corde exactement avec le dessin de la fig. 79, fait d'après nature par mon
collègue, le Dr A. von Heider.

Organes urogénitaux (voyez l'appendice).

1. *Organes urinaires*. Les reins sont longs, pairs, placés symétriquement le long de la colonne vertébrale, et recouverts, sur leur face ventrale, par une membrane tendue, partant de cette colonne : ils sont donc séparés de la cavité abdominale. Les extrémités, élargies comme des vessies, des uretères, débouchent dans un court urèthre, dans lequel, chez le mâle, entrent aussi les canaux déférents, et qui s'ouvre dans la paroi dorsale du cloaque, derrière le rectum.

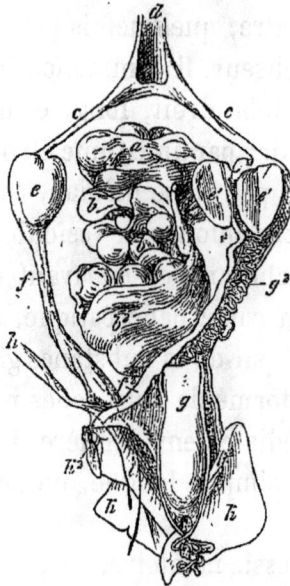

Fig. 80. — Organes génitaux femelles de *Scyllium canicula* (d'après WAGNER).

a, *b*, ovaire ; le revêtement péritonéal est en partie enlevé ; *cc*, oviductes ; *d*, leur orifice abdominal ; *e*, *c'*, glandes de l'oviducte ; celle de gauche, *e'e'*, est incisée ; *f*, utérus droit, avec un œuf mûr et son lacet entortillé ; *g²h*, rectum ; *i*, orifice droit de la glande de l'oviducte ; *k*, nageoire ; *k²*, nageoire coupée.

Dans les espèces dont il est question ici, l'ovaire gauche reste rudimentaire ; l'ovaire droit, bien développé (fig. 80), se trouve suspendu dans un pli du péritoine, entre les oviductes qui sont réunis par leurs extrémités abdominales. L'ori-

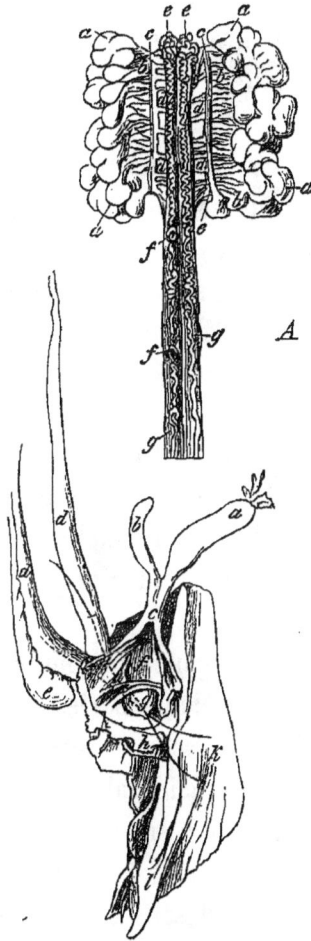

Fig. 81. — Fig. A, Organes reproducteurs mâles de l'*Acanthias vulgaris*.
(D'après WAGNER.)

a, a testicules ; *bb,* canaux séminifères ; *cc,* réseau du testicule ; *dd,* canaux efférents ; *ee,* testicules accessoires ; *ff,* canaux déférents ; *g,* leurs gaines. Figure B. *a,* rectum ; *c,* sa dernière portion ouverte en *f ;b,* cul-de-sac appendiculaire et glanduleux du rectum ; *e,* rein ; *dd,* canaux déférents droit et gauche fortement distendus par les spermatozoïdes; *g,* leur orifice au sommet d'une papille conique saillante; *hh,* repli cutané circulaire; *k,* nageoire abdominale avec les ptérygopodes.

fice infundibuliforme commun des oviductes est fixé au ligament suspenseur du foie. La partie terminale, élargie, de

l'oviducte, ou utérus, commence sous un pli circulaire (35);
elle est lisse à l'intérieur et débouche, avec l'utérus du côté
opposé, derrière les uretères, dans le cloaque. Entre les
membranes de l'oviducte se trouve la glande de l'oviducte
(fig. 80). La muqueuse de l'oviducte est plissée en longueur.

Remarque. Pour ce qui concerne les différents modes de
développement embryonnaire des Squales, on peut consulter
les manuels zoologiques.

Les testicules (fig. 81) sont pairs, le plus souvent petits,
recouverts par le péritoine et situés très en avant, sous le foie.
Leurs canaux efférents se dirigent vers un épididyme médian,
commençant directement sous le diaphragme. Le canal déférent est très contourné; il est couvert d'un fascia fibreux;
il descend le long du bord interne des reins et déverse sa
sécrétion dans l'urèthre, qui fonctionne comme un sinus
urogénital et s'ouvre dans le cloaque, au sommet d'une
papille conique[1].

Remarque. Pour les organes de copulation extérieurs, cartilagineux, pairs, des Sélaciens (les Ptérygopodes), voyez
l'article de Petri dans *Zeitschr. f. wiss. Zool.*, XXX, p. 288.

Le cœur est toujours considérable, il est directement entouré d'un péricarde très résistant; il est situé sur la face
ventrale de l'appareil branchial (le squelette viscéral) et sur
la plaque copulaire. Au-dessus du ventricule, qui est exactement cordiforme et dont la base est en bas, se trouve, du
côté dorsal, l'oreillette arrondie, à parois minces. On trouve
le canal de Cuvier débouchant dans le sinus veineux,

---

1. A mon grand regret, dans le courant de l'été dernier, pendant lequel
presque toutes les figures ont été dessinées, je n'ai pu me procurer des exemplaires adultes des espèces citées. Cette circonstance doit servir d'excuse au
choix fait de figures d'un ouvrage plus ancien, d'autant plus que je n'ai pu
me procurer l'estimable ouvrage de Semper que pendant la correction de cette
feuille. Voyez l'appendice.

enfermé dans une échancrure du dernier arc branchial.

Le ventricule (voyez fig. 82) possède deux valvules membraneuses situées près de l'orifice auriculo-ventriculaire ; sa paroi épaisse et musculeuse se continue en avant dans un compartiment que Gegenbaur a fait connaître exactement ; le cône artériel (B. fig. 82), séparé par trois valvules cupuliformes du bulbe artériel ; derrière celles-ci on trouve, chez *Mustelus* trois, chez *Scyllium* deux valvules disposées en rangées transversales (*Squatina* possède cinq de ces rangées).

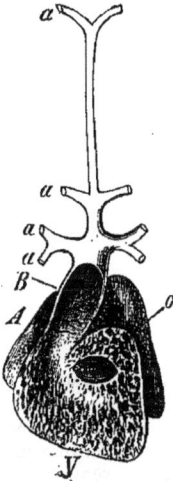

Remarque. La distribution des artères branchiales qui sortent du tronc artériel est variable ; tantôt (chez *Raja*) il sort de chaque côté une artère, qui se divise en trois rameaux ; tantôt il y en a deux de chaque côté, dont la première se divise en deux rameaux (*Squatina*), etc. La continuation médiane du tronc artériel est régulièrement bifurquée à son extrémité. Les artères branchiales pénètrent chaque fois entre deux rangées de feuillets appartenant à des chambres branchiales différentes ; la première branchie de l'os hyoïde possède une artère particulière (35).

Fig. 82. — Cœur de *Squatina vulgaris.*
La paroi antérieure du ventricule et du cône est enlevée, de façon à laisser voir la cavité de ce dernier, ainsi que celle du ventricule et les piliers musculaires de la paroi ; A, oreillette ; B, cône artériel ; 0, orifice auriculo-ventriculaire avec deux valvules ; *a, a, a,* artères branchiales.

Le thymus est lobé, gris, excessivement mou ; il est situé de chaque côté de la ligne médiane, entre les chambres branchiales et les muscles du dos. La glande thyroïde est représentée par une glande arrondie, rougeâtre, assez grande, située derrière la mâchoire inférieure sous l'artère branchiale.

Pour les capsules surrénales, que Semper a bien fait connaître, consultez son ouvrage cité dans l'appendice.

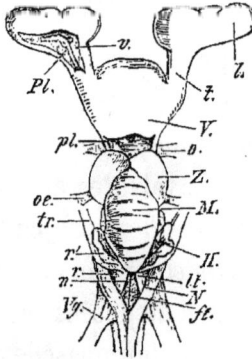

Fig. 83. — Cerveau du *Mustelus lævis* (d'après MICHLUCHO-MACLAY).

Une partie de la paroi supérieure des tractus et des lobes olfactifs est enlevée pour
montrer le plexus, la voûte des pédoncules cérébraux et du cerveau intermédiaire
est enlevée. V, cerveau antérieur (hémisphère cérébral avec son ventricule v); *Pl*,
plexus du cerveau antérieur se prolongeant jusque dans la dilatation des lobes
olfactifs *l*;*t*. tractus olfactif; *pl*, plexus choroïde; 0, nerf optique; Z, cerveau intermédiaire (lobe du troisième ventricule et corps quadrijumeau); *oc*, nerf oculo-
moteur; M, cerveau moyen (cervelet); *tr*, nerf trijumeaux; II, cerveau postérieur;
r, partie supérieure plissée et coupée des corps restiformes, *r*, *lt*, lobes trijumeaux;
N, post-cerveau (moelle allongée) avec son ventricule; *n*, *ft*, funiculi teretes; *vg*,
nerf vague.

Système nerveux central (fig. 63). A la surface du cerveau,
qui est toujours assez volumineux, on trouve de légères
circonvolutions. Les lobes olfactifs sont très grands et séparés des hémisphères par le tractus olfactif en forme de tige;
ensuite on remarque le développement considérable du
cervelet. Les nerfs optiques forment un chiasma dans lequel
se fait un échange partiel de fibres.

Remarque. Pour plus de détails nous devons renvoyer aux
livres spéciaux.

La fig. 83, empruntée à l'excellent ouvrage de Gegenbaur,
« *Grundriss der vergleichenden Anatomie* », peut servir de
modèle pour la préparation des nerfs céphaliques.

Appendice relatif au système urogénital des Sélaciens.

1. S'il y a un utérus masculin, les conduits excréteurs des reins et de la glande de Leydig (partie antérieure des reins) se réunissent sans exception en un canal ou une poche débouchant par une seule ouverture sur une papille-pénis.

2. Chez *Scyllium Canicula* (♀) l'uretère unique débouche dans l'extrémité inférieure du gonflement du conduit de Leydig, dans la vessie urinaire, qui correspond morphologiquement à la vésicule séminale du mâle.

3. Chez *Scyllium Canicula* femelle, l'orifice du conduit séminal est placé à côté de l'utérus masculin sur un tubercule peu élevé ; autour de ce tubercule sont rangées en demi-cercle quatre ouvertures étroites, presque aussi grandes, conduisant directement dans autant d'uretères qui restent ici complètement isolés.

4. Chez *Mustelus* femelle et autres, l'uretère simple, uni au conduit de Leydig, se réunit avec celui du côté opposé en un uretère médian, qui débouche, entre les orifices des oviductes, au sommet d'une papille placée sur la paroi dorsale du cloaque.

5. Chez *Mustelus vulgaris* mâle on trouve, entre les deux orifices simples des conduits séminaux, de chaque côté, 6 à 7 trous très petits mais pourtant très discernables, qui sont les orifices des uretères. A l'exception des trois ou quatre premiers qui se réunissent en un seul, tous les autres uretères débouchent donc ici séparément dans la cavité du pénis.

6. L'acide chromique teint en noir brunâtre les capsules surrénales des Sélaciens, qui sont difficilement discernables sans cela.

Les capsules surrénales se répètent par pai. es dans cha-

que segment, aussi loin que s'étendent les reins et la glande
de Leydig ; quelquefois il en manque une, ou quelques-unes
se confondent, par exemple, les premières, celles qu'on appelle les cœurs auxiliaires. Dans les derniers lobes des reins,
les capsules se transforment en un corps tantôt blanc, tantôt jaune foncé ou jaune vif, situé entre les extrémités des
deux reins, et fixé à la veine caudale simple (cette dernière
partie avait été prise jusqu'à présent pour les capsules surrénales).

Pour plus de détails, voyez C. Semper, *Das Urogenitalsystem der Plagiostomen*, etc., dans *Arbeiten aus dem zoolo-
gisch-zootomischen Institut* in Würzburg, II, p. 195, 509.
1875.

Observation pour la préparation des *Petromyzon* et de l'*Amphioxus*.

En ouvrant la cavité abdominale des *Petromyzon* on doit
tenir compte de la forme toute différente de leur corbeille
branchiale cartilagineuse. On pratique une coupe principale sur la ligne médiane de la face ventrale ; on enlève entièrement la peau jusqu'à la face dorsale de l'animal ; on détache ensuite avec les ciseaux les adhérences de la corbeille
branchiale à la chorde dorsale ; on tire celle-ci de côté avec
précaution et l'on ouvre l'œsophage, qui est maintenant devenu visible, et qui est solidement fixé au canal branchial
commun. On doit ouvrir par sa face dorsale le canal branchial
commun, qui est fermé postérieurement. On peut enlever
sans difficulté le cœur de sa capsule cartilagineuse.

Remarque. Pour tous les autres détails anatomiques nous
renvoyons aux ouvrages cités dans (9). Nous nous bornerons
ici à mentionner ce qui suit : L'intestin n'a pas de circonvolutions ; il est soutenu seulement, dans la partie qui forme
le rectum, par un pli médian court. Le foie est verdâtre,

non lobé ; il enveloppe la première partie de l'intestin et le

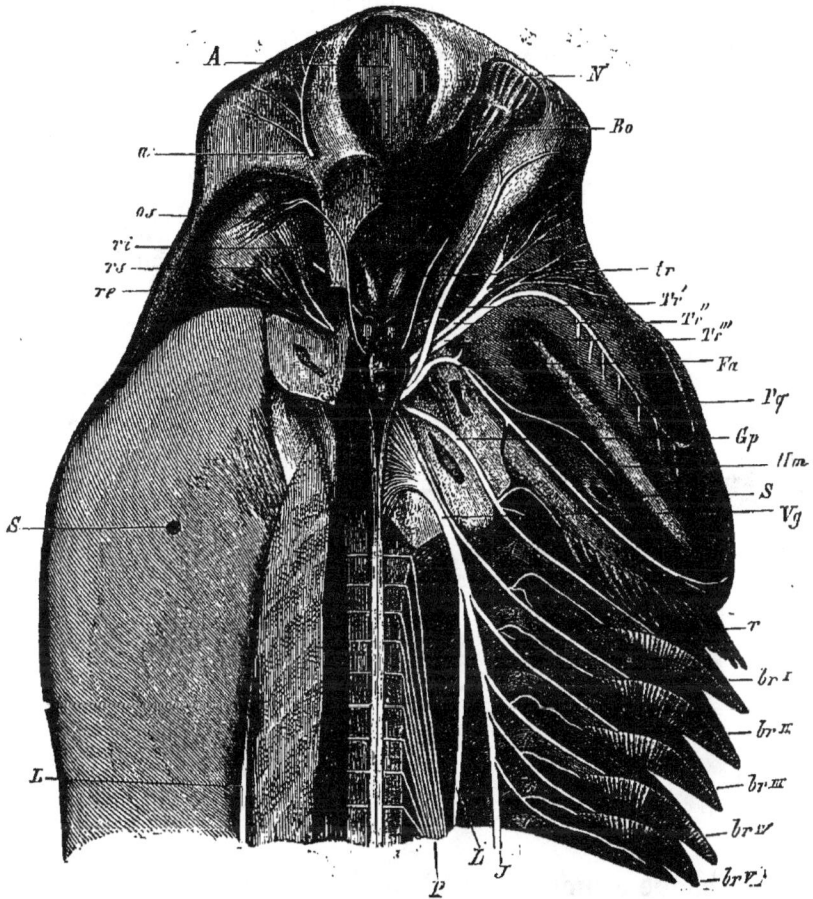

|Fig. 84. — Nerfs céphaliques de l'*Hexanchus griseus*
(d'après Gegenbaur).

La cavité crânienne et le canal rachidien sont ouverts ; l'œil est enlevé ; à gauche la
voûte orbitaire est enlevée ; la région occipitale et labyrinthique du côté droit a été
coupée de façon à découvrir les troncs nerveux. A, sinus crânien antérieur ; N, capsule nasale ; *Bo*, bulbe olfactif ; *Tr'*, premier rameau du trijumeau ; *a*, sa termi-
naison dans la region ethmoïdale ; *Tr''*, deuxième branche ; *Tr'''*, troisième branche ; *tr*, trochléaire ; *Fa*, facial ; *Gp*, glossopharyngien ; *Vg*, vague ; L, rameau
latéral ; J, rameau intestinale ; *os*, muscle oblique supérieur de l'œil ; *ri*, muscle
droit interne ; *re*, muscle droit externe ; *rs*, muscle droit supérieur ; S, évent ; *Pq*,
palatoquadratum ; *m*, hyomandibulaire ; *Hr*, rayons branchiaux ; 1-6, arcs branchiaux ; *brI-brIV*, branchies:

pancréas, qui est gris-blanchâtre ; il est situé très en avant,

sous la capsule cartilagineuse du cœur. Il n'y a pas de vésicule biliaire; on la trouve cependant chez les Ammocètes.

La rate est d'un rouge vif; elle est située entre la capsule
du cœur et la chorde dorsale.

Les feuillets des branchies sont insérés sur la circonférence interne des sept poches branchiales; celles-ci sont séparées par des cloisons membraneuses, entre lesquelles passent les artères correspondantes. Des deux courts canaux

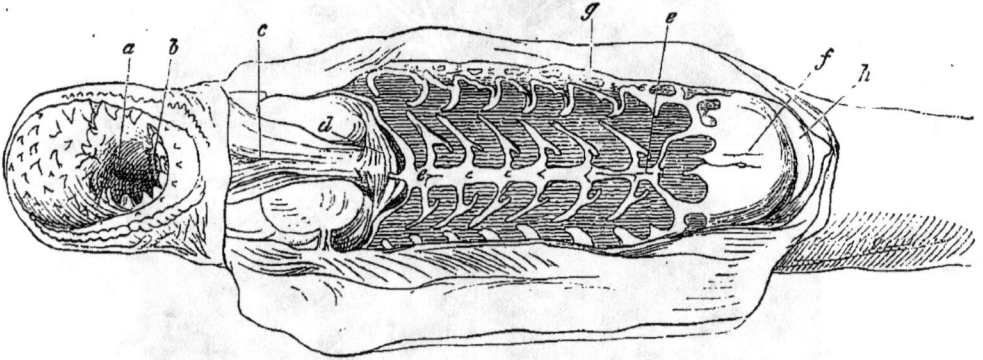

Fig. 85. — Tête et cavité branchiale du *Petromyzon marinus*, vues par la face
ventrale (d'après Carus, Otto et d'Alton).

a, bouche; *b*, langue; *cd*, appareil musculaire hyoïdien; *ee*, cartilage sternal;
f, cartilage capsulaire du cœur; *g*, orifice des sacs branchiaux; *h*, foie.

de chaque chambre branchiale, l'un conduit dans le spiraculum externe l'autre dans le spiraculum interne. L'entrée
du canal branchial commun peut être fermée, du côté du
pharynx, par deux valvules que consolident des plaques cartilagineuses. Il n'y a pas de vessie natatoire.

Le tronc artériel branchial commun est situé en avant du
canal branchial; il donne quatre artères; il se bifurque
plus en avant en deux rameaux desquels naissent trois artères; un rameau antérieur pénètre en outre dans la première rangée de feuillets des branchies. Les veines bran-

chiales se réunissent en un tronc impair, longitudinal, qui se continue en avant comme artère vertébrale impaire et

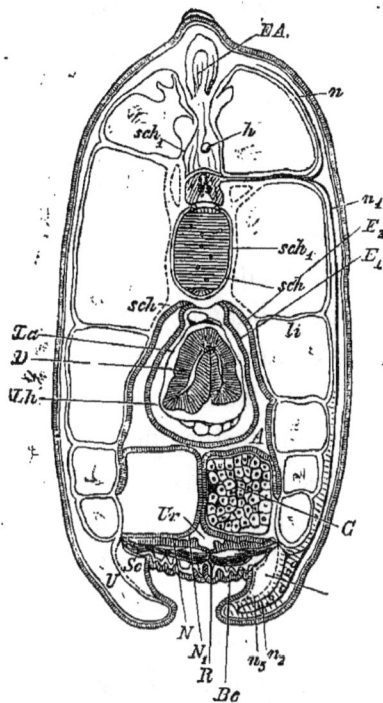

Fig. 86. — Coupe transversale d'un *Amphioxus lanceolatus* pratiquée un peu en avant du pore abdominal, gros. 40 ; fig. à demi schémat. (d'après W. Rolph).

EA, appareil élastique; *h*, canal lymphatique; *sch*, gaîne interne de la corde dorsale; *sch₁* gaîne externe de la corde dorsale avec les neurapophyses et hémapophyses qui naissent de ses lamelles; $n \, n_1 \, n_2 \, n_3$, nerf cutané ; E_1, paroi interne de la cavité branchiale; E_2, paroi externe de la cavité branchiale ; *Li*, ligament intermusculaire ; *A*, cavité branchiale; *La*, enveloppe conjonctive et ses lames branchiales; *D*, muqueuse de l'intestin ; *Lh*, cavité viscérale; *G*, organes génitaux ; *Ur*, portion en forme de canal de la cavité branchiale servant à l'évacuation des produits génitaux; *N*, les soi-disants reins de la musculature abdominale ; N_1, les mêmes, sous les organes génitaux ; *R*, raphé ; *Bc*, canal abdominal ; *Sc*, canal latéral ; *U*, tissu conjonctif sous-cutané.

en arrière comme aorte. La carotide commune naît de la première veine branchiale.

Les reins occupent presque le dernier tiers de la cavité abdominale ; leurs conduits excréteurs sont latéraux et se réunissent en un canal court, qui débouche derrière l'anus, sur une papille urogénitale proéminente (Stannius et autres).

Les ovaires et les testicules sont impairs, suspendus par des fibres à la paroi dorsale. Les produits génitaux tombent dans la cavité abdominale.

Amphioxus lanceolatus.

L'examen extérieur de l'*Amphioxus lanceolatus* se borne, pour nous, aux traits facilement reconnaissables : la disposition des muscles de l'abdomen, de la crête des nageoires dorsale et anale, se continuant dans une nageoire caudale lancéolée, la position ventrale de la bouche qui est ovale, entourée d'un anneau cartilagineux, etc. La dissection du petit animal, fixé avec des épingles, doit se faire sous l'eau, dans un plat ayant au fond une couche de cire. On peut utilement se servir de la loupe montée de Brücke pour la préparation, qui est assez délicate. Pour étudier en détail la structure de l'*Amphioxus*, il est indispensable de faire des séries de coupes, surtout des coupes transversales (fig. 86) sur des exemplaires durcis dans l'alcool. Rolph [1] recommande de disposer l'animal sur un morceau de moelle de sureau, de le colorer avec du carmin de Beale, et de faire, par la fente buccale, une injection d'une matière durcissante, pour faciliter la confection des coupes. L'organisation générale de l'*Amphioxus* est décrite très clairement dans (9), où sont cités les ouvrages les plus remarquables qui s'en occupent.

1. W. ROLPH, *Untersuchungen über den Bau des A phioxus lanceolatus.* Leipzig, W. Engelmann, 1876.

CHAPITRE VIII

MOLLUSQUES

A. Céphalopodes

Représentant : *Sepia officinalis*

Pour nous orienter, nous nous représentons l'animal étendu sur une planchette; la région buccale, qui se trouve au centre du cercle des bras, nous indique le pôle antérieur, l'extrémité opposée du tronc, en forme de poche, répond au pôle postérieur; sur le ventre se trouve la fente transversale qui donne entrée dans la cavité du manteau; sur le dos, la partie du manteau qui renferme l'os sépial est ordinairement de couleur foncée.

Examinons d'abord les particularités extérieures de ce Décapode. Le corps est ovale, un peu aplati; il est muni, à sa périphérie, d'un bord long et mince qui sert de nageoire, et qui, au niveau du pôle postérieur, est divisé par une échancrure.

Parmi les dix bras, il y en a deux dont la longueur dépasse beaucoup celle des autres : ce sont les deux *tentacules;* les huit autres bras sont courts; la base du quatrième est élargie à gauche et se distingue par le développement d'un réseau de plis cutanés réguliers remplaçant plusieurs

ventouses ; cette base est *hectocotylisée*. Il existe un amin-
cissement en forme de col entre le tronc et la partie antérieure du corps, sur les côtés de laquelle, un peu plus vers
le dos, se trouvent deux grands yeux, dont la cornée est
percée par une étroite ouverture ; il est facile de voir au-
dessus des yeux un pli formant paupière.

Tandis que les huit bras courts sont disposés en cercle
autour de l'orifice buccal, les deux bras longs naissent entre les bras inférieurs[1], au fond d'un sac, situé de chaque
côté sous l'œil, et dans lequel ils peuvent être rentrés. Les
bases des bras sont reliées par une membrane du genre de
celle des palmipèdes.

Les ventouses sont sémi-sphériques, pourvues d'un cercle
corné, assez pressées sur la face interne élargie des huit
bras courts et disposées sur trois ou quatre rangées ; elles
sont portées par de courts pédoncules, et ordinairement
d'égale grandeur ($1\frac{1}{2}$-2 millimètres de diamètre), jusqu'aux $\frac{2}{3}$
de la longueur du bras ; elles deviennent tout à coup plus
petites sur le dernier tiers, et sont à peine reconnaissables
à l'œil nu au niveau de l'extrémité du bras. Les tentacules sont lisses et cylindriques ; ils n'ont pas de ventouses
sur environ les $\frac{4}{5}$ de leur longueur, mais en possèdent un
nombre considérable, parmi lesquels 4-5 très grands, sur
la dernière partie qui est aplatie[2].

1. En adoptant la nomenclature de Keferstein, on donne à la face qui est supérieure lorsque la Seiche nage le nom de face dorsale, et à la face opposée celui de face ventrale ; les cinq paires de bras prennent les noms de : Bras
dorsaux ou supérieurs et bras ventraux ou inférieurs : *Brachii laterales superiores et inferiores*, et *Brachii tentaculares*, ou bien de 1re, 2e, 3e, 4e paires de bras ordinaires, en commençant toujours à compter sur le dos.

2. Les plus grandes ventouses ont, sur des sujets dont le tronc a environ
14 centimètres de longueur, 7 à 8 millimètres de diamètre. Qu'on coupe une
de ces ventouses avec un couteau bien affilé et mince : au fond se trouve une
pelote de muscles longitudinaux qui, en se contractant, font que la cavité de
la ventouse s'agrandit et qu'en même temps son bord corné s'attache.

Pour mettre à nu le sac viscéral, fixé au fond de la cavité
du manteau, on enlève la partie ventrale du manteau, à
l'aide d'une coupe pratiquée à environ 1 centimètre de la
rangée de nageoires ; arrivé à l'extrémité du tronc on doit
faire attention à la poche du noir, qui est très délicate et se
présente immédiatement. Son contenu peut teindre en noir
la préparation et l'eau de la cuvette dans laquelle on travaille, de la manière la plus complète et la plus désagréable.

La fig. 87 sert à faire connaître la disposition des organes.

Dès qu'on a enlevé la paroi ventrale, on voit, dans la partie
postérieure du sac viscéral, la grande poche du noir, presque en forme de cœur, avec la base dirigée en arrière et la
pointe en avant ; son canal long et large débouche dans le
rectum. L'orifice de ce dernier, ou anus, est placé sur la
ligne médiane ; il peut être fermé par quatre lobes, dont
deux latéraux, plus longs et plus étroits que ceux du milieu
qui sont arrondis.

A côté et au-dessous de l'anus débouchent deux petits
tubes papillaires, cylindriques, ayant environ 1 centimètre
de longueur ; ce sont les uretères ; à gauche [1], entre les
branchies et l'uretère, la glande génitale débouche par un
tube analogue, qui est désigné sous le nom de pénis.

A droite et à gauche, de chaque côté, se trouvent les branchies (fig. 70) presque coniques, attachées à la face intérieure
du manteau ; leur face libre (tournée vers le ventre, non
vers le dos) porte les veines branchiales.

En avant, se trouve le spacieux entonnoir. Si l'on coupe
sa paroi ventrale au niveau de la ligne médiane, on voit, en

---

1. Le côté gauche ne peut pas être douteux après l'explication donnée au
commencement, si on se rappelle que la face antérieure (ou supérieure) est
la face dorsale du manteau.

avant de l'embouchure de sa dernière partie qui est conique, une grande valvule arrondie (l'organe linguiforme)
naissant de sa paroi dorsale. Des deux côtés de la paroi ven-

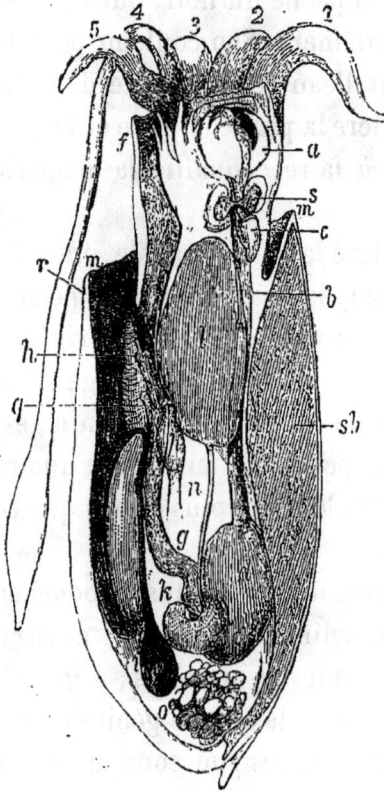

Fig. 87. — Coupe longitudinale diagrammatique d'une Sépia femelle, d'après
HUXLEY.

a, masse buccale entourée par les lèvres avec les mâchoires cornées et la langue ;
b, œsophage ; c, glande salivaire ; d, estomac ; e, cul-de-sac pylorique ; g, intestin
grêle ; h, anus ; i, poche du noir ; k, place du cœur ; l, foie ; n, le canal hépatique
du côté gauche ; o, ovaire ; p, oviducte ; q, l'une des ouvertures par lesquelles les
chambres à eaux sont mises en communication avec l'extérieur ; r, l'une des branchies ; s, masse ganglionnaire principale disposée autour de l'œsophage ; f, entonnoir ; m, manteau ; sh, la coquille interne ou os dermique ; 1, 2, 3, 4, 5, bras.

trale de l'entonnoir, on aperçoit deux enfoncements ovales
qui sont destinés à recevoir deux protubérances situées au

bord du manteau et destinées à en former la fermeture[1].

L'examen des viscères, qui doit nécessairement être fait sous l'eau, n'est nullement difficile, on n'a qu'à faire attention en isolant les parties qui sont fixées par du tissu conjonctif. En ouvrant et en enlevant la partie libre du péritoine, ce qu'on peut faire avec des ciseaux, on doit s'occuper de la préparation des conduits excréteurs nommés plus haut. Pour le reste on ne doit travailler qu'avec des pinces et des pressions délicates exercées avec le doigt ; qu'on ne se serve d'instruments tranchants que lorsqu'on est sûr de ne pas endommager les parties sous-jacentes.

Si la sépia s'est répandue, il est bon d'enlever entièrement la poche du noir et de nettoyer la préparation à l'aide d'un jet d'eau et en changeant souvent l'eau du bain.

L'éloignement de la partie ventrale du péritoine met en partie à nu l'estomac. Ce dernier est arrondi, en forme de poche ; il est situé à droite de la poche du noir. Au-dessus, se voient les appendices, agglomérés en grappes, des veines du côté droit ; les reins, qui sont contenus dans une fine membrane, débouchent à l'endroit indiqué ; chez la femelle nous trouvons les glandes nidamenteuses en forme de courges, avec leurs conduits d'émission placés obliquement par rapport à la ligne médiane, et l'ovaire placé au-dessus d'elles.

Pour étudier le canal digestif et ses glandes, nous enlevons la partie du manteau qui forme la paroi dorsale de l'entonnoir (la paroi ventrale a déjà été coupée), et nous y trouvons, solidement attaché, le foie, d'un brun jaunâtre et recouvert d'une mince membrane ; chacun de ses deux lobes allongés, commençant dans la partie du cou, et s'étendant jusque

---

1. La membrane interne du manteau recouvre les branchies, qui sont en outre maintennes par deux muscles, dont l'un longe l'artère, et l'autre la veine branchiale (5).

sous les cœurs branchiaux, est aminci à ses deux extrémités ;
les extrémités postérieures s'éloignent l'une de l'autre, en
formant un angle ouvert en arrière ; les parties antérieures
s'unissent par leurs faces médianes et recouvrent ainsi l'œsophage droit et peu étendu qui passe entre les deux lobes.
Les deux conduits hépatiques sortent des moitiés inférieures
de la face médiane du foie et se réunissent avant d'entrer
dans le pylore.

On désigne habituellement sous le nom de *pancréas* de
petits lobes glandulaires, ramifiés, d'un blanc jaunâtre, fixés
aux conduits hépatiques (fig. 90) ; ils sont très développés
chez la Sépia.

Pour examiner les parties nommées en dernier lieu, on
enlève la poche du noir et on rejette vers le haut les appendices, des veines ainsi que les cœurs branchiaux.

De l'extrémité antérieure de l'estomac, près de l'œsophage,
sort un tube court, qui s'élargit aussitôt pour former la poche
borgne du pylore spacieux et à parois minces, et se continue
ensuite dans un intestin court, de grosseur assez égale, qui,
après avoir décrit une petite circonvolution, monte droit
vers l'anus.

On doit faire attention au grand ganglion splanchnique ;
il est situé sur le côté du ventre, au niveau du bord antérieur
de l'estomac.

Nous allons maintenant examiner l'appareil génital et le
système vasculaire, laissant pour la fin la préparation de
tous les organes placés au pôle céphalique.

Appareil génital. — Parmi les organes génitaux femelles,
nous avons déjà mentionné : la place de l'ovaire, enveloppé
d'un repli péritonéal, et situé dans la partie postérieure du
sac viscéral ; selon que l'ovaire est plus ou moins développé,
il repousse plus ou moins les organes voisins ; souvent on ne

trouve qu'une poche peu considérable à la face interne de laquelle l'ovaire est fixé en partie, avec les œufs encore petits et blanchâtres, ayant l'apparence de petits globes fins et déliés.

Les deux *glandes nidamenteuses* ont chacune une cavité

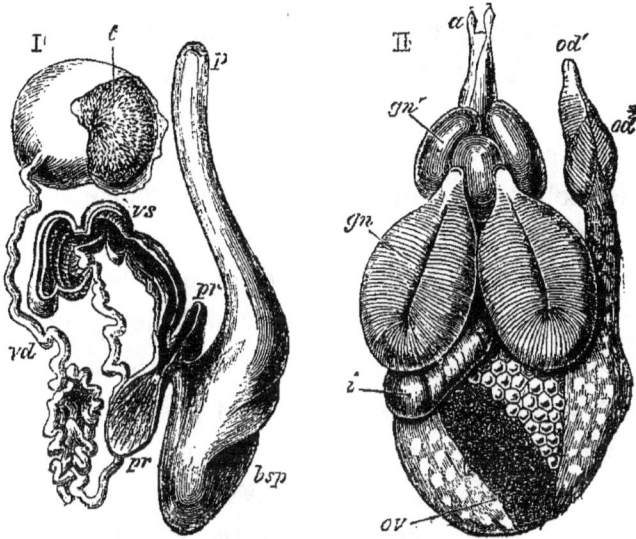

Fig. 88. — *Sepia officinalis*. I. Organes mâles, d'après Duvernois.

t, testicule ; *vd*, canal déférent; *vs*, vésicule séminale ; *pr*, prostate; *bsp*, poche des spermatophores ; *p*, pénis avec son orifice génital.

II. Organes femelles, d'après Milne-Edwards.

a, anus ; *i*, intestin grêle ; *ov*, ovaire (sa capsule est en partie enlevée) ; *od'*, orifice de l'oviducte ; *od*, glande de l'oviducte ; *gn'*, glandes nidamenteuses; *gn*, glandes nidamenteuses accessoires.

centrale, dans laquelle font saillie un grand nombre de glandes fixées aux parois; on peut facilement constater cet arrangement sur des coupes faites avec un scalpel ou avec des ciseaux. Ces glandes, ainsi que la *glande nidamenteuse accessoire*, formée de canaux entrelacés, placée devant elles et divisée en trois lobes, sécrètent un liquide visqueux, destiné à former la capsule des œufs. En avant de l'orifice de l'oviducte on trouve une glande foliacée (fig. 88).

Le testicule occupe une place correspondante à celle de l'ovaire; il est également enveloppé dans un repli péritonéal, auquel il est fixé d'un côté (fig. 88). Il représente, avec les formes que prend son conduit d'émission, une masse allongée, pelotonnée, consistant en utricules cylindriques ramifiés, dont le produit de sécrétion, lorsqu'ils crèvent, arrive dans la capsule et passe par un *canal déférent* à contours multiples, dans une partie considérablement plus large, la *vésicule séminale* (*v. s.*), pourvue chez la Sépia et chez le Loligo (Keferstein) d'une poche courte et borgne. Deux *glandes prostatiques* débouchent dans la dernière partie de la vésicule séminale, qui s'ouvre elle-même dans la poche spacieuse des spermatophores. Celle-ci débouche à l'extrémité d'une papille cylindrique (Pénis).

Système vasculaire (fig. 89). — Entre les appendices déjà mentionnés des veines se trouve le cœur[1]; c'est une poche musculeuse, ondulée, dirigée d'avant en arrière, et dans laquelle débouchent deux *artères* (*v. v.*) Le tronc artériel antérieur, passant derrière l'œsophage, est nommé *aorte céphalique;* il se divise, au-dessus des glandes salivaires, dont nous devons encore parler (derrière le cartilage céphalique), en deux branches qui se dirigent vers les bases des bras. Dans son parcours, l'aorte céphalique donne des branches au manteau, au foie, aux glandes salivaires et à l'entonnoir. L'*aorte abdominale*, dirigée en arrière, envoie des rameaux au manteau et aux nageoires. Un troisième tronc,

---

1. Pour injecter le système vasculaire il suffit de mettre à découvert le cœur et d'y pousser l'injection. On peut également injecter tous les vaisseaux soit par les artères, soit par les veines des tentacules. Pour cela il suffit de couper transversalement un tentacule. Les vaisseaux deviennent visibles et l'on pousse l'injection dans la portion basilaire des troncs vasculaires (TRAD).

naissant de la face postérieure du cœur, est l'*artère géni-tale.*

Au niveau de l'orifice de l'oreillette, ainsi qu'à la nais-sance des troncs artériels, se trouve une valvule en forme de demi-lune (Keferstein). Les appendices spongieux des

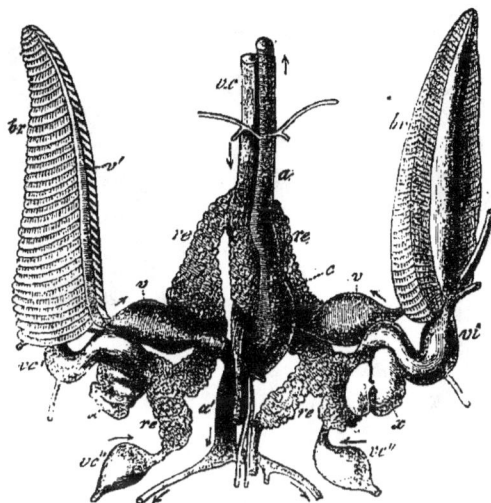

Fig. 89. — *Sepia officinalis.* Organes centraux du système vasculaire et bran-chies, d'après HUNTER.

c, cœur ; *a,* aorte céphalique ; *a,* aorte abdominale ; *v,* oreillettes et leurs dilata-tions ; *v',* veines branchiales ; *vc,* veine cave antérieure ; *vc'',* veines caves posté-rieure ; *vi,vc',* artères branchiales et branches de troncs veineux ; *rc,* corps caverneux des troncs veineux (organes urinaires) ; *x,* leurs appendices ; *br,* branchies.

veines, énormément developpés chez la Sepia, sont des éva-ginations de la paroi vasculaire, commençant par de petits orifices et s'élargissant en cavités irrégulières et très-bos-selées. Leur couche extérieure de cellules contient des con-crétions d'un violet jaunâtre, dans lesquelles on trouve de l'acide urique. Nous avons déjà parlé plus haut des orifices des deux poches urinaires à mince membrane, qui enve-loppent ces appendices. Il est très curieux que dans ladite sécrétion se trouvent presque constamment des Dicyémidés,

que van Beneden a fait connaître exactement (*Recherches sur
les Dicyémidés*, etc., in *Bulletin de l'Académie royale de
Belgique*, 1876). L'espèce qui vit dans la *Sepia officinalis* a
été nommée par van Beneden *Dicyemida Köllikeriana*.

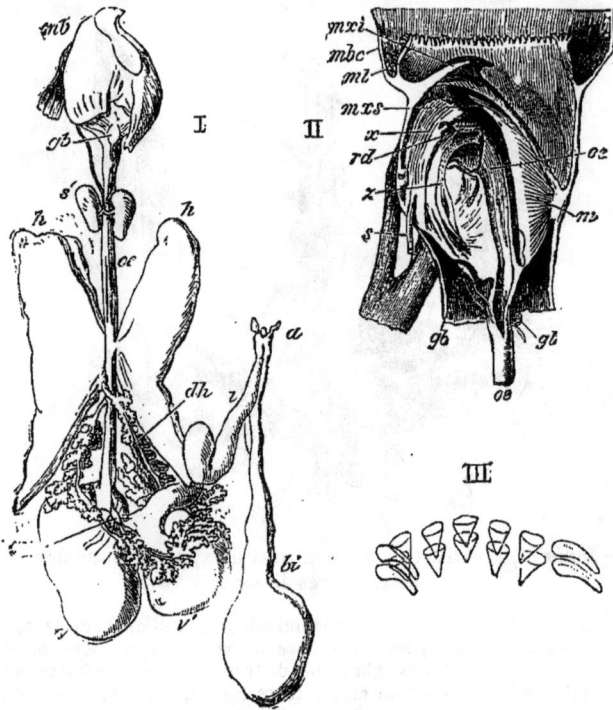

Fig. 90. — *Sepia officinalis*, d'après Keferstein.

I. Canal intestinal avec la poche du noir ; *bi, mb*, masse buccale ; *gb*, ganglion buccal inférieur ; *s'*, glandes salivaires postérieures ; *œ*, œsophage ; *h*, foie ; *dh*, canal
hépatique ; *v*, estomac ; *v'*, cul-de-sac pylorique ; *i*, intestin grêle ; *a*, anus ; *gsp*, ganglion splanchnique situé sur l'estomac.

II. Coupe longitudinale médiane à travers la masse buccale ; *mxi*, mâchoire inférieure ; *mxs*, mâchoire supérieure ; *mbc*, membrane buccale : *ml*, membrane labiale ; *x*, organe du goût ; *rd*, radula ; *z*, gaîne de la radula ; *s*. glandes salivaires ;
gl, ganglion buccal supérieur ; *gb*, ganglion buccal inférieur ; *œ*, œsophage.

III. Une rangée transversale de dents de la radula, d'après Troschel.

Les troncs centraux des veines sont représentés dans la
fig. 89.

La *veine cave antérieure* naît du *Sinus annulaire* situé

dans la tête, lequel, outre de plus petits rameaux, absorbe les *veines brachiales* ; elle se divise en deux artères branchiales, qui, réunies aux veines caves postérieures, débouchent dans ce qu'on appelle les *cœurs branchiaux, v i, v c'*.

Pour pouvoir représenter l'organe buccal réuni à l'œsophage, on est obligé de fendre le cartilage céphalique, soit sur le dos, soit sur la face ventrale ; les fig. 87, 90 et 91 peuvent servir à s'orienter pendant la préparation. Dans la fig. 90 I, nous voyons la masse buccale enlévée de la membrane buccale (*m b c*) qui la fixe au-dessus du cartilage céphalique ; la membrane labiale, qui peut être considérée comme une duplicature de celle-ci, est aussi enlevée. Avant de partager la masse buccale en deux moitiés par une coupe verticale, comme dans la figure 90 II, on doit préparer les deux *glandes salivaires* ; elles sont placées de chaque côté de l'œsophage, recouvertes par le foie au-dessous du cartilage céphalique (chez *Loligo* et *Sepia* il n'y a que la paire ventrale ou postérieure de glandes salivaires qui soit développée, (voyez Keferstein (3) ; leur canal commun traverse la masse buccale sur la face ventrale et débouche sur le dos, au-dessus de la radula.

Système nerveux. — Ce qu'on appelle l'anneau œsophagien (fig. 91) est situé dans le cartilage céphalique ; sur la face dorsale de l'œsophage se trouve le *ganglion cérébral* ; au-dessus et réuni avec celui-ci par deux nerfs, le *ganglion buccal supérieur* ; du ganglion cérébral sortent latéralement les volumineux *nerfs optiques*, qui se renflent chacun en un ganglion optique.

Entre le ganglion buccal supérieur et le ganglion ventral ou buccal inférieur, il existe deux commissures qui enserrent l'œsophage. Le *ganglion pédieux* (N'), situé aussi sur

la face ventrale, fournit des rameaux aux bras et à l'entonnoir et donne naissance aux *nerfs auditifs*.

Le ganglion viscéral (N'') émet deux gros nerfs qui forment les grands *ganglions étoilés*, situés à l'intérieur de la
paroi dorsale (antérieure) du manteau, puis un faisceau
médian qui longe la veine cave, se divise bientôt et se
rend principalement aux branchies et aux organes génitaux. Le grand ganglion splanchnique, situé sur l'estomac,
fig. 90) est formé par un nerf récurrent partant du ganglion
buccal inférieur.

Lorsqu'on a examiné les parties les plus importantes de

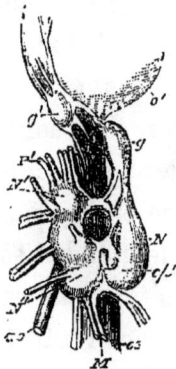

Fig. 91. — Collier œsophagien nerveux du *Sepia officinalis*, d'après Garner.

N, ganglion cérébral; N', ganglion pédieux; N'', ganglion viscéral, pariéto-splanchnique; *av*, aorte; *œ*, œsophage; *o'*, masse buccale; *g*. [ganglion buccal supérieur;
g', ganglion buccal inférieur; *M*, nerfs palléaux; *op*, nerf optique.

l'anneau œsophagien, on peut couper la masse buccale, ce
qui n'offre pas de difficultés; si l'on n'a encore jamais vu
les mâchoires en forme de bec de perroquet, on peut commencer par les détacher; elles obéissent à la pression du
doigt; ou bien on ne fait pas une coupe verticale, mais on
fend la masse buccale en passant à côté de la mâchoire inférieure (la plus grande, la plus saillante, placée du côté du

ventre) , tout près de ses ailes latérales cornées ; on éloigne
ensuite les deux mâchoires, sous lesquelles se trouvent des
muscles appropriés qui permettent de s'orienter. Alors
on voit sur la ligne médiane, et complètement isolées, les
larges plaques musculaires qui montent en ligne droite, forment la langue par leur réunion, et portent les radulas sur
leur face antérieure. Pour l'organe du goût (?), lobé et pa-
pillaire, voyez figure 90.

Les organes de l'ouïe se trouvent près de la ligne médiane,
sur la face ventrale, renfermés dans les labyrinthes du cartilage céphalique, garnis de renflements en forme de bou-
tons (3) ; ordinairement ils sont déjà mis à nu par la préparation déjà décrite de la masse buccale. Du côté du dos, le
nerf auditif entre dans la poche membraneuse, ovale, de
l'ouïe (labyrinthe membraneux); celle-ci renferme un otoli-
the bosselé.

Pour le but qui nous occupe, il n'y a rien à dire de la
préparation des yeux.

Pour leur structure, voyez : V. HENSEN, *Ueber das Auge
einiger Cephalopoden*, in *Zeitschr. f. wiss. Zoologie*, V,
p. 155 (Tabl. XII-XXI); (3) III, livr. 2, p. 1374 ; et une excellente et courte description dans (9) et (14).

Finalement on peut mettre à nu l'os sépial, en enlevant
latéralement la membrane dorsale ; il est enfermé dans une
poche fermée du manteau, bordée en avant, du côté ventral,
par le cartilage dorsal en forme de lune, et sur les côtés
par ses branches postérieures (3).

B. Céphalophores.

Représentant : *Helix pomatia.*

Pour les préparations zootomiques, les Céphalophores

frais, c'est-à-dire tués rapidement, ne sont pas recommandables, à cause de leur abondante sécrétion visqueuse. Dans
l'alcool ces animaux se contractent trop. On noie donc ordinairement les Céphalophores pulmonés dans un vase complètement rempli d'eau et bien fermé par un couvercle;
après vingt-quatre à trente-six heures les animaux sont
morts et absolument étendus; alors on les met dans de l'eau
contenant environ 50 pour 100 d'alcool. On tue les Céphalophores qui respirent par des branchies dans une solution
de Mülle faible, ou dans une solution également très étendue
de bichromate de potassium qu'on remplace aussi par de
l'alcool lorsque l'animal est mort.

Pendant les grandes chaleurs, on doit, dans le premier
cas, ajouter un peu d'alcool au bain d'eau[1].

On fait bien d'enlever la coquille avant que les animaux
soient durcis par l'action de l'alcool; on se sert de ciseaux
à lames étroites ou de ciseaux-pinces. L'opération nécessaire
pour enlever l'animal de sa coquille est très simple; elle
varie naturellement d'après la forme de celle-ci. On introduit
la lame sous le bord dorsal, et on coupe en suivant constamment la coquille la plus grande périphérie des tours;
ceci fait, il s'agit simplement de faire attention à ne pas
déchirer l'animal en l'ôtant de sa coquille.

Avant de nous occuper de la dissection de l'animal, nous
devons reconnaître les différentes régions du corps et les
principales indications extérieures des organes.

Le genre *Helix* (famille des : *Helicidæ*, sous-ordre des
Pulmonata stylommatophora[2]) compte beaucoup d'espèces
et se distingue par une coquille spiralée très développée,
servant à loger l'animal entier; il n'y a pas d'opercule pour

---

[1] Recommandé aussi par Martin.
[2] *Nephropneusta* d'Ihering.

fermer la coquille, mais en hiver, et aussi dans les très grandes chaleurs, il est remplacé par un épiphragme calcaire (3). Quatre tentacules rétractiles, creux, sont formés par l'évagination de la peau ; les deux postérieurs portent les yeux (fig. 74). Le pied est grand, allongé et muni, au niveau de son union avec le corps, de ce qu'on appelle « la racine

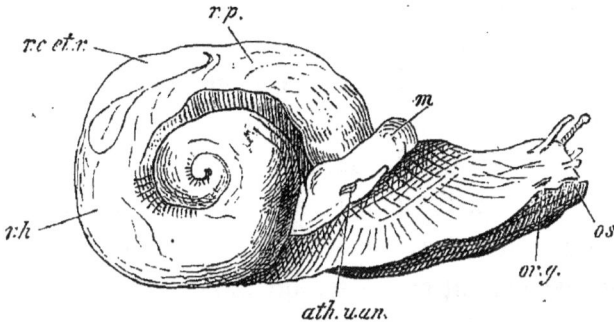

Fig. 92. — *Hélis pomatia* vu par le côté droit ; la coquille a été enlevée. Grand. nat.

os, bouche ; *or. g*, orifice génital ; *ath. u. an*, orifice pulmonaire et anus ; *rp*, poumon ; *r. c. et r*, cœur et reins ; *r. h*, foie ; *m*, manteau dorsal.

du pied ». A droite, derrière l'orifice buccal (*os*), nous trouvons l'orifice génital ; du même côté se trouve, sous le bord du manteau (*m*), l'ouverture des organes respiratoires, désignée dans la figure 92 par *ath. u. an.*, ainsi que l'orifice postérieur du canal intestinal : l'anus. Le poumon, *r. p.*, est placé plus près du dos, c'est-à-dire contre la paroi de la cavité du manteau, à droite. En arrière, se trouvent le cœur, les reins *rc* et *r*, et le foie *rh*, qui est volumineux et roulé en spirale, avec la glande hermaphrodite et plusieurs circonvolutions de l'intestin ; il occupe ainsi presque exclusivement les derniers tours de la coquille.

Si l'on se représente bien ces dispositions, on ne sera pas embarrassé pour diriger les coupes de manière à mettre convenablement à nu les organes énumérés. Je recom-

mande, afin d'obtenir une vue d'ensemble des viscères, de
fendre la peau dorsale par une coupe longitudinale, d'en
enlever les lambeaux tout près du pied, après les avoir rabattus latéralement, d'ouvrir ensuite la cavité du manteau,
immédiatement derrière le bord du manteau à gauche, et
de ramener cette partie du manteau à droite. Il reste alors
à dérouler prudemment l'extrémité du corps; on continue
la première coupe dorsale en fendant avec de fins ciseaux,
jusqu'à la pointe de la spirale, dont on suit les tours, la
peau tendre, soulevée avec une petite pince.

Après avoir enlevé la paroi dorsale, nous rencontrons,
outre le pharynx, l'œsophage et une partie de l'estomac antérieur ou cardia, les dernières parties des organes génitaux
qui sont lâchement enroulés. Un muscle pair très considérable (*Muscle columellaire*) naissant de la musculature du
pied par beaucoup de racines, derrière la masse buccale,
traverse la paroi du corps et s'insère à la columelle de la
coquille; il fait rentrer le corps mou du limaçon dans sa
demeure; les muscles rétracteurs des tentacules, les muscles rétracteurs de la masse buccale et quelques petits
muscles reliant les viscères entre eux et à la paroi du corps,
doivent être considérés comme des rameaux du muscle
columellaire (Keferstein). Si l'on n'a pas encore fendu la
paroi du corps sous la cavité du manteau, il faut le faire
à ce moment. On découvre alors le *Proventricule*, avec les
glandes salivaires blanchâtres, grandes, lobées, qui lui sont
superposées; à droite le canal déférent, ainsi que la partie
du canal d'émission désignée sous le nom d'*Utérus*; ensuite
les circonvolutions de la *glande albumineuse*, du *réceptacle
séminal*, etc. Sous l'eau, nous isolons facilement toutes ces
parties qui sont réunies par de molles attaches, et dont nous
avons encore à parler.

Canal digestif. — L'entrée de la cavité buccale est bordée de lèvres annulaires, derrière lesquelles est placée, du côté du dos, une mâchoire transversale, en forme de demi-lune, pourvue de petites crêtes longitudinales et ayant sa partie convexe tournée en avant.

La cavité buccale, dans laquelle l'œsophage s'ouvre du côté dorsal, est à peu près remplie par une langue volumineuse.

Pour bien voir celle-ci, ainsi que la radula et le cartilage placé en dessous, nous fendons la masse buccale par une coupe médiane dorsale, en évitant de faire cette coupe trop profonde.

Les mâchoires doivent être considérées comme des formations cuticulaires de l'épithélium de la cavité buccale. La langue naît sur la face inférieure de la cavité ; elle est pourvue d'un grand cartilage, acétabuliforme par derrière, s'aplatissant sur les côtés et du côté du ventre, se divisant symétriquement en quatre lanières et se réunissant aux muscles inférieurs et latéraux de la cavité buccale (3).

La mince peau de la langue recouvre ce cartilage, porte la radula et se continue dans la gaîne linguale en forme de papille, qui se dirige en arrière et du côté du ventre.

Outre la coupe médiane dont nous venons de parler, il est très instructif de faire une série de coupes transversales, parallèles, dans une masse buccale durcie ; on doit se servir d'un couteau aussi mince que possible, pour qu'il n'agisse pas comme un coin massif, ainsi que le font la plupart des rasoirs ordinaires. Si l'on fait en avant du cartilage lingual une coupe frontale, passant par la partie antérieure d'une *Helix*, on obtient une vue excellente de la disposition des organes : la masse buccale, les petits tentacules sur les côtés, les grands sur le dos, à droite l'atrium génital. On dé-

tache avec précaution la radula et la plaque de la mâchoire,
on les débarrasse des parties molles qui y restent attachées,
en les faisant bouillir dans une solution de potasse, on les

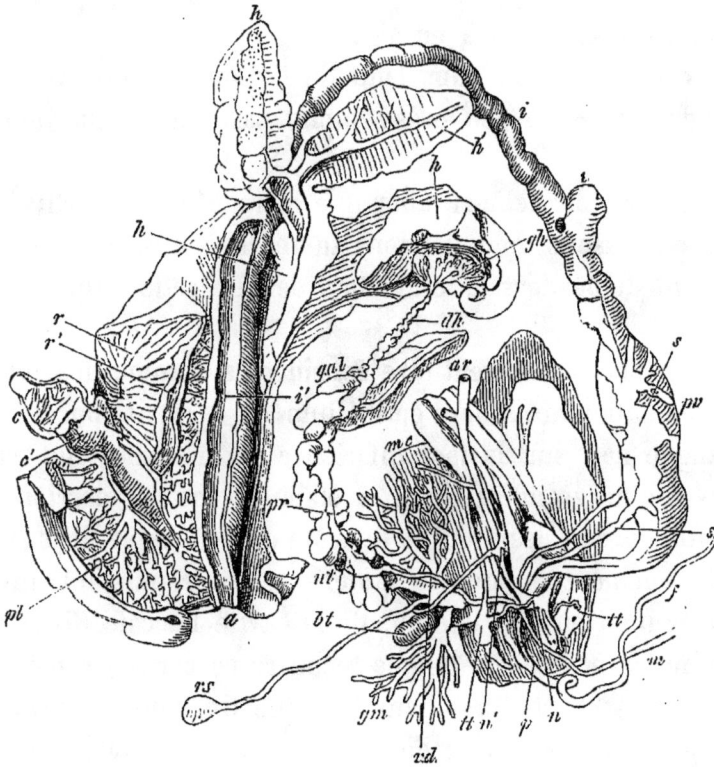

Fig. 93. — Anatomie de l'*Helix pomatia*, d'après Cuvier.

Le côté gauche de la cavité du manteau a été coupé, le manteau a été rabattu à
droite, la cavité du corps a été ouverte, et tous les organes étalés.
c, chambre cardiaque ; *c'*, l'oreillette a été coupée ; *pl*, poumon ; *a*, anus ; *r*, rein ;
r', uretère, *i'*, rectum ; *h, h, h', h'*, foie ; *i*, intestin ; *v* et *pv*, estomac ; *s, s*, glande
salivaire et canal sécréteur ; *n*, ganglion buccal supérieur ; *n'*, ganglion buccal
inférieur ; *tt, tt*, tentacules ; *mc*, muscle columellaire ; *ar*, artère céphalico-pé-
dieuse ; *gh*, glande hermaphrodite et son canal ; *gal*, glande de l'albumen ; *pt*,
prostate ; *vd*, canal déférent ; *ut*, utérus ; *rs*, réceptacle séminal ; *bt*, poche du
dard ; *gm*, glande muqueuse ; *p*, pénis ; *f*, flagellum ; *m*, muscle rétracteur du
pénis.

rince dans de l'eau distillée, on les met dans de l'alcool, de
là dans de l'huile de térébenthine ou de girofle, on les

étale sur un porte-objet sous le microscope et on les lute
avec de la résine de Damar ou du baume de Canada.

Après l'œsophage, vient une portion fortement élargie
de l'intestin : l'*estomac, pv* et *v;* au-dessus se trouvent les
glandes salivaires, s, dont les conduits débouchent dans la
cavité buccale à côté de l'œsophage ; l'intestin enroulé, *i,*
encaissé dans le foie brun, volumineux et divisé en plusieurs
lobes, se termine par un anus situé à côté de l'orifice respiratoire.

Organes génitaux. — En déployant les lobes du foie, nous
voyons un corps glanduleux, d'un brun jaunâtre, très lobé,
enfermé profondément dans le parenchyme du foie, c'est la
glande hermaphrodite, a; son conduit contourné, ou canal
hermaphrodite, présente à son extrémité un petit renflement diverticuleux, la *vésicule ovoséminale,* et débouche
dans une partie plus large, dans le commencement de
laquelle la *glande albuminifère* verse son produit de sécrétion. Le canal, commun jusque-là, se divise en un *utérus*
bosselé et un *canal déférent* plus étroit, placé en partie
sur l'utérus, en forme de gouttière, et garni de lobes glandulaires *prostatiques;* ce n'est que dans la partie inférieure
que le canal déférent forme un canal fermé cylindrique, se
continuant dans le *pénis;* celui-ci est fixé à la paroi dorsale du corps par le *muscle rétracteur du pénis,* et pourvu,
à sa partie postérieure, d'un long *flagellum* filiforme. Tandis que dans la partie supérieure de l'oviducte, désignée
sous le nom d'utérus, se déversent les petites *glandes*
utérines contenues dans ses parois, l'extrémité inférieure
est dépourvue de glandes. Le *vagin* présente les appendices
suivants : 1° le réservoir séminal déjà mentionné plus
haut ; c'est une petite vésicule piriforme, qui s'ouvre
par un long et mince conduit; dans la fécondation il re-

çoit les spermaphores ; 2° les *glandes muqueuses* ; 3° la *poche du dard* ; celle-ci s'ouvre par un orifice papilleux à côté des glandes muqueuses ; elle contient, fixée sur une papille, le dard [1], qui est blanc, calcaire, pointu, le plus souvent lancéolé, et qui, pendant la fécondation, joue le rôle d'organe d'excitation.

Les dernières parties des organes génitaux mâle et femelle se réunissent finalement dans l'atrium génital, dont

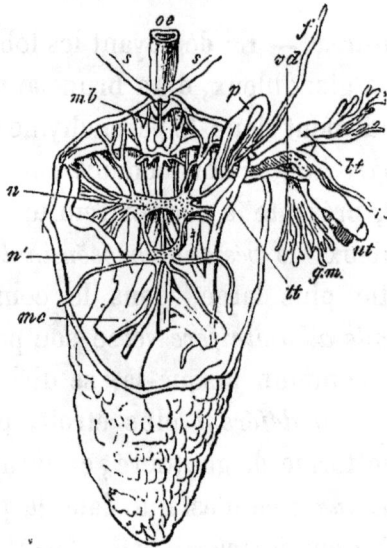

Fig. 94. — Système nerveux et portion terminale des organes reproducteurs de l'*Helix pomatia*, d'après Cuvier.

œ, œsophage ; s, glandes salivaires ; *mb*, masse buccale ; *n*, ganglion pharygien supérieur ; n', ganglions pharygien inférieur ; *mc*, muscle columellaire ; *ut*, utérus ; *bt*, poche du dard ; *g. m*, glandes muqueuses ; *vd*, canal déférent ; p' pénis ; f, flagellum ; *tt*, petits tentacules ; *r'c*, réceptacle séminal.

nous avons déjà dit que l'orifice se trouve à droite, derrière la bouche.

Cœur [2], *Poumon* et *Reins* (fig. 94). — Le cœur, enfermé

1. D'après Leydig, c'est une production cuticulaire de l'épithélium cylindrique qui recouvre la face interne de la poche du dard.
2. Pour injecter les artères on peut pousser l'injection dans le ventricule du

dans un péricarde assez résistant, consiste en un ventricule
musculeux et une oreillette, séparés par un rétrécissement
situé au niveau d'un orifice auriculo-ventriculaire qui peut
se fermer à l'aide de deux valvules. L'aorte naît de l'extrémité du ventricule; elle fournit : 1° une artère viscérale au
foie et aux organes génitaux; 2° une artère intestinale à
l'estomac et à l'intestin; 3° une artère céphalico-pédale à
la tête, au pied et aux organes de la copulation. Le sang
veineux est dévené par plusieurs troncs dans la veine annulaire, qui entoure le poumon et est reliée étroitement à
droite avec le rectum. De la face interne de ce vaisseau
annulaire partent d'autres vaisseaux formant des renflements,
qui s'étendent en réseau sur le poumon, et réunissent
dans un espace considérable la veine pulmonaire par la-

cœur. Pour cela il suffit de briser la coquille au niveau du cœur. La matière à
injection la plus convenable est la gélatine colorée. On peut aussi pousser l'injection dans la veine pulmonaire que l'on met à découvert en ouvrant la poche
pulmonaire. Pour ces injections l'appareil de M. Lacaze-Duthiers, que nous avons
figuré plus haut (p. 28), est très convenable. Straus Durkheim recommande
pour l'injection des Gastéropodes, des Lamellibranches et d'autres animaux de
même taille, un petit appareil qu'il nomme *chalumette à injections* et dont voici
la description : Il est composé d'une boule en verre, d'environ 12 millimètres
de diamètre intérieur, munie de deux goulots cylindriques situés aux deux
extrémités opposées d'une même ligne diamétrale. Chacun de ces goulots est
garni d'une virole en métal. L'une de ces viroles est destinée à recevoir la gar-
niture d'un ajutage de seringue très effilé, dont l'extrémité doit être enfoncée
et fixée dans le vaisseau à injecter. Sur l'autre virole on adapte un tube en
caoutchouc dont l'autre extrémité est fixée sur l'un des goulots d'une sphère en
verre semblable à celle décrite plus haut, c'est-à-dire munie de deux goulots.
Le deuxième goulot de cette dernière sphère se place entre les lèvres de l'opérateur. On plonge alors l'ajutage injecteur dans la matière à injection ; on aspire
et on remplit ainsi la première sphère, puis on introduit l'ajutage dans le
vaisseau à injecter et en soufflant dans l'appareil on pousse l'injection avec la
force voulue et en proportionnant la quantité de la matière injectée à la dimension de l'animal.

On peut encore remplacer cet appareil par un autre beaucoup plus
simple et constitué par une simple pipette formée d'une boule de verre munie
à une extrémité d'un tube fin, injecteur, et à l'autre d'un tube par lequel on
aspire et on souffle (TRAD.).

quelle ils déversent leur sang artérialisé dans l'oreillette.

Nous avons déjà fait connaître ce qu'il y a de plus important, relativement à la cavité pulmonaire et à l'orifice respiratoire qui est pourvu de muscles annulaires. La cavité pulmonaire est considérée comme formée par l'extrémité élargie de l'uretère.

Dans la figure citée, on peut voir la forme et la place des reins ; leur canal excréteur, l'uretère, sort de leur extrémité supérieure et s'ouvre dans la cavité pulmonaire.

Système nerveux. — L'anneau œsophagien, fig. 94, est placé derrière la masse buccale ; il enserre l'œsophage, ainsi que les canaux excréteurs des glandes salivaires, et consiste en une paire dorsale de ganglions cérébraux, et des paires ventrales étroitement unies (ganglion pédieux, ganglion viscéral n'). On désigne les commissures qui les relient sous les noms de commissures cérébrale, pédieuse et viscérale d'un côté, et commissures cérébro-pédieuse, cérébro-viscérale et viscéro-pédieuse (3) celles de l'autre côté.

On décrit comme organes centraux du système nerveux sympathique deux ganglions buccaux, réunis par une commissure et placés derrière la masse buccale ; les fins nerfs sympathiques qui sortent de ces deux ganglions et qui longent l'œsophage et l'estomac suivent les contours du foie et sont anastomosés avec les nerfs viscéraux.

Le ganglion cérébral fournit des nerfs aux tentacules et à la peau de la tête ; le ganglion pédieux envoie deux paires de nerfs en arrière, dans le pied ; enfin, du ganglion viscéral proviennent les filets nerveux destinés à l'intestin, aux organes génitaux et au poumon.

Voyez (3) pour les détails sur les yeux et les antennes ; les ouvrages parus sur ce sujet jusqu'en 1865 y sont résumés ; voyez aussi W. FLEMMING, *Zur Anatomie der Land-*

schneckenfühler, etc., in *Zeitschr. f. wiss. Zool.*, XXII, p. 365 ; et H. Smiroth, *Ueber die Sinneswerkzeuge unserer einheimischen Weichthiere*, dans la même Revue, XXVI, p. 227.

L'organe de l'ouïe est représenté par une vésicule remplie de liquide, l'*otocyste*, contenant de nombreuses petites otoconies ; il est placé immédiatement derrière le ganglion pédieux.

C. Lamellibranches.

Représentant : *Anodonta cellensis.*

On tue les Mollusques bivalves dans l'alcool ; lorsqu'on veut les disséquer vivants, ce qui se fait surtout pour examiner les contractions du cœur, on commence par introduire un petit morceau de bois entre les valves entr'ouvertes de la coquille ; si on laisse échapper le moment propice, on ne peut plus ouvrir les valves, qui sont solidement closes, qu'en employant la force, et qu'au détriment de l'animal. Dans les deux cas, on introduit un fort scalpel entre les valves assez écartées et on coupe les forts muscles rétracteurs, en tenant toujours la pointe du couteau dirigée vers la face interne d'une des valves (fig. 95. *h sch.* —*v. sch.*) ; on détache avec précaution les lobes du manteau d'une des valves ; on arrache ensuite cette valve ; en général, on enlève ainsi la valve gauche [1] ; on rabat ensuite le manteau du côté gauche ; on voit, sur le devant du pied, qui a la

---

1. L'espace ne permet pas de donner ici une description détaillée des coquilles et la nomenclature employée par les conchyliologues, qui serait pourtant utile pour s'orienter : je suis donc obligé de renvoyer le lecteur à 3, 7, 9 et 33 *a.* — Dans le langage populaire, l'extrémité plus étroite de la coquille est (chez *Anodonte*) l'extrémité postérieure, l'orifice buccal doit être cherché à l'extrémité opposée, qui est plus large ; on peut facilement, d'après cela, reconnaître la valve gauche.

forme d'une hache, le petit lobe buccal, qui se réunit avec
celui du côté opposé pour former les lèvres supérieure et
inférieure qui bordent l'orifice transversal. A droite, derrière ce petit lobe buccal, se trouvent les branchies gauches;
il y en a une extérieure ou latérale qu'il faut distinguer des
branchies médianes. Les bords dorsaux des branchies sont

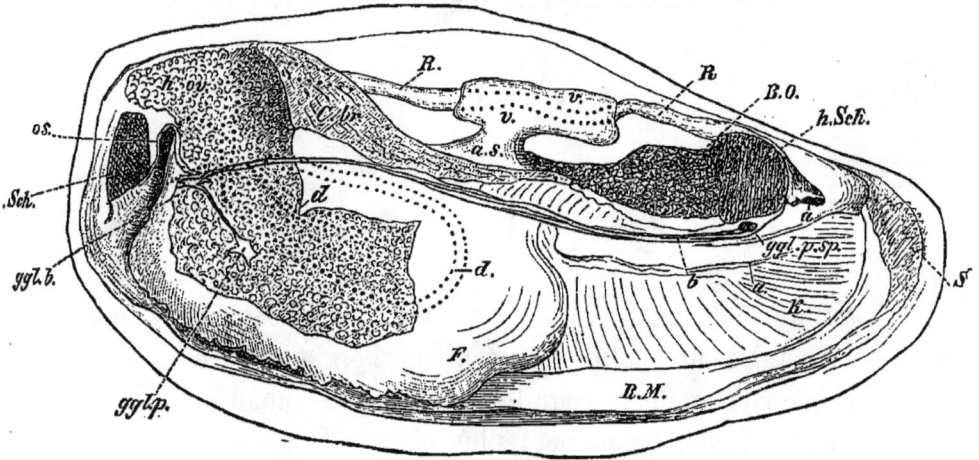

Fig. 95. — *Anodonta cellensis* Grand. nat.

La coquille, le manteau et les palpes labiaux du côté gauche sont enlevés. La branchie latérale, *b*, est coupée. La lamelle externe de la branchie médiane a été coupée. Une partie du tégument du pied a été enlevée. Le trajet du canal intestinal
est indiqué par des points.

v. Sch, muscle rétracteur antérieur ; *h. Sch*, muscle rétracteur postérieur ; *os*
fente buccale conduisant à la dilatation stomacale ; *ggl*, ganglions œsophagiens ou
cérébral : *ggl.p*, ganglions pédieux ; *ggl. p. sp*, ganglions pariétaux splanchniques ;
dd, intestin ; *R*, rectum ; *F*, pied ; *C. br*, corps rouge-brun ; *a. s*, oreillette gauche ; *v*, ventricule ; *B, O*, organe de Bajanus ; *a*, anus ; *K*, branchies ; *S*, ouverture du siphon ; *h. ov*, foie et ovaire.

adhérents les uns aux autres de chaque côté du pied ; derrière celui-ci elles se confondent immédiatement sur la
ligne médiane. Si l'on cherche en arrière le point de l'anastomose des branchies, on s'aperçoit qu'il existe une ouverture, le *siphon branchial*, garni de papilles coniques ou filiformes d'un brun foncé, situé dans le bord libre postérieur

19

du manteau et servant à l'entrée de l'eau nécessaire à la
respiration; une ouverture plus petite, arrondie, placée au-
dessus de la première, le *siphon anal*, sert surtout à la
sortie de l'eau et des matières fécales.

A l'œil nu, on découvre déjà que chaque branchie se compose d'un système de minces nervures longitudinales, placées verticalement, et d'un système de nombreuses nervures
épaisses et transversales qui relient les premières[1]; si l'on
enlève, comme il a été fait pour la fig. 95, les branchies
latérales, on reconnaît qu'elles sont composées chacune de
deux lamelles, qui sont anastomosées sur la face ventrale,
mais qui se séparent sur la face dorsale, pour former un
canal branchial[2] (9).

Des quatre lamelles qui se trouvent de chaque côté, les
deux extérieures s'anastomosent avec le manteau, les deux
médianes (la lamelle interne de la branchie latérale et la
lamelle externe de la branchie médiane) s'unissent pour
former la cloison de séparation des branchies; la lamelle interne se termine librement près du pied[3]. — Il y a
donc quatre conduits branchiaux communiquant avec le
cloaque; les œufs arrivent de l'orifice génital (voyez plus
bas) dans le canal branchial interne, de celui-ci dans le
cloaque, et retournent par le canal branchial externe dans
les interstices de la branchie externe (Posner).

Avec quelque précaution, il est facile d'isoler les deux
lamelles; on peut voir alors des cloisons transversales,

1. Pour la structure histologique, je renvoie aux ouvrages généraux.
2. Ce que nous désignons ici sous le nom de canal branchial est aussi connu
sous le nom de canal aquifère, par exemple, chez Bronn, qui appelle canal branchial intérieur la gouttière formée entre le pied et la lamelle intérieure, et
canal branchial extérieur, la gouttière située entre la lamelle intérieure et
extérieure.
3. Voyez C. POSNER, *Ueber den Bau der Najadenkieme*, in *Archiv. f. mikr.
Anat.*, XI (1875), p. 517-560.

qui divisent l'intervalle situé entre les lamelles en un
grand nombre de compartiments; ceux-ci conduisent vers
les conduits branchiaux[1] l'eau nécessaire à la respiration,
entrée par de petits pores situés dans le bord libre (ventral)
des branchies; près du bord d'insertion des branchies il
existe une artère branchiale, parallèle aux conduits branchiaux vitrés des deux côtés de la cloison de séparation, et
deux veines branchiales situées près des lamelles externe
et interne. (Une description détaillée des ramifications des
vaisseaux ainsi que de la structure des branchies nous con-
duirait trop loin. Je renvoie pour cet objet aux 3, 9, et aux
ouvrages spéciaux cités[2].)

Si on enlève le manteau, on reconnaît, sans autre préparation, les organes suivants : du côté du dos, un peu en avant
du muscle rétracteur postérieur, se trouve un cœur allongé,
consistant en deux oreillettes et un ventricule, enfermé
dans un vaste péricarde qui a perdu sa face dorsale par
l'enlèvement du manteau; au-dessous et derrière le cœur
s'étendent, jusque sous le muscle postérieur, deux grands
corps presque cylindriques, de couleur très foncée, presque
noire; ce sont les organes de Bojanus (les reins); maintenant, on fait bien d'enlever les branchies gauches, en laissant un tronçon d'insertion pour s'orienter, et les palpes
buccaux du même côté, en entier, afin d'entreprendre la
préparation assez difficile des organes enfermés dans le
pied.

---

1. Les lamelles sont perforées en outre comme un tamis par de petits canaux
microscopiques par lesquels l'eau peut aussi entrer abondamment.

2. Les injections du système vasculaire doivent être faites soit par le ventricule du cœur qu'il est facile de mettre à découvert, soit par l'artère qui parcourt le bord du manteau. On injecte aussi le système vasculaire et surtout
les vaisseaux branchiaux en poussant l'injection dans le pied de l'animal
(Trad.).

Pour mettre à nu ces parties, il est bon de commencer, par faire avec un petit scalpel très tranchant une légère entaille dans la peau, tout près de l'orifice buccal déjà connu ; avec une pince, on saisit un des bords libres de la peau et on cherche à isoler un lambeau de la manière décrite déjà plusieurs fois ; on y arrive rarement sans blesser plus ou moins le foie et les organes génitaux en forme de grappes qui entourent les deux circonvolutions de l'intestin. Il n'y a pas de différence extérieure entre les sexes, excepté dans la couleur des produits ; les ovaires sont rougeâtres ou rouges, les testicules jaunâtres ; les deux orifices génitaux sont placés tout près des pores des reins (voyez p. 294).

Derrière le foie se trouve l'organe de Keber, d'un brun rougeâtre ; c'est une partie du manteau consistant en un système de lacunes, enveloppant le péricarde du côté du dos et par devant[1] (3), à l'endroit où le manteau se détache librement sur les côtés et par devant.

Une partie de l'intestin nommé œsophage[2] conduit de l'orifice buccal dans un estomac long et large, dans lequel se déversent, par de nombreuses ouvertures, les produits de sécrétion du foie qui y adhère intimement, comme il a déjà été dit. Si l'on veut mettre à nu le cours du canal intestinal, qui est de grosseur assez égale, on peut l'ouvrir avec des ciseaux, en commençant soit par l'orifice buccal, soit par le rectum, qui longe librement le côté dorsal du cœur ; on

---

1. Voyez Griesbach, *l. c.*; il confirme la communication de l'oreillette avec la partie du manteau d'un rouge brun, du même côté, par plusieurs ouvertures visibles à l'œil nu, telle qu'elle a été décrite par Langer. Griesbach montra aussi qu'en introduisant un tube de verre très mince dans l'organe rouge brun on peut insuffler de l'air « dans tout l'organe central de l'appareil de circulation. »

2. En réalité il n'y en a pas.

comprend que les organes génitaux et le foie sont plusieurs fois tranchés dans leçons de cette opération. On trouve vers l'extrémité postérieure de l'estomac un petit renflement latéral, une espèce de pochette borgne, dans laquelle est renfermée la baguette cristalline, qui est très peu considérable. On la découvre aisément parce que c'est le seul corps résistant.

Quoique la préparation des vaisseaux d'animaux non injectés ne donne pas de résultats, nous voulons pourtant énumérer brièvement les troncs principaux. Du cœur sortent deux aortes, une antérieure et une postérieure; la première suit la ligne médiane dorsale jusqu'à la région buccale, et, après avoir donné des artères paires à l'estomac et au foie, une artère au rectum et plusieurs rameaux au manteau, elle se divise, à droite, en deux troncs qui se recourbent du côté du ventre et en arrière. L'un, l'artère pédieuse et palléale, envoie : une artère au muscle rétracteur antérieur ; cette artère, après avoir donné des rameaux aux palpes buccaux des deux côtés, entre dans le bord du manteau sous le nom d'artère palléale antérieure, pour s'y réunir avec l'artère palléale postérieure et former ensemble l'artère coronaire du manteau, qui est la véritable artère du pied; le tronc postérieur donne des branches à l'intestin.

L'aorte postérieure se dirige sous l'intestin, se bifurque, et passe par-dessus le muscle rétracteur postérieur dans le bord du manteau, sous le nom d'artère palléale postérieure ; elle donne des branches à la partie péricardiale du manteau, au rectum et au muscle rétracteur postérieur (d'après Langer, dans 5).

Sans reproduire ici les faits qu'on invoque pour ou contre un circuit fermé des vaisseaux, et sans citer les différentes opinions relatives aux canaux sanguins veineux, nous voulons seulement faire ressortir que le sang, versé dans le grand sinus veineux médian impair (la veine cave) placé entre les organes de Bojanus, arrive dans les singuliers réseaux de ces organes pour se rendre de là, par les vaisseaux branchiaux afférents (Art. branch.), dans les branchies, dans les cloisons transversales desquelles entrent les vaisseaux des nervures en décrivant un angle droit ; par les anastomoses transversales de ces vaisseaux, le sang entre finalement dans le « Canal du bâtonnet » et retourne par les sinus branchiaux afférents (veines branchiales) dans les oreillettes du cœur[1].

Si l'on a mis à nu le rectum jusqu'à l'endroit où il se recourbe, on doit ouvrir sa paroi dorsale par un coup de ciseaux, qui amène en même temps au jour la face interne du ventricule que le rectum traverse. On voit un réseau élégant de muscles, formé de commissures qui se croisent, s'effaçant du côté des oreillettes qui sont séparées par des espèces de valvules. Antérieurement, le cœur se continue en deux branches qui entourent annulairement le rectum ; de leur jonction sort l'aorte antérieure. Lorsqu'on a examiné le cœur, on doit suivre le rectum jusqu'à l'anus, situé derrière le muscle rétracteur postérieur.

Nous avons déjà indiqué où se trouvent les organes de Bojanus ; pour nous renseigner sur leur structure[2], nous

---

1. Pour de plus amples renseignements, voyez : KOLLMANN, *Der Kreislauf des Blutes bei den Lamellibranchiern, den Aplysien und den Cephalopoden*, in *Zeitschr. f. wiss. Zoologie*, XXVI, p. 87-102 ; POSNER, *l. c.* ; BONNET, *Der Bau und die Circulationsverhältnisse der Acephalenkieme in Morph.*, *Jahrb.*, III, p. 283-327, ainsi que les ouvrages généraux cités, surtout 3, 9 et 19.

2. Comparez GIESBACH, *Ueber den Bau des Bojanus'schen Organs der Teich muschel*, in *Archiv f. Naturgesch.*, XXXXIII, p. 63-107. — Chaque organe (ou chaque branche des organes) de Bojanus est un simple corps creux, offrant un renflement hémisphérique près du muscle de fermeture postérieur, parce

ouvrons par en haut l'organe de Bojanus gauche ; après
avoir enlevé le cœur, nous arrivons à une cavité presque
cylindrique, à parois assez lisses, qui est située au-dessus
de la caverne reconnaissable à des plis[1], dont les uns sont
libres et les autres anastomosés ensemble ; la paroi ventrale
(le sol) de la première cavité forme donc le toit de la caverne avec laquelle elle se confond postérieurement ; la
caverne du côté gauche ne communique pas avec celle du
côté opposé, mais bien avec le péricarde par un canal en
entonnoir, situé à côté et au-dessous de l'aorte et du rectum. Il n'y a pas de cloison de séparation pour les premières
cavités, près des orifices extérieurs (les pores des reins) ; chacun des deux pores se trouve d'un côté, au bas du pied, assez en avant, entre la branchie externe et la branchie médiane ; son orifice est entouré d'un bord musculeux ; on le
découvre en même temps que l'orifice génital de ce côté,
lorsqu'on soulève la branchie indiquée ; on peut ouvrir du
côté du ventre l'organe de Bojanus placé de l'autre côté.

Système nerveux et organes des sens. — Les deux premiers ganglions, œsophagiens ou cérébraux, sont placés aux
deux côtés de la bouche et reliés par une commissure en
forme de faisceau passant par-dessus la fente buccale ; ils
envoient de chaque côté un nerf labial, le nerf palléal antérieur vers la partie antérieure du manteau, le nerf branchial antérieur vers les branchies, et ils donnent des filets

que le tube élargi à cet endroit fait quatre tours, ensuite il retourne en avant
en se doublant, et débouche à l'extérieur.

2. D'après Griesbach les réseaux vasculaires des plis sont nourris par le sinus
veineux au moyen de deux rangées d'ouvertures latérales. La rangée supérieure, dont les ouvertures sont plus fines, conduit à la paroi de la première
cavité, tandis que la rangée inférieure, ayant des ouvertures plus grandes, conduit à des rameaux, en partie rangés parallèlement, tandis que d'autres passent
transversalement sur la paroi de la caverne, en s'anastomosant. — D'après
Griesbach, le sinus veineux médian ne communique pas avec le péricarde.

au muscle rétracteur antérieur; quelquefois on les voit à travers la peau, ainsi que le ganglion pédieux qui s'unit par une commissure avec le ganglion œsophagien du même côté, et qui innerve les muscles du pied. La troisième paire de ganglions, branchiale postérieure ou viscérale, ganglion pariéto-splanchnique, est très considérable et unie par de longues commissures aux ganglions œsophagiens; elle est placée sous le muscle rétracteur postérieur, donne naissance au nerf branchial postérieur, pourvoit le cœur, les organes de Bojanus, le muscle rétracteur postérieur, envoie le nerf palléal latéral et postérieur vers la partie [postérieure et médiane du manteau, et donne naissance aux nerfs destinés aux viscères.

Il est probable que le bord du manteau fonctionne comme appareil du tact, surtout l'ouverture du siphon, qui est garnie de papilles filiformes et coniques; peut-être faut-il y ajouter encore les palpes buccaux.

Les deux vésicules auditives sont placées chacune derrière un ganglion pédieux elles sont unies avec eux; par un nerf venant du ganglion cérébral [1].

---

1. Voyez, outre les ouvrages généraux, surtout von Ihering, *Die Gehörwerkzeuge der Mollusken*, etc. *Habilitationsschrift*. Erlangen, 1876.

CHAPITRE IX

La manière de conserver et de tuer les Arthropodes dépend en premier lieu de la nature de leur squelette chitineux, et en second lieu du but qu'on a en vue. Les Arthropodes à peau tendre, munis de poils ou de fines écailles, doivent être traités d'après une autre méthode que les formes à cuirasses dures, solides, chitineuses ou calcaires. Pour les premiers, on emploie de préférence de la benzine, du chloroforme, de l'éther sulfurique, ou ce dernier liquide mélangé à parties égales avec de l'alcool très fort. Pour les tuer, on les enferme dans un flacon choisi d'après la taille de l'animal; on verse ordinairement quelques gouttes d'un des liquides susnommés sur une petite éponge qu'on colle à la face inférieure du bouchon qui ferme le flacon, ou bien on met de petites pelottes de papier-brouillard sur le fond du vase.

A. Gerstäcker (27) recommande encore, pour étourdir les insectes, le cyanure de potassium[1] ou les feuilles de Laurier-Cerise; pour des animaux plus grands et coriaces, il recommande de plonger les bocaux qui les contiennent

---

1. On en met un morceau de la grosseur d'un pois dans un chiffon de toile, qu'on fixe sur le fond du bocal.

dans de l'eau bouillante, ou bien de les chauffer au-dessus d'une flamme.

On peut recommander l'alcool très fort pour tuer toutes
ou presque toutes les autres formes. Il va sans dire qu'on
doit, autant que possible, choisir les bocaux dont il convient
de se munir dans une expédition, d'après la forme et la
gra ndeur des animaux qu'on pense recueillir, et qu'il ne faut
pas empiler des espèces différentes dans un même verre, etc.

Si les animaux sont destinés à être placés dans une collection, on pique ordinairement les plus fragiles, dès qu'on
les a pris, avec une épingle plongée dans de la nicotine;
pour les mouches, les hyménoptères, les lépidoptères, etc.,
l'épingle doit perforer, *lege artis*, l'élytre droite, et sortir
entre la seconde et la troisième paire de pattes. On écrase
aussi le thorax des papillons par une pression latérale des
doigts. Les insectes perforés doivent être piqués, à des distances convenables les uns des autres, sur le fond d'une
boîte garnie de liège ou de carton.

Nous ne pouvons pas donner ici d'indications plus détaillées pour l'arrangement d'une collection ; je recommande de lire la partie qui traite de ce sujet dans (27)
l'introduction de la plupart des livres et des manuels d'en-
tomologie, etc.

Si on veut les disséquer, on doit avoir soin de placer les
Arthropodes — de quelque manière qu'on les ait tués — le
plus tôt possible dans le liquide où on veut les conserver,
à moins qu'on ne préfère les examiner frais. Pour que les
liquides puissent pénétrer dans l'animal (voyez la partie générale), on doit faire des entailles dans le squelette chitineux; chez le plus grand nombre des formes dont il s'agit
ici, on pratique les incisions sur la face dorsale de l'animal. Ainsi, par exemple, on étale avec précaution les élytres

d'un Scarabée, on soulève avec la pince la peau de l'abdomen et on la coupe avec de fins ciseaux; on fait bien d'injecter avec le liquide voulu les plus gros animaux (*Astacus, Homarus, Eriphia*).

Comme il a déjà été dit, c'est l'alcool qu'on doit, en général, choisir de préférence pour la conservation, si, pour des raisons histologiques, il n'est pas plus à propos d'employer soit de l'acide chromique, soit la solution de Müller, ou de l'alcool mélangé de vinaigre concentré[1], etc. Ceci s'adresse surtout aux formes microscopiques (*Cyclops, Daphnia, Polyphemus* et autres), qui exigent naturellement un traitement particulier, qu'on ne peut pas exposer ici en détail.

Il n'y a rien à dire de particulier pour la dessiccation des petits Arthropodes. Les grands doivent être éventrés, et une petite bande de papier brouillard doit être introduite dans leur cavité postérieure; on sépare la partie postérieure (la queue) du corps des grands Crustacés ; on enlève les pinces et les gros membres, on enlève aussi les parties molles et, après avoir rincé dans l'eau les parties vidées du squelette, on les enduit d'arséniate de soude (Möbius, 27). Si les parties du squelette ont été séchées au grand air et à l'ombre, on fait bien de les enduire avec le vernis recommandé par Owen[2].

---

1. RODRICH, *Ueber die Präparation der Insecten*, etc., *Zeitschr. für Mikroskopie* (1 livr., p. 16), 1877, recommande de placer immédiatement les animaux, tués dans de la benzine, dans un mélange de cinq parties d'esprit de vin, neuf parties d'eau distillée et une partie de vinaigre concentré.

2. 100 grammes de gomme arabique et 6 grammes de gomme adragante, dissous en 1,50 litre d'eau. On ajoute 100 grammes d'esprit de vin avec vingt gouttes d'essence de thym, et 1,5 gramme de chlorite de mercure. Bien remuer et laisser reposer. La partie claire sert de vernis, et le résidu est employé comme lut (27).

Nous recommandons de conserver des parties séparées ; on peut en préparer facilement de tous les Arthropodes, et les conserver à l'état sec ; le plus simple est de séparer les parties distinctes du squelette avec la pince et les ciseaux, de les étaler sur un fond de couleur appropriée et de les faire sécher, comme il a été dit plus haut ; mais la netteté de ces préparations laisse souvent à désirer, parce que par ce procédé on n'a pas pu éloigner complètement les parties molles : on fait donc habituellement bouillir dans une lessive de potasse soit l'animal entier, soit les parties séparées de son squelette ; il n'y a pas d'indication générale à donner pour la durée de cette cuisson, c'est la pratique qui l'enseigne. En faisant cette manipulation on doit prendre quelques précautions, non-seulement pour soi, mais aussi pour l'objet dont on s'occupe ; si celui-ci doit rester longtemps dans le liquide bouillant (beaucoup de Crustacés), qu'on n'oublie pas de remplacer constamment le liquide évaporé par de l'eau chaude, parce que sans cela on risque de trouver un sujet grillé après s'être donné de la peine pendant des heures. Lorsque, après avoir suivi les progrès de la macération, on s'aperçoit qu'avec une vieille pince on peut séparer les parties, on doit rincer l'objet dans de l'eau et le faire sécher ; ou bien, on met les parties buccales, les extrémités, les nageoires caudales de plusieurs petits Crustacés, d'abord dans de l'alcool peu concentré, et ensuite dans de l'alcool plus fort, puis dans de l'essence de girofle ou de térébenthine, on les étale finalement sous le microscope sur une plaque de verre (porte-objet), sur laquelle on les fixe avec du baume de Canada ou du vernis de Damar, et on les couvre avec un coverel ; il est aussi très bon de coller les objets avec de la gomme arabique bien épaisse. Dans beaucoup de cas, il suffit de laisser les objets plusieurs jours dans la lessive de potasse, qui doit être renouvelée plusieurs fois.

Si, en mettant le squelette dans la liqueur potassique, on n'a voulu que le rendre transparent, on doit le sortir plus tôt, le rincer et — ceci doit être recommandé — le conserver dans de l'alcool [1].

A. **Insectes.**

Représentant : *Melolontha vulgaris.*

On doit reconnaître d'abord les différentes parties du corps : la tête, le prothorax, le mésothorax, le métathorax et l'abdomen, ces deux dernières parties deviennent visibles lorsqu'on écarte les élytres, qui naissent sur le mésothorax, et les ailes membraneuses postérieures insérées sur le métathorax. On doit examiner les rangées doubles d'ouvertures respiratoires, les stigmates, qui sont placés sur les côtés, en commençant par le « stigmate prothoracique » situé entre le prothorax et le mésothorax. Nous serions entraîné trop loin, si nous voulions reproduire complètement la légion de termes techniques dont les entomologistes se servent pour désigner les parties du squelette, qui sont si importantes [au point de vue systématique [2]; nous nous bornerons à rappeler que les trois parties dorsales correspondant aux trois segments du thorax sont désignées sous les noms

---

1. Rodrich, *l. c.*, recommande, pour les préparations microscopiques, des mélanges de vinaigre concentré et d'eau, dont il indique 6 degrés de force, à commencer par Acide cristallisable, 10, Eau distillée 90, jusqu'à Acide glac., et eau dist., parties égales (n° 2 = 15 : 85, n° 3 = 20 : 80, n° 4 = 25 : 75, n° 5 = 35 : 65, n° 6 = 50 : 50). — Pour les autres détails, voyez à l'endroit cité

2. Pour plus de détails, voyez dans 3, 7, 9, ainsi que *Die Käfer*, dans la *Fauna austrica* de Redtenbacher, 3° édition, Vienne, 1874; ou, pour s'orienter en commençant : G. Schoch, *Praktische Anleitung zum Bestimmen der Käfer*, etc. Stuttgard, 1878.

de *pronotum*, *mesonotum* et *metanotum*, et les faces ventrales
sous ceux de *prosternum*, *mesosternum* et *metasternum* ;
les parties latérales des mêmes segments s'appellent les pleu-
rons (Pleuræ) ; elles se divisent encore (mésothorax et métathorax en un omoplate antérieur, *episternum*, et une
partie iliaque postérieure, *epimerum*.

Comme chez *Melolontha* et plusieurs autres Coléoptères,
les élytres ne recouvrent pas le dernier anneau ventral
supérieur, il existe chez les animaux un *pygidium* qui s'amin-
cit en une longue pointe.

La face dorsale de l'abdomen est le *dos* (*dorsum*), la face
opposée le *ventre* (*venter*). Nous devons encore citer le

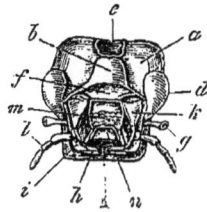

Fig. 96. — Tête de *Melolontha vulgaris* vue par la face antérieure et supérieure
(d'après STRAUSS-DURKHEIM).

a, partie post-latérale inférieure ; *b*, partie basilaire, et *f*, partie prébasilaire du
pharynx ; *e*, trou de l'occiput ; *d*, yeux ; *g*, 1ʳᵉ antenne articulée ; *h*, labre (bilobé) ;
i, mandibules ; *c*, mâchoire ; *l*, palpe maxillaire. Le labium comprend : *m*, menton ; *n*, langue et les palpes labiaux insérés sur les bords du menton.

squelette nerveux bifurqué, entothorax, qui s'avance du
sternum dans la cavité thoracique.

Chaque patte est attachée par sa hanche (os coxal), à l'*Ace-
tabulum* ; après la hanche vient le trochanter, puis le fémur,
puis le tibia, puis le tarse (à cinq articles chez *Melolontha*),
le dernier article portant deux griffes, *Onychia*. Chaque
griffe est munie près de sa racine (dans le cas qui nous occupe)
d'une grande dent.

Lorsqu'on a examiné toutes ces parties, on coupe les ély-

tres et les ailes postérieures, tout près de leur point d'insertion, et on enlève le test dorsal entier jusqu'à la tête, ce qui
se fait facilement avec des ciseaux coudés, ayant des pointes
très fines ; alors on met l'animal sous l'eau, et on le fixe
avec des épingles, de manière à étendre les parois latérales
de l'abdomen. Comme nous sommes convaincu que la préparation d'un seul exemplaire ne suffit pas pour apprendre
à connaître les organes les plus importants, nous recommandons d'ouvrir d'abord un Hanneton par le dos et un

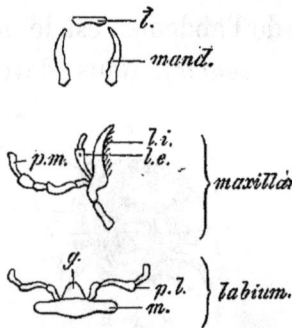

Fig. 97. — Parties buccales d'un Hanneton.

l, lèvre supérieure ou labre; *mand*, mandibules ou mâchoire supérieure ; *maxilla*,
mâchoire inférieure ; *pm*, palpes maxillaires ; *l. i*, mâchoire interne ; *l. e*, mâchoire
externe ; *labium*, lèvre inférieure ; *g*, langue ; *pl*, palpe labial ; *m* menton.

second par le ventre, en épargnant la tête, qu'on réserve pour
étudier les organes buccaux.

Si le test dorsal a été enlevé avec précaution, on trouve
sur la ligne médiane, d'abord le *vaisseau dorsal* (fig. 98),
qui est fixé aux plaques dorsales par les muscles triangulaires et qui se continue antérieurement par une *aorte* qui
est mince comme un fil[1]. Ordinairement les vésicules nom-

1. Pour bien voir le vaisseau dorsal il faut ouvrir l'animal par la face ventrale en le tenant couché sur le dos ; après avoir enlevé tous les organes contenus dans la cavité abdominale on arrive à la face inférieure des téguments
dorsaux, sur laquelle repose le vaisseau dorsal. On peut aussi bien voir le

breuses et blanchâtres des trachées cachent entièrement les viscères. A l'aide d'épingles on isole cependant assez facilement le canal intestinal sous l'eau ; on le retire délicatement du labyrinthe des trachées, pour lequel on prend naturellement moins de précautions que pour le canal intestinal, qui est compliqué par des appendices dont nous parlerons bientôt. Je recommande beaucoup d'isoler les parties qu'on veut étudier, par des pressions latérales avec des épingles, plutôt qu'en les saisissant avec des pinces qui occasionnent souvent des malheurs. Lorsqu'on a mis en liberté les circonvolutions de l'intestin, on fait bien de les écarter, sans cependant les couper ; on les maintient dans la position voulue au moyen de quelques épingles piquées à peu de distance du corps.

Maintenant les organes génitaux sont libres ; on les isole de la même manière que l'intestin et on les voit distinctement après avoir éloigné les « trachées vésiculeuses. » Nous avons chez

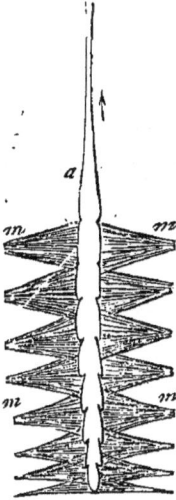

Fig. 98. — Cœur du Hanneton, (d'après Burmeister).

a aorte ; m, muscles triangulaires qui fixent les huit chambres du cœur aux plaques dorsales.
La flèche indique la direction du courant de sang entré dans les chambres du cœur pendant la diastole, par huit paires de fentes latérales.

vaisseau en enlevant d'un seule pièce toute la partie dorsale des téguments à l'aide de deux incisions latérales dirigées d'arrière en avant. Les injections du vaisseau dorsal sont très difficiles à faire à cause du peu de diamètre de ce vaisseau. Cependant on peut sur un grand nombre d'insectes mettre à nu le vaisseau dorsal en incisant les téguments un peu sur le côté de la ligne médiane et relevant avec beaucoup de précaution un lambeau des téguments. On met ainsi à nu une petite étendue du vaisseau dorsal par lequel on peut faire l'injection. M. Blanchard conseille pour injecter les insectes de pousser dans l'abdomen un liquide coloré qui pénètre dans le vaisseau dorsal et ses branches et qui même se répand jusque dans l'intervalle des deux tuniques des trachées (Trad.).

les mâles (fig. 99), de chaque côté, six *testicules*, qui débouchent chacun par un conduit séminal particulier dans un canal déférent à contours multiples. Ce dernier se réunit avec celui de l'autre côté dans le *canal éjaculateur*, qui reçoit en même temps les glandules muqueuses, et se continue dans le *pénis* (Voy. fig. 99.)

Les deux *ovaires* (vus du côté ventral dans la fig. 100) sont

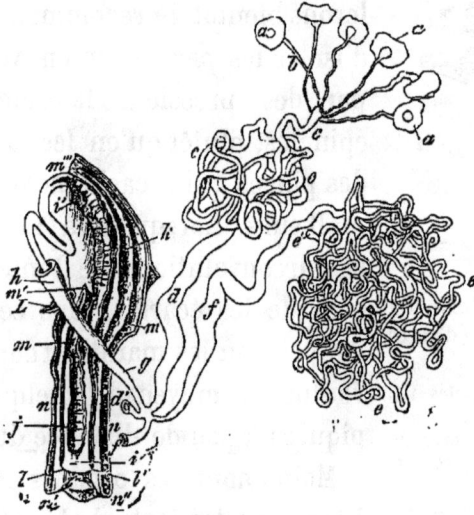

Fig. 99. — Organes génitaux mâles du *Melolontha vulgaris*
(d'après STRAUSS-DURKHEIM).

a, testicules; *b*, conduits séminaux; *c*, canal déférent; *d*, partie de la vésicule séminale dilatée; *e*, glande muqueuse, contournée, dont la sécrétion sert à la préparation des spermatophores; *e'*, commencement de cette glande; *d'' f*, embouchure du canal déférent et de la glande muqueuse du côté gauche; *g*, canal éjaculateur à plusieurs replis; *h*, sa gaîne; *ii'*, gaîne ouverte à gauche à l'intérieur du pénis; *i*, orifice du pénis; *j'*, cul-de-sac du canal éjaculateur; *m' ll' k m'''*, pénis; *m' n' n'' mm'''*, prépuce; *n n' n'' n*, tube membraneux externe.

suspendus par des faisceaux de tissu conjonctif (*x*) près du vaisseau dorsal, à la paroi dorsale de l'abdomen. Les deux *oviductes* se réunissent pour former le *vagin* (*l k'k*); dans celui-ci s'ouvrent la poche copulatrice (*n*) et au-dessus de celle-ci le *réceptacle séminal* (*p*), dans le conduit duquel se déverse la *glande appendiculaire* (*p'*); la sécrétion de cette glande est supposée servir à rendre le sperme plus fluide.

Le canal intestinal, dans lequel on distingue l'*œso-phage*, l'*estomac*, l'*intestin grêle*, le *côlon* et le *rectum*,

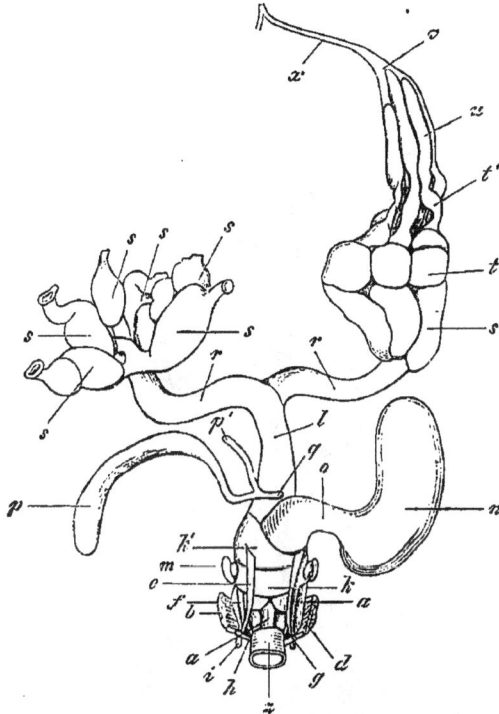

Fig. 100. — Organes génitaux femelles vus par la face inférieure du *Melolon-tha vulgaris* (d'après Strauss-Durkheim).

a, cloaque; *b*, muscle élévateur inférieur de l'anus; *c*, m. long rétracteur; *fm*, court rétracteur; *g, m*, rétract. oblique; *h*, m. transverse du cloaque; *i*, m. rétracteur postérieur; *k k' l*, vagin; *k*, m. sphincter de la vulve; *m*, glande vaginale; *n*, poche copulatrice; *o*, son canal excréteur; *p*, réceptacle séminal; *p'* glande appendiculaire; *q*, canal séminal; *r*, oviducte; *st t'u*, ovaires; *v, x*, ligament suspenseur de l'ovaire; *z*, rectum rabattu.

est compliqué par deux paires de glandes longues et très contournées, *canaux de Malpighi*, qui, d'après des recherches récentes[1], peuvent bien être considérées comme des organes

1. Voyez E. Schindler, *Beiträge zur Kenntniss der Malpighi'schen Gefässe der Insecten*, in *Zeitschr. f. wiss. Zool.*, XXX, p. 587 et suivantes.

urinaires, tandis que jadis (voy. fig. 101) on inclinait à con-
sidérer comme des organes hépatiques les canaux de Malpighi

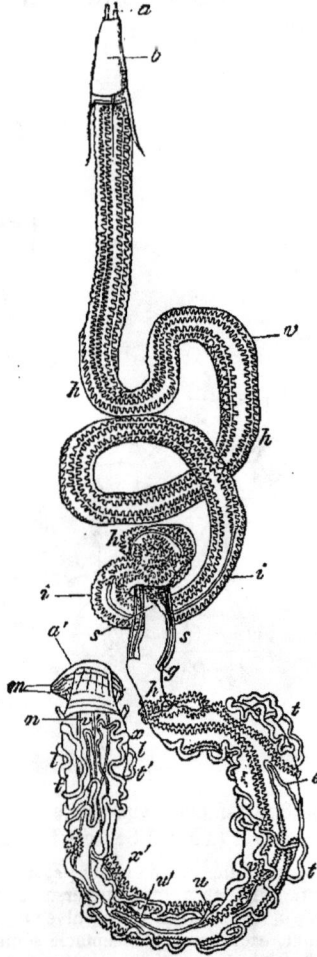

Fig. 101. — Canal digestif (grossi 4 fois) du *Melolontha vulgaris*
(d'après Strauss-Durkheim).

a,b, œsophage; *v*, estomac; *hhhss*, canaux hépatiques (canaux de Malpighi); *ii*, intestin; *g*, embouchure des canaux de Malpighi dans l'intestin grêle; *t t t' u u', vv',
xx'*, canaux urinaires (canaux de Malpighi blancs); *cn*, côlon; *ll na'*, rectum;
a', anus; *m*, muscle sphincteur de l'anus; *n*, ligne d'attache des muscles du rectum.

jaunes, pennés, insérés sur l'estomac, et comme des organes
urinaires ceux qui sont blanchâtres et insérés au-dessous.

Le système nerveux [1] se compose du grand *ganglion cervi-cal supraœ-sophagien*, divisé en deux parties, d'où sortent, outre les nerfs optiques, des nerfs pour les antennes ; du *petit ganglion cervical infra-œsophagien*, placé également dans la tête, qui, relié avec le premier, de chaque côté, par une commissure latérale, contribue à former l'anneau œso-phagien ; des nerfs doubles se dirigent vers les trois paires de mâchoires et vers la lèvre supérieure (Voy. 5). Toute la chaîne de ganglions située sur la ligne médiane ventrale se réduit à trois ganglions, très considérables il est vrai. Le premier est situé dans le prothorax ; il émet des rameaux pour les muscles et pour les pattes antérieures ; du second ganglion, qui est presque adjacent, sortent surtout des nerfs pour les pattes moyennes et pour les élytres, et enfin du troisième ganglion sort en rayonnant un faisceau de nerfs destinés aux organes abdominaux [2].

Après avoir mené à bonne fin la préparation du système nerveux, on peut s'occuper de celle des parties buccales. En consultant les fig. 96 et 97 et l'explication détaillée qui y est jointe, on ne rencontrera pas de grandes difficultés.

B. Crustacés.

Représentant : *Astacus fluviatilis.*

Les appendices articulés du céphalothorax, formé par la

---

1. Pour la préparation du système nerveux il est avantageux d'injecter dans la cavité viscérale de l'animal de l'alcool absolu, qui durcit les nerfs et les ganglions, ou une solution très étendue d'acide osmique. Il est préférable de faire les dissections dans l'alcool que dans l'eau. Pour mettre à nu les gan-glions cérébraux, il faut enlever la voûte de la tête avec une lame bien tran-chante de scalpel agissant horizontalement (Trad.).

2. Pour le système nerveux du tube digestif et les organes des sens, voyez les ouvrages généraux, et Strauss-Dürkheim, *Considérations générales sur l'anatomie comparée des animaux articulés*, etc. Paris, 1828.

réunion de quatorze segments, sont modifiés de manière que les trois premières paires fonctionnent comme orga-

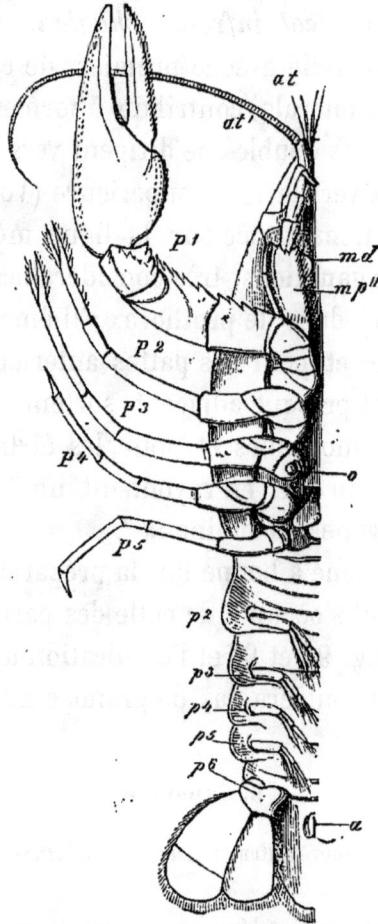

Fig. 102. — Vue ventrale des membres de l'*Astacus fluviatilis* (d'après Gegenbaur).

at, antennes médianes ou supérieures ; *at'*, ant. latérales ou inférieures ; *md*, partie de la mandibule ; *m p'*, patte maxillaire III recouvrant les autres parties buccales ; P¹ P⁵, pattes ambulatoires ; *o*, orifice de l'oviducte dans la base de l'articulation de la troisième paire de pattes ambulatoires ; *p² p⁵*, pattes natatoires de l'abdomen ; *p⁶*, nageoire caudale ; *a*, anus.

nes des sens, les six paires suivantes comme organes buccaux et les cinq dernières comme pattes. Après cette partie

céphalo-thoracique vient un abdomen articulé, consistant
en sept segments, et portant cinq paires de pieds nageurs,
et la nageoire caudale en forme d'éven-
tail (*Pinna caudalis*) formée du septième segment et des appendices du
sixième (fig. 102).

La face dorsale du bouclier qui re-
ouvre la tête et le thorax constitue
la *carapace*; elle s'étend latéralement
jusqu'à la base des pattes et renferme
les branchies; elle est partagée en une
moitié antérieure et une moitié postérieure par le *Sillon cervical* qui se termine au niveau des antennes externes.

Pour la classification[1], il est important de distinguer sur la carapace une
suite de régions plus ou moins marquées, limitées par des sillons et des
enfoncements de différentes sortes; les
plus importantes de ces régions sont
pour nous :

Fig. 103. — Parties buc-
cales de l'*Astacus flu-
viatilis* (d'après GEGEN-
BAUR).

md, mandibule avec ses
palpes; *mx*, première
maxillaire; *mx'*, deuxième
maxillaire; *mp*, première
patte-mâchoire; *mp'* deuxième pat.-mâch.; *mp'*,'
troisième pat.-mâch.; *c*,
appendice de la seconde
et de la troisième paire
de pattes maxillaires,.se
divisant en une hampe
(Scapus) et un fléau
(flagellum).

1. Les régions frontale et orbitaire,
Regio frontalis et orbitalis, dont la
première, située entre les cavités orbitaires, se distingue par un prolongement pointu, le *Rostre*, triangulaire,
armé latéralement d'un fort piquant et
recouvrant presque les yeux.

2. La région *cardiaque*, rectangle allongé, *Regio cardiaca*,

_____

1. Pour l'étude spéciale, je recommande l'excellent ouvrage de C. HELLER,
Die Crustaceeen des südlichen Europa, Crustacea Podophthalmia, Vienne, 1863.

sur la ligne médiane dorsale de la moitié postérieure de la carapace.

3. Les régions branchiales, bombées latéralement.

4. Les régions ptérygostomiales, situées à côté de la bouche.

5. La région faciale, située entre le front et l'orifice buccal.

Parmi les appendices segmentaires modifiés, dont nous avons parlé, il faut observer :

1. Les deux yeux, très-visibles, portés par des pédoncules mobiles à deux articles (pédoncules oculaires).

2. Les antennes médianes (internes)[1] (*Antennulæ* seu *Antennæ superiores* s. *mediales*, etc.,) qui naissent sous les yeux et portent sur une mince hampe à trois articles deux filets délicatement articulés (fig. 102).

3. Les antennes latérales (externes)[2] longues, *Antennæ* seu *Antennæ inferiores* s. *laterales*), qui s'insèrent sur le bouclier antérieur, carré, placé devant la bouche ou *epistomium* (sternum du segment antennal); elles sont libres (*Antennæ liberátæ*), possèdent une hampe à trois articles, fortement aplatie, à la base de laquelle naît un appendice assez large la recouvrant comme une feuille et finissant en une forte pointe (*spina antennalis*). Le filet est long et est formé de nombreux articles.

Sous l'épistome est l'aire buccale (*area buccalis*) ; derrière son bord antérieur est le palais (*palatum*), auquel se rattachent en arrière les *mandibules* (fig. 103) garnies de dents molaires; devant les mandibules ou devant la bouche est placé un grand lobe médian : la lèvre supérieure ou *labrum*; latéralement et postérieurement à la bouche sont placées

1. Désignées aussi comme supérieures, premières ou antérieures.
2. Désignées aussi comme inférieures, deuxièmes ou postérieures.

les deux petites lèvres inférieures, oblongues (*labium,
metastoma* Huxley); après les mandibules viennent la première paire [1] (interne), la seconde paire (externe) de mâchoires, puis les trois paires de *pattes-mâchoires.*

Le dernier des cinq segments sternaux est uni au quatrième par une articulation mobile. Les trois premières pattes

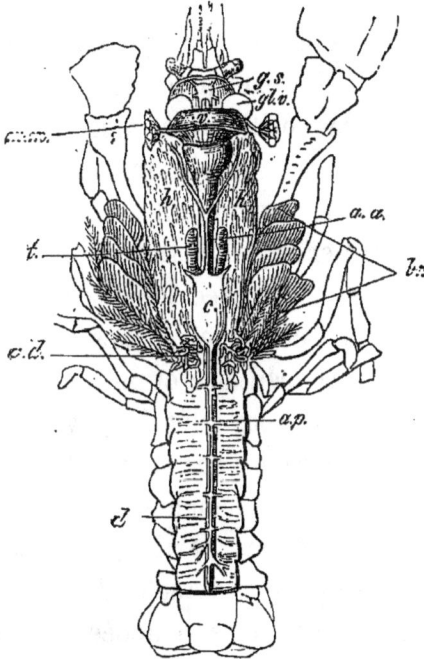

Fig. 104. — *Astacus fluviatilis* après l'enlèvement de la carapace; 1/2 gr. nat.

gs, ganglions œsophagiens supérieurs; *gl*, glande verte; *v*, estomac; *m,m*, muscle
    masticateur; *hh*, foie; *c*, cœur; *a.a*, aorte antérieure; *t*, testicule; *v.d*, canal
    déférent; *br*, branchies; *ap*, aorte postérieure; *d*, intestin.

thoraciques sont munies de pinces (*pedes cheliformes*); on
désigne leur avant-dernière articulation sous le nom de
carpe, son prolongement pointu, immobile, sous le nom d'*in-*

---

1. Aux mâchoires et aux trois paires de pieds marcheurs, on distingue encore (1) : la partie maxillaire, intérieure, très velue (*Endognathe*), (2) la partie
médiane (*Mésognathe*); aux mâchoires et à la première paire de pieds maxillaires (3), la partie extérieure (*Exognathes*, appendice tactile). — Voyez HELLER, *l. c.*

dex, et l'articulation terminale insérée à la base du dernier sous le nom de *pouce*.

On désigne les articles des pattes par les mêmes noms que chez les Insectes : *coxa, ischium, fémur, tibia, tarse, dactyle* ; pour les pieds munis de pinces, la troisième article s'appelle bras, le suivant avant-bras. Aux segments abdominaux sont attachés les pieds nageurs (voyez fig. 102) déjà nommés, ayant chacun un appendice interne « *endopode* », et un appendice externe « *exopode*. »

Pour bien voir la position des viscères, il faut enlever toute la carapace ; on coupe d'abord prudemment, avec le scalpel, la membrane tendue entre le bord externe de la carapace et le dernier segment thoracique ; on pénètre ensuite avec des ciseaux ou avec les ciseaux-pinces dans la région branchiale ; on coupe les parties latérales de la carapace jusqu'à son bord orbitaire et on réunit par une coupe transversale les deux coupes latérales ; ayant séparé ainsi le tergum des moitiés tergales des flancs, lesquelles tombent aussitôt, on n'a plus qu'à détacher doucement le tergum, pour voir une moitié des parties internes représentées dans la fig. 104. Les plaques dorsales des segments abdominaux doivent alors encore être détachées en les coupant sur les côtés ; en les enlevant on doit faire attention à l'*aorte postérieure,* qui s'étend très superficiellement sur la ligne médiane dorsale de la dernière partie du corps. On voit maintenant (fig. 104) : en avant, les deux *glandes vertes, gl. v;* l'estomac volumineux, *v;* des deux côtés, le foie divisé en deux grands lobes; *h h;* au milieu le cœur, irrégulièrement polygonal, *c ;* devant et sous celui-ci les deux lobes antérieurs des *testicules*[1] qui se réunissent au-dessous du

---

1. Ou des ovaires, qui ont une forme analogue.

cœur avec un troisième lobe (impair) *t;* à côté du cœur et
derrière lui, les *canaux déférents;* sur la face dorsale de
l'abdomen, au-dessous d'une couche de muscles, l'*intestin,*
d, avec l'*aorte postérieure, a p.*

La situation respective des organes nous indique l'ordre
dans lequel nous devons les examiner.

Système circulatoire[1]. — Le cœur est entouré d'un *péri-*
carde mince, *sinus veineux,* à la paroi duquel il est fixé par
six ligaments; un égal nombre de fentes ou *stigmates,* se fermant par des valvules tournées vers l'intérieur du cœur, permettent l'entrée du sang au moment de la diastole. Deux de
ces ouvertures sont situées latéralement, deux sont sur la
face supérieure et deux sur la face inférieure du cœur.
Des trois artères qui sortent de la partie antérieure du
cœur, celle qui se dirige vers la tête, au niveau de la
ligne médiane dorsale, est désignée sous le nom d'*aorte an-*
térieure; elle se divise en trois branches, et fournit des rameaux aux yeux, aux antennes et aux parties antérieures
du corps. Les deux artères latérales, *artères hépatiques,*
envoient des branches aux organes génitaux et au foie; de
l'extrémité postérieure du cœur sort un grand tronc qui se
divise en une *aorte postérieure,* pourvoyant le post-abdomen,
et en une *artère ventrale* qui se dirige en avant; celle-ci se
divise de nouveau en une branche antérieure et une branche
postérieure, dont les ramifications sont principalement destinées aux membres.

1. On peut injecter le système artériel des Crustacés soit par le cœur, soit
par l'artère postérieure. On peut aussi les injecter par les veines branchiales
qu'il est facile de découvrir. En poussant l'injection dans un artère branchiale
on injecte le système veineux.

Pour l'injection des grosses espèces vivantes Straus-Durkheim recommande
de placer un ajutage dans une veine branchiale et de faire pousser l'injection
avec une très grande lenteur. La matière à injection coule lentement dans le
ventricule, qui la pousse lui-même dans les vaisseaux. La matière à injecter
doit être dans ce cas du lait, du blanc d'œuf, ou de la gélatine.

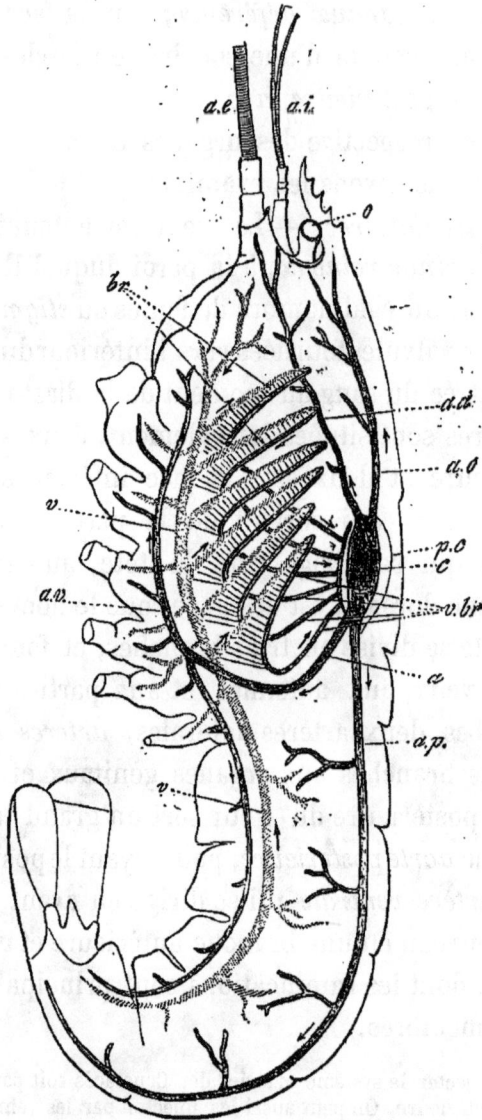

Fig. 105. — Vue schématique de l'appareil de circulation du Homard
(d'après GEGENBAUR).

o, œil; *a.e*, antenne latérale; *a.i*, antenne médiane; *br*, branchies; *l'* cœur; *p.c*, péricarde; *ao*, artère médiane antérieure; *a.a*, artère hépatique; *a.p*, artère postérieure; *a*, tronc de l'artère abdominale; *v*, sinus veineux abdominal; *v*, *br*, veines branchiales; la direction du sang est indiquée par des flèches.

D'un système capillaire bien développé naissent des veines qui débouchent dans plusieurs sinus ventraux ; ces sinus en se réunissant forment le *sinus ventral*, situé dans le canal sternaire, à la base des branchies, qui reçoivent chacune une artère ; les veines branchiales débouchent dans le sinus du péricarde (Gegenbaur, 14).

Système respiratoire. — Les branchies ont un peu la forme d'une pyramide ; elles sont attachées sur la base des pattes maxillaires et thoraciques, et se trouvent dans la cavité formée par les parois latérales de la carapace : une fente située entre le bord libre de la carapace et les bases des pattes y donne entrée à l'eau. A chaque patte, excepté à la cinquième, correspond un faisceau de branchies, et, en outre, à toutes les pattes ambulatoires et à la dernière patte-mâchoire est fixée une branchie filamenteuse.

Chaque branchie est formée d'une hampe médiane, sur laquelle sont insérés de nombreux filaments qui se raccourcissent vers la pointe. L'eau qui a pénétré dans la cavité branchiale en sort par un canal situé près des parties buccales, et susceptible d'être fermé par une large plaque, formée par l'exognathe de la dernière patte mâchoire (pour de plus amples détails, voyez les ouvrages généraux cités).

Système digestif. — L'orifice buccal conduit dans un œsophage musculeux court, mais large (fig. 88), qui s'enfonce presque à angle droit dans un *estomac* volumineux, placé dorsalement et se prolongeant en avant.

Nous distinguons dans l'estomac deux parties, séparées par un rétrécissement : une grande partie antérieure ou *cardiaque*, et une partie *pylorique*, postérieure, plus étroite.

Après avoir encore formé une petite poche borgne dorsale, le pylore se continue par un canal intestinal de grosseur assez égale, qui parcourt en ligne presque droite la face ventrale, et débouche sous la nageoire caudale (voy. fig. 102).

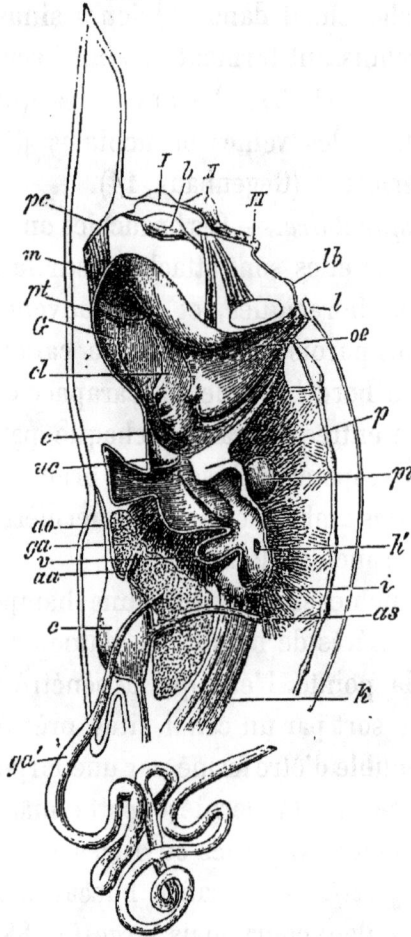

Fig. 106. — Coupe longitudinale d'un *Astacus* (d'après Huxley-Spengel).

La coupe passe en avant dans le plan médian, elle s'en éloigne en arrière.
I,II, III, Sternum des trois premiers segments.

oe, œsophage; *lb*, lèvre supérieure; *l*, lèvre inférieure; *g*, partie membraneuse de l'estomac; *c*, os cardiaque ; *uc*, dent urocardiaque ; *cl*, dent cardiaque latérale ; *pt*, os ptéro-cardiaque ; *pc*, prolongement du crâne ; *p*, valvule située entre le cardia et le pylore ;*pi*, appareil valvulaire inférieur du pylore; *h'*, orifice des canaux hépatiques; *v*, poche médiane dorsale du pylore; *ik*, intestin grêle ; *g a* testicule ; *a'*, canal déférent; *b*, ganglion cérébral ; *e*, cœur; *ao*, artère antérieure; *aa*, artère hépatique (elle fournit des branches aux antennes) ; *as*, tronc de l'artère abdominale; *m* muscle antérieur de l'estomac.

La face interne de la poche stomacale, membraneuse en

grande partie, est remarquable par le développement de
crêtes calcaires et chitineuses, et de différentes protubérances qui forment l'appareil de mastication connù sous le
nom de *squelette de l'estomac*. Il consiste en trois *plaques
dentaires* qui peuvent se mouvoir l'une contre l'autre; elles
occupent surtout la partie postérieure du cardia et le pylore,
tandis que des poils très fins et serrés se dressent dans la
partie antérieure du cardia.

Ce n'est pas ici le lieu de donner une description détaillée
des parties du squelette, auxquelles on donne souvent des
noms d'une construction très compliquée; je renvoie pour
cela aux descriptions très minutieuses contenues dans (19) et
(39); — tout ce qu'il nous importe de savoir est indiqué
dans les fig. 106 et 107.

Outre deux paires de muscles très considérables, une
paire antérieure insérée d'un côté sur les prolongements
crâniens (fig. 106) et de l'autre côté sur l'estomac, et une
paire postérieure, qui vient des parties latérales de la carapace, derrière l'extrémité du pylore, et se rattache surtout
aux os du pylore, fig. 107, on décrit encore d'autres muscles
qui servent au rétrécissement et à l'élargissement de la cavité
stomacale, ainsi qu'au travail de la mastication.

Sous le nom d'*yeux d'écrevisses*, on désigne deux concré-
ments discoïdes de carbonate de chaux, qu'on trouve quelquefois, au printemps et au commencement de l'été, sur les
faces latérales et antérieures du cardia; leur signification
est encore incertaine.

Les larges *conduits hépatiques* se forment par l'union des
conduits de nombreux utricules borgnes, disposés en faisceau, et ils s'ouvrent de chaque côté dans le pylore de l'estomac (fig. 106).

Il n'y a pas de glandes salivaires.

Organes excréteurs. — Dans ces derniers temps, les deux *glandes vertes*[1] (fig. 104), situées en avant de l'estomac, ont été regardées, avec une grande probabilité, comme des reins ;

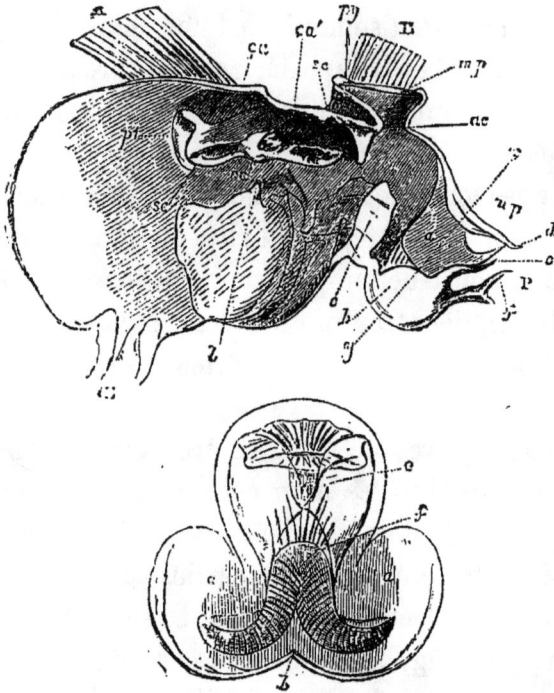

Fig. 107. — Estomac d'un *Astacus* (d'après Huxley-Spengel).

Première fig. : Coupe longitudinale de l'estomac.

A, muscle antérieur ; B, muscle postérieur ; Œ, œsophage ; P, pylor ; *ec*, os cardiaque ; *ca'*, prolongement de l'os urocardiaque ; *ac,* dent urocardiaque ; *py*, os pylorique ; et la commissure transversale, qui va de l'extrémité de l'os cardiaque vers l'os pylorique et l'os prépylorique ; *pl*, os ptérocardiaque ; *se*, os zygocardiaque avec sa grande dent cardiaque latérale *cc* ; *l*, dent inférieure plus petite ; *c*, valvule cardiopylorique ; *b*, crête médiane inférieure du pylore ; *d'*, crête supérieure du pylore ; *up*, os uropylorique ; *x y*, ligne indiquant la coupe. Dans la seconde figure on voit la face antérieure de la partie postérieure séparée. (Explication des figures littéralement d'après, 19.)

en se servant d'une fine soie de porc comme sonde, on trouve facilement leurs canaux excréteurs, situés chacun à

1. Voyez E. Wassiliew, *Ueber die Niere des Flusskrebses*, in *Zoolog. Anzeiger*. Ire Jahrg., n° 10, p. 218-221.

l'extrémité d'une protubérance de la base de l'antenne externe.

Organes génitaux. — Pour les mettre en vue, il est nécessaire d'enlever le cœur, l'estomac, l'intestin et le foie. Nous avons déjà parlé de leur forme. Les testicules et l'ovaire sont trilobés. Les canaux déférents, à contours multiples, ainsi que les oviductes, larges et courts, s'ouvrent au niveau du bord latéral, entre les deux lobes antérieurs et l'unique lobe postérieur; les canaux déférents débouchent à la base de la cinquième paire de pattes ambulatoires; les deux appendices du premier segment abdominal, creusés en avant par un sillon, fonctionnent comme organes de copulation mâles; les oviductes débouchent (fig. 102), près de la ligne médiane, à la base de la troisième paire de pattes ambulatoires.

Chaque lobe des testicules est formé par la réunion de petits utricules borgnes, produisant le sperme et débouchant dans un canal central (19).

L'ovaire consiste en trois poches borgnes, dans le revêtement épithélial desquelles les œufs arrivent à leur développement.

Le *système nerveux* de l'Écrevisse d'eau douce commence par un gros cerveau (*ganglion œsophagien supérieur*), situé en arrière des yeux et des antennes (voy. fig. 104). Il en part de forts nerfs optiques, puis des nerfs pour les deux paires d'antennes, pour l'élargissement en forme de vessie urinaire du canal d'émission de la glande verte, pour l'organe de l'ouïe et pour la partie antérieure de la carapace. En arrière, le cerveau est rattaché, par deux commissures longitudinales très fortes, qui enserrent l'œsophage et qui sont reliées derrière celui-ci par une commissure transversale, avec le ganglion œsophagien inférieur, duquel part la chaîne de ganglions placée sur la ligne médiane ventrale et consistant en cinq autres ganglions thoraciques et six ganglions abdominaux. Les organes buccaux et les pieds maxillaires sont pourvus par le ganglion œsophagien inférieur; les cinq ganglions suivants, plus petits, sont placés dans un canal formé par le squelette; ils envoient des nerfs aux appendices

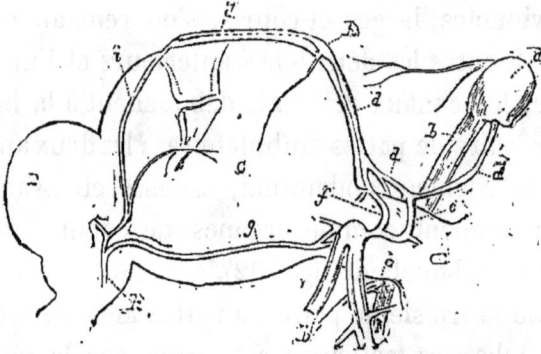

Fig. 108. — Nerfs viscéraux d'un *Astacus* (d'après Huxley-Spengel).

a, ganglions du cerveau; *b*, commissures, celles du côté droit sont coupées et repliées; *c*, faisceau transversal qui les unit derrière l'œsophage; Œ, *ddd*, nerf impair; *h*, ganglion; *i*, rameau latéral du nerf impair qui s'unit avec le nerf latéral postérieur *g*; *e*, nerf latéral antérieur; *f*, nerf latéral médian; *k*, nerf hépatique; P, pylore; C, partie cardiaque de l'estomac.
(Explication de la figure littéralement d'après 19.)

correspondants, aux branchies, aux organes génitaux (dépendant des deux derniers ganglions), et des rameaux musculeux. Les ganglions abdominaux, beaucoup moins considérables, sont reliés par des commissures impaires, excepté les deux derniers; leurs rameaux innervent les muscles et les appendices segmentaires correspondants; le dernier ganglion, qui est aussi le plus gros, pourvoit la nageoire caudale. Pour le système nerveux des viscères, voyez la figure 108 et la description excellente qui en a été donnée par Huxley (19).

L'*organe de l'ouïe*, qui est, avec celui de la vue, le seul organe des sens qu'on connaisse bien, se trouve dans

l'article basilaire de chaque antenne médiane; il présente
la forme d'une fossette (19) assez considérable, à parois
molles, et ayant deux millimètres de profondeur. L'orifice
de cette fossette est caché par des poils très fins et ne devient visible que lorsqu'on enlève ces derniers; on peut le
faire avec des ciseaux à pointes très fines; une sonde très
fine (une soie de porc) se laisse facilement introduire dans
l'orifice.

Huxley décrit (*l. c.*) l'organe de l'ouïe en ajoutant une
explication pour le trouver et le préparer; il recommande
d'éloigner les parois extérieure et intérieure de l'article basilaire, et de couper avec précaution les parties molles. On
voit alors la poche large et délicate attachée par un col plus
étroit au niveau de son orifice, dont les lèvres sont conti-
nues avec ses parois. La poche contient un liquide visqueux,
dans lequel sont suspendues des particules siliceuses.

CHAPITRE X

Parmi les formes nombreuses, réunies de nos jours sous le nom de Vers, nous n'en choisirons que deux appartenant à la classe la plus élevée, celle des Annélides, pour les étudier en détail. Nous prendrons la Sangsue médicinale comme représentant d'une première division, celle des Discophores, et une forme Oligochæte, le Ver de terre, comme représentant d'une seconde division, celle des Chætopodes.

Excepté pour des préparations histologiques faites dans un but spécial, l'alcool à différents degrés de concentration est ce qui convient le mieux pour tuer et conserver la plupart des Vers. Pour les Annélides, il faut qu'il ne soit pas au-dessous de 6 pour 100. On trouve souvent avantageux de les mettre auparavant dans de l'acide chromique ou dans la liqueur de Müller (voyez la partie générale), surtout pour les formes qui se contractent trop rapidement et trop énergiquement dans l'alcool.

Ceci s'applique surtout aux Plathelminthes que, d'après le docteur Græffe, on fait bien de placer entre deux feuilles de carton, dont les bords sont ensuite cousus ensemble.

Les grandes formes d'Annélides destinées à des préparations zootomiques doivent être convenablement ouvertes, pour que le liquide conservateur puisse les pénétrer.

Si, pour étudier le système nerveux, on veut traiter des Annélides entiers avec une solution d'acide osmique ou de chlorure d'or, manipulation qui exige beaucoup de précautions pour réussir, l'animal doit d'abord être ouvert dans toute sa longueur et tenu étendu avec des épingles ; le liquide doit être abondant, mais pas plus concentré que dans le rapport de 1 à 800 d'eau distillée ; le temps pendant lequel l'objet doit rester exposé à l'action du liquide varie naturellement beaucoup, d'une demi-heure à un jour, suivant l'intensité de la lumière, etc. Si la préparation brunit, on peut la mettre dans de l'eau acidulée (une goutte de vinaigre concentré pour 500 grammes d'eau) ; dans la saison froide, on peut l'y laisser de douze à vingt-quatre heures ; moins longtemps pendant les jours chauds. Après ce bain, il faut mettre l'objet dans de l'alcool, dont le degré de concentration dépend naturellement du but qu'on se propose. Au reste, tous ceux qui se servent de ces deux solutions éprouvent quelquefois des déceptions.

PRÉPARATION DES ANNÉLIDES

A. Chætopodes.

Représentant : *Lumbricus agricola* Hoffm.

Sur un *Lumbricus* un peu contracté par l'alcool on peut facilement constater la disposition des poils chitineux en quatre rangées doubles longitudinales. Sur chacun des nombreux segments, limités par deux sillons annulaires assez profonds, on trouve huit de ces poils, qui sont dirigés deux à deux vers les côtés et vers la ligne ventrale.

L'extrémité antérieure du corps est facilement reconnaissable au lobe conique de la tête (Præstomium, lèvre supérieure). Il en est de même de la face dorsale, qui, pendant une partie de l'année (février à août), offre un épais-

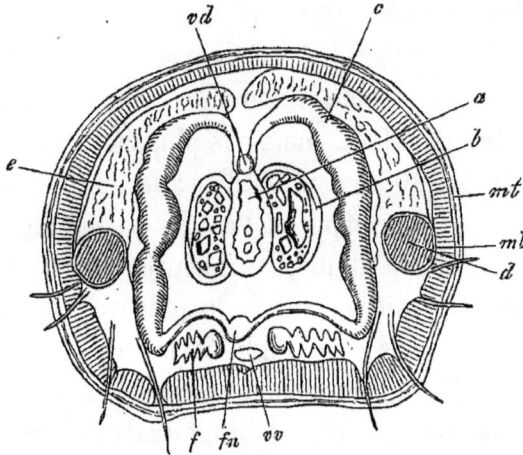

Fig. 109. — Coupe transversale du 11ᵐᵉ segment du *Lumbricus agricola* Hoffm. 8/1, d'après Claparède.

mt, Couche de muscles circulaires ; *ml*, couche de muscles longitudinaux ; *vd*, cana dorsal ; *fn*, canal abdominal ; *vv*, cordon abdominal ; *a*, lumen de l'œsophage ; *b*, poches latérales avec des cristaux calcaires ; *c*, vaisseaux circulaires de nature cardiaque ; *d*, réceptacle seminal ; *e*, testicules ; *f*, coupe transversale de l'entonnoir séminal plissé.
La cuticule et l'hypoderme sont enlevés.

sissement très marqué, à contour nettement délimité et d'une couleur spéciale, la *selle* ou *Clitellum*[1] ; il s'étend ordinairement du trentième au trente-troisième segment et atteint une longueur de 17 à 20ᵐᵐ.

Pour étudier la disposition des organes, il est nécessaire de préparer une série de coupes transversales d'un Lombric durci, et de les observer avec un grossissement conve-

1. Pendant les autres mois cet épaississement est moins marqué, mais il est cependant toujours reconnaissable.

nable. On distingue cinq couches dans la paroi musculo-cutanée[1] : une cuticule rayée, transparente comme du verre ; un hypoderme, consistant en cellules cylindriques ; une couche de muscles circulaires ; une couche de muscles longitudinaux ; le péritoine. Dans l'axe longitudinal du corps se trouve le canal intestinal ; au-dessus de lui, le vaisseau dorsal ; au-dessous, le vaisseau abdominal[2] ; sur la ligne médiane ventrale, la chaîne ganglionnaire ; latéralement, les canaux en lacets.

Les coupes faites à travers la région moyenne du corps sont très instructives ; elles montrent très bien le cloisonnement ou la division du corps par des cloisons saillantes, intersegmentaires, souvent complètes.

Pour étudier l'animal, on l'étend sur la face ventrale et on le fixe au moyen de quelques épingles traversant la partie antérieure et la partie postérieure du corps. On doit naturellement le disséquer sous l'eau. On soulève pour cela avec une pince un pli des téguments, on introduit au-dessous d'eux, avec précaution, une pointe de fins ciseaux, et (en avançant d'abord d'un côté de segment en segment) on enlève toute la portion dorsale des parois du corps, un peu au-dessus des rangées latérales de poils.

---

1. Pour la structure détaillée, surtout des glandes unicellulaires, comparez Leydig : *Ueber Phreoryctes menkeanus*, in *Arch. f. mikr. Anat.*, 1865. — R. Horst, *Aanteekeningen op de Anatomie van* Lumbricus terrestris L ., in *Tijdschr. der Nederlandsche dierkundige Vereeniging*, Deel III, afl. I, 1876, et A. v. Mojsisovics, *Kleine Beiträge zur Kenntniss der Anneliden*, I ; *Die Lumbriciden Hypodermis* (concernant surtout la structure du Clitellum), in *Wiener Acad. d. Wiss.*, LXXVI, part. I, 1877.

2. La communication directe de la cavité abdominale avec le monde extérieur, par les pores du dos, se trouvant dans la ligne médiane, est très remarquable ; dans chaque sillon intersegmentaire se trouve un de ses pores (Claparède) ; il existe en outre une communication indirecte par les organes en lacets.

Après la bouche[1], placée sur la face ventrale (dans le Peristòmium), vient un pharynx musculeux, cylindrique,

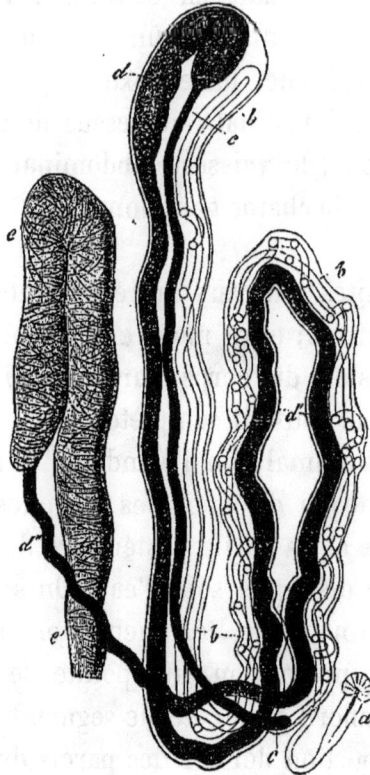

Fig. 110. — Canal en lacet du *Lumbricus*, modérément agrandi, d'après GEGENBAUR.

a, orifice interne; *b b b*, partie transparente du canal formant deux lacets doubles ; *cc*, partie plus étroite à parois glanduleuses; *d*, partie plus large, se rétrécissant de nouveau en *d'*, et se continuant près de *d''*, dans la partie musculeuse *e; e'*, orifice extérieur.
Explication de la figure littéralement d'après (14).

auquel se rattache l'œsophage qui s'étend jusqu'au treizième segment. A sa partie postérieure, l'œsophage est pourvu

1. On trouve des détails exacts sur l'anatomie du Ver de terre dans Claparède, *Histologische Untersuchungen über den Regenwurm* (*Lumbricus terrestris* L.), in *Zeitschr. f. wiss. Zool.*, XIX, p. 563-626.

de trois paires de poches latérales glanduleuses, dont la
première et la plus grande se trouve dans le onzième segment (fig. 109). La signification de ces poches, ou *glandes
calcaires*, est inconnue. Après l'œsophage vient une partie
élargie de l'intestin, le jabot, puis un estomac musculeux;
enfin, dans le dix-huitième segment, commence le véritable
intestin, avec son invagination dorsale, connue sous le nom
de *Typhlosolis*, dont la destination probable est l'agran-
dissement de la surface absorbante de l'intestin.

Pour isoler le canal intestinal on doit enlever toutes les
cloisons insérées sur sa paroi. Ceci fait, en évitant de blesser les canaux en lacets, on coupe l'œsophage, ainsi que
l'intestin terminal, et on les enlève de la cavité ventrale.
Dans cette opération, qui n'est pas difficile et n'exige qu'un
peu de patience, on doit faire attention à la position des
organes génitaux, entre les septième et seizième segments,
ainsi qu'à la chaîne ganglionnaire située sur la ligne médiane ventrale, et dont les premiers ganglions sont réunis
aux deux cerveaux placés dans le troisième segment au-dessus du pharynx par des commissures qui entourent l'œsophage.

Les canaux en lacets[2] (fig. 110) sont étendus par paires
le long de la cloison latérale de chaque segment, excepté le
premier, et suspendus à la cloison segmentaire postérieure.
Chaque canal commence par un orifice cilié, en forme d'entonnoir (*a*), fait plusieurs tours, se divise en sections di-

---

1. Les yeux manquent, mais on trouve, souvent en grand nombre, dans la
lèvre supérieure, les organes découverts par Leydig, et considérés depuis comme des papilles du goût. Voyez Leydig, *l. c.*, et le dessin donné par
moi, *l. c.*

2. C. Gegenbaur, *Ueber die sog. Respirationsorgane des Regenwurmes*, in
Zeitschr. f. wiss. Zool., IV, 1852, p. 221.

verses et débouche extérieurement par un pore (e'), près de la paire interne de soies.

Organes génitaux (fig. 111). Dans le treizième segment se

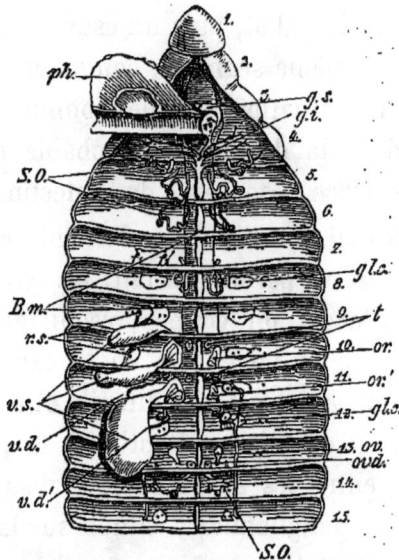

Fig. 111. — Les 15 premiers segments du *Lumbricus agricola* Hoffm ouverts sur la ligne médiane dorsale ; la plus grande partie du tube digestif a été enlevé ainsi que les vaisseaux sanguins, d'après Rolleston.

1-15, du premier jusqu'au quinzième segment ; *ph*, la moitié droite du pharynx est rabattue vers la gauche ; *gs*, cerveau ; *gi*, premiers ganglions de la chaîne ventrale ; S. O, organes segmentaires ; *r.s*, réceptacle séminal ; *v.s*, vésicules séminales « testicule » ; *v.d, v.d'*, canal déférent ; *t*, testicules ; ceux du côté opposé ne sont pas indiqués ; *o.r*, orifice en entonnoir du canal déférent ; *gl.c*, glandes capsulogènes ; *ov*, ovaire, celui du côté opposé n'est pas indiqué ; *ovd*, oviducte avec un large orifice abdominal ; B.*m*, chaîne ganglionnaire ventrale.

trouvent les deux ovaires, longs de un millimètre et demi ; les oviductes, qui en sont séparés, commencent par de larges orifices infundibuliformes, qui s'atténuent en tubes grêles et débouchent au dehors, de chaque côté, sur la face ventrale du quatorzième segment. Dans les neuvième et dixième segments se trouvent les *réceptacles séminaux*, qui débouchent par un orifice ventral, entre le neuvième et le dixième segment, et par un autre entre le dixième et le onzième.

L'appareil génital mâle consiste en deux paires de testicules, dont les produits de sécrétion achèvent leur développement dans les *vésicules séminales*. Ces dernières sont des poches très bosselées, placées transversalement et communiquant avec les testicules (14).

Les deux conduits séminaux commencent de chaque côté par des orifices en entonnoir; ils se réunissent en un canal déférent simple, qui se dirige encore un peu en arrière, et débouche extérieurement sur la face ventrale du quinzième segment[1].

L'appareil génital présente des diversités extraordinaires par rapport au développement, et même à l'existence de plusieurs des parties nommées ci-dessus; pour constater les différences on n'a qu'à étudier un certain nombre de sujets d'égale grandeur, recueillis vers le même temps de l'année et au même endroit.

Pour le système vasculaire, qu'on ne peut étudier dans tous ses détails qu'à l'aide du microscope, nous renvoyons aux ouvrages généraux déjà cités. Mentionnons seulement ici que les deux troncs longitudinaux sont réunis par des branches transversales entourant l'intestin.

A ces deux troncs (*vaisseau dorsal* et *vaisseau abdominal*), il faut en ajouter un troisième, décrit sous le nom de *vaisseau neural* (voyez Horst, *l. c.*), qui s'étend sous la chaîne ganglionnaire ventrale.

Les commissures transversales des vaisseaux s'élargissent dans la région des organes génitaux en sinus vasculaires cardiaques (voy. fig. 109).

---

1. Deux organes génitaux protractiles, nés de modifications des follicules pileux (14), se trouvent dans le même segment.

B. **Discophores.**

Représentant : *Hirudo medicinalis.*

Une large ventouse presque circulaire est placée à l'extrémité postérieure du corps, la face ventrale est d'un vert
foncé, maculé de noir; l'orifice buccal est situé à l'extrémité antérieure, un peu sur la face ventrale; la lèvre supérieure, assez mince, fait saillie au-dessus de la bouche;
le dos est d'un vert olivâtre, avec des bandes rouges, par-
semées de taches noires.

L'*Hirudo officinalis* a, comme on sait, la face ventrale
d'un vert olivâtre, sans taches, le dos verdâtre avec des
bandes longitudinales d'un rouge de rouille.

Le corps est allongé, et entouré de cercles très visibles,
qui ne correspondent nullement au nombre beaucoup plus

Fig. 112. — Coupe longitudinale de *Hirudo medicinalis* (d'après LEUCKART).
a, bouche; *bb*, diverticulums du canal intestinal; *c*, anus; *d*, ventouse; *e*, ganglions
céphaliques; *ff'*, chaine de ganglions postœsophagiens; *ggg*, organes segmentaires.

restreint des segments de l'animal (il existe quatre à cinq
cercles pour chaque segment).

En examinant la lèvre supérieure avec une loupe on aperçoit des taches pigmentées arrondies, groupées en fer à
cheval sur les trois premiers cercles, puis sur le cinquième
et le huitième (des 95); ce sont les yeux, connus surtout
par les recherches de Leydig. A côté et entre eux se trouvent les organes des sens découverts par Leydig et qui ne
sont visibles qu'au microscope; sur la face dorsale, au-

dessus de la ventouse anale, se trouve l'anus ; entre le vingt-quatrième et le vingt-cinquième cercle se trouve l'orifice génital mâle ; entre le vingt-neuvième et le trentième se voit l'orifice femelle.

Lorsqu'on tue rapidement une Sangsue par l'alcool, il se produit une contraction si énergique du corps, que son long pénis sort beaucoup ; l'orifice vaginal est aussi très visible sur ces sujets.

Avant d'ouvrir une Sangsue, on doit se rappeler la disposition des organes qu'on veut observer : sur la ligne médiane du dos se trouve un vaisseau sanguin considérable (vaisseau dorsal); au-dessous, le canal intestinal avec beaucoup de diverticulums latéraux (onze) et deux longs appendices cæcaux ; sous l'intestin, la chaîne ganglionnaire, logée dans le vaisseau sanguin médian ventral ; sur les côtés, les deux vaisseaux sanguins latéraux.

Pour faire la section, nous posons l'animal sur le ventre, nous le fixons par deux épingles passées à travers la lèvre supérieure et la ventouse anale, et nous enlevons sous l'eau, avec une pince et des ciseaux, une grande partie de la peau du dos ; les parois latérales sont maintenues convenablement étendues par des épingles.

Nous recommandons aux commençants de ne pas ouvrir l'animal par le ventre, parce que l'on enlève ainsi, presque toujours, la chaîne ganglionnaire avec les téguments de la cavité abdominale, ce qu'il faut éviter.

Il est assez difficile, mais absolument nécessaire, d'enlever les cloisons nombreuses, tendres, ressemblant à des diaphragmes, qui séparent, quelquefois incomplètement, les segments. Le vaisseau dorsal et l'intestin (comprenant l'œsophage, l'estomac avec ses diverticulums et le rectum) sont facilement mis à nu ; les autres organes ne le sont que plus

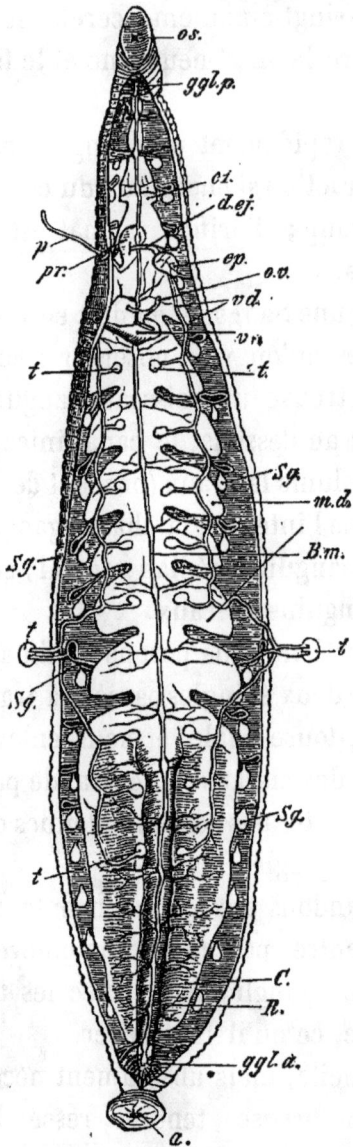

Fig. 113.— *Hirudo medicinalis*, ouverte par la face ventrale (d'après Rolleston).

os, bouche ; *gglp*, première et seconde paire de ganglions infra-œsophagiens ; *ggla*, dernier ganglion ; *ci*, premier diverticulum de l'intestin ; *md*, intestin moyen ; *C.* Cæcum ; *R*, Rectum ; *a*, ventouse postérieure ; *Bm*, chaîne ganglionnaire ; *Sg*, organes segmentaires ; *t*, testicules ; dans les deux qu'on a étalés s'enfonce un appendice fermé du canal à lacets ; *vd*, canal déférent ; *ep*, vésicule séminale (épididyme des auteurs); *dej*, canal éjaculateur ; *pr.* glande prostatique ; *p*, pénis ; *ov*, ovaire ; *v*, vagin.

difficilement. On doit couper avec précaution l'œsophage,
à quelques millimètres en arrière de l'orifice buccal, le rectum en avant de l'anus, et enlever l'intestin très attentivement
avec des ciseaux à pointes fines ou avec le couteau à cataracte qui s'y prête parfaitement ; il faut éviter de trop tirer
avec la pince la partie soulevée. Si l'on a réussi, on aperçoit
alors la chaîne ganglionnaire, consistant en vingt-trois ganglions[1] ; elle est placée sur la ligne médiane ventrale, et enveloppée par le vaisseau sanguin ventral qui est de couleur
foncée. On aperçoit aussi les canaux en lacets qui débouchent
sur la face ventrale et sont disposés en seize ou dix-sept paires,
et, en dedans d'eux, les organes génitaux (fig. 113).

De chaque côté de la ligne médiane se voient neuf à douze
paires de testicules arrondis, dont les conduits excréteurs,
très courts, se rendent dans un canal déférent latéral, ser-
pentant ; celui-ci forme, en se pelotonnant en avant du
premier testicule, une vésicule séminale à parois glanduleuses (14), qui s'ouvre dans un conduit éjaculateur. Ce
dernier se réunit avec celui du côté opposé pour former un
long pénis, auquel est attachée une glande impaire, désignée sous le nom de prostate.

Les organes femelles consistent en une paire d'ovaires,
dont les oviductes courts se réunissent bientôt pour former
un canal dont les circonvolutions sont encaissées dans une
glande albumineuse, et qui, en sortant de cette glande,
s'élargit tout à coup en un vagin ressemblant à une poche
et débouche à l'extérieur dans le point indiqué plus
haut.

---

1. Le cerveau est formé d'une portion supérieure et d'une portion inférieure
réunies par des commissures. Pour d'autres détails, ainsi que pour les organes des sens, voyez LEYDIG (22).

Pour découvrir les trois organes chitineux dentelés, décrits comme des mâchoires, on doit couper la lèvre inférieure et l'œsophage, au niveau de la ligne médiane, et étendre à plat les lobes ainsi obtenus.

CHAPITRE XI

ÉCHINODERMES

A. Holothuridés.

Représentant : *Holothuria tubulosa.*

On conserve les Holothuries et tous les Echinodermes à l'aide de l'alcool. Si l'on ne peut pas examiner les animaux encore vivants, peu d'heures après qu'ils ont été pris, il est bon de s'occuper immédiatement de les conserver. Si on les laisse séjourner un ou deux jours dans un vase, même avec beaucoup d'eau de mer, on peut s'attendre à ce que la plus grande partie évacuent tout leur canal intestinal. Cela arrive fréquemment aussi avec des exemplaires qu'on vient de prendre, qui se sentent secoués, mal à leur aise, ou qui sont mis tout à coup dans de l'alcool. Pour éviter cet inconvénient il est bon d'ouvrir les animaux encore vivants et de les mettre dans le liquide désigné, ou — mais ceci n'est pas recommandable dans tous les cas — de faire deux ligatures, une en arrière de la bouche et l'autre en avant de l'anus, avec une grosse ficelle. On empêche ainsi les sujets de se vider prématurément.

On doit ouvrir les Holothuries par une simple coupe lon-

gitudinale qui doit commencer en avant de l'anus et se
terminer en arrière de la bouche. On fixe les lambeaux des
téguments sur les côtés et on examine les organes mis à
nu. Il n'est pas indifférent de savoir comment et où il faut
faire cette coupe, mais il n'est pas facile de donner une indication précise parce que dans la plupart des cas on ne
peut guère distinguer la face dorsale de la face ventrale.
S'il s'agit de l'*Holothuria tubulosa*, on doit faire la section
le long de la face ventrale qui est légèrement concave et
de couleur plus claire. On se sert d'un scalpel de taille
moyenne, mais très tranchant, dont le fil doit former
l'angle le plus aigu possible avec la face ventrale. Il vaut
mieux couper peu à peu la peau, qui est très dure, que de
la percer avec la pointe du couteau. On distingue facilement
le pôle céphalique de l'anus (voy. fig. 114). Il importe seulement, en ouvrant l'animal, d'éviter les organes placés près
des orifices extrêmes. Nous recommandons pour cela aux commençants d'attaquer d'abord le milieu du corps; ils ne ris-
queront ainsi pas autant de blesser la paroi du cloaque ou
les parties voisines de la bouche (voy. fig. 114).

L'animal étant ouvert, on doit l'examiner sous l'eau. Nous
remarquons les organes suivants :

Après la bouche, entourée de vingt tentacules et fermée
par un muscle annulaire, vient un pharynx ovale, court,
qui conduit dans un tube digestif à parois minces, offrant
la même largeur dans toute son étendue et maintenu par
un mésentère.

L'intestin, à partir de la bouche, décrit deux circonvolutions. Il débouche à l'extérieur, après avoir formé un cloaque court et un peu élargi, pourvu de faisceaux musculaires
transversaux et importants (fig. 114). Dans le cloaque débouchent deux poches ramifiées dendritiquement. L'une,

22

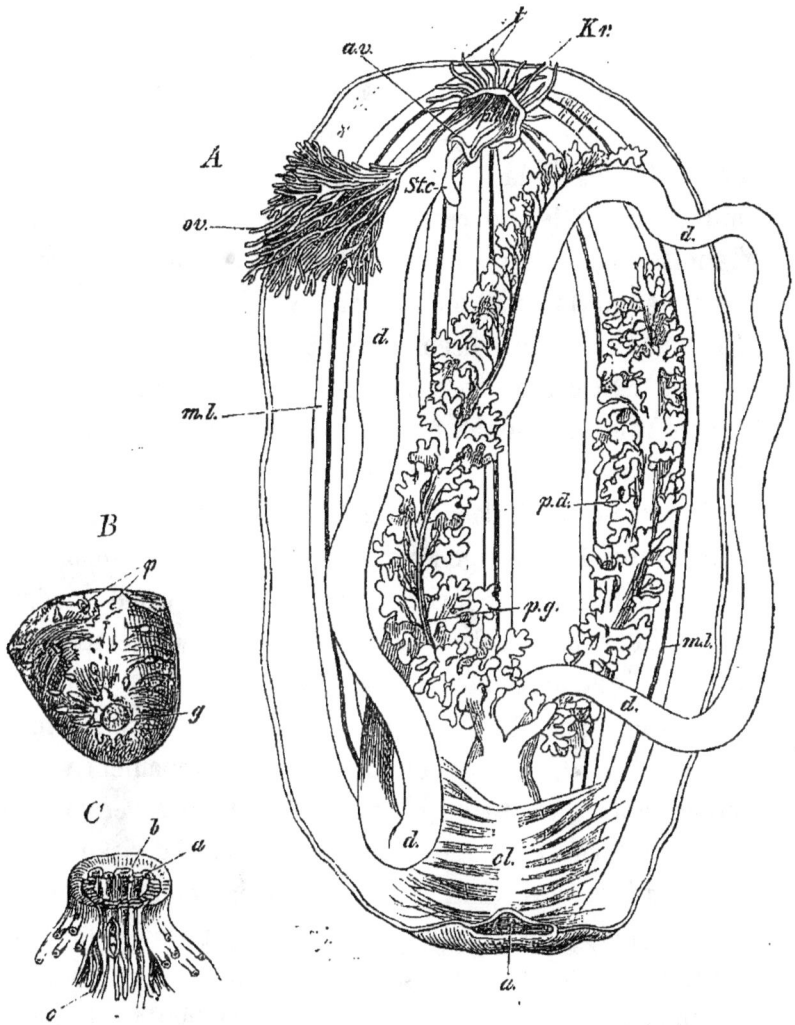

Fig. 114. — *Holoturia tubulosa* ouverte en longueur; les deux lobes sont déployés et fixés. Demi-grandeur nat.

A. *l*, appendices tentaculaires; *K.r*, anneau calcaire; *a.v*, canal annulaire; *S.l.c*, canal pierreux (les vésicules de Poli ne sont pas visibles dans cette figure); *ph*, pharynx; *d.d.d.d*, intestin avec deux circonvolutions; *p.g*, poche aquifère gauche suspendue à l'intestin; *p.d*, poche aquifère droite, suspendue à la paroi du corps; *m.l.m.l*, muscles longitudinaux; *l,c* muscles du cloaque; *a*, anus; *ov*, ovaire.

B. Extrémité inférieure, avec l'anus presque entièrement fermé, d'après Bronn; *p*, pédicelles; *g*, anus.

C. Extrémité buccale avec les tentacules rentrés, se continuant dans des pochettes borgnes; coupe longitudinale, d'après Bronn; *a*, bouche; *b*, tentacules; *c*, leurs prolongements borgnes postérieurs.

celle de gauche, paraît suspendue au tube digestif et entourée d'un réseau de vaisseaux sanguins. L'autre, celle de droite, est fixée à la paroi du corps. Elles remontent l'une et l'autre dans la cavité abdominale jusqu'à l'extrémité antérieure. Elles se remplissent d'eau venant du cloaque. Tandis que certains naturalistes doutent que ces canaux remplissent la fonction de canaux respiratoires aquifères, Huxley (19) a émis récemment l'opinion que ce sont indubitablement des organes d'excrétion[1] ; on croit que les dernières ramifications des canaux aquifères débouchent librement dans la cavité viscérale.

Le système ambulacraire consiste en un canal annulaire, qui entoure l'œsophage au-dessous de l'anneau calcaire (*Kr*) et qui débouche postérieurement dans le canal madréporique. Par des orifices situés près de son extrémité, il communique avec la cavité viscérale.

Comme appendices borgnes, il faut encore citer les *vésicules de Poli*, dont le nombre et le développement varient ; cinq canaux se dirigent du canal annulaire vers la périphérie interne de l'anneau calcaire, où ils se divisent chacun en cinq branches, dont celles du milieu s'étendent entre la paroi du corps et les cinq muscles longitudinaux (*ml*), vers l'extrémité postérieure, sous le nom de troncs vasculaires ambulacraires. Les quatre branches latérales de chacun des cinq canaux entrent dans les tentacules, après avoir (voy. fig. 114 C) émis un prolongement borgne au dehors de l'anneau calcaire, l'ampoule. De chacun des cinq troncs longitudinaux sortent à angle droit de courts rameaux, terminés chacun par une ampoule placée sous la peau ; sur l'ampoule s'élève un petit pédicule terminé par une

---

1. Voyez SEMPER, *Ueber die Cuvier'schen Organen.*

ventouse (pédicelle), soit au sommet d'une papille — comme sur le dos, — soit sous la forme d'un tube cylindrique sortant par un pore de la peau — comme au niveau du ventre (voyez 5).

Des deux côtés de l'intestin courent des vaisseaux sanguins contractiles, qui s'étendent ordinairement jusque dans la paroi du corps (19). Le cercle buccal des vaisseaux sanguins est placé à l'intérieur de l'anneau nerveux et est uni à celui-ci (14) ; de même, les troncs radiaires sont placés plus à l'intérieur que les nerfs.

L'anneau nerveux œsophagien, placé en dehors du canal annulaire, émet cinq troncs longitudinaux, qui, appliqués étroitement contre les canaux aquifères ambulacraires dont il a été parlé, passent avec ceux-ci entre les couches musculaires longitudinale et circulaire.

Les organes génitaux (fig. 114) sont des tubes touffus, ramifiés, placés dans l'extrémité antérieure du corps ; ils s'ouvrent par un orifice commun, situé sur la face dorsale, peu après le cercle de tentacules.

Pour tous les autres détails, surtout relativement aux conditions organiques, encore insuffisamment connues, consultez les ouvrages généraux, et surtout SEMPER : *Reisen im Archipel der Philippinen*, I, *Holothuries*.

B. Echinidés.

Représentant : *Toxopneustes lividus*.

Ce qui a été dit dans la partie générale au sujet des animaux à test dur, s'applique surtout à la conservation des

Échinidés. On doit s'efforcer le plus possible de faire pénétrer le liquide employé par des ouvertures faites dans ce but, parce qu'on trouverait sans cela une pâte écrasée au lieu des intestins qu'on voulait conserver. Après avoir

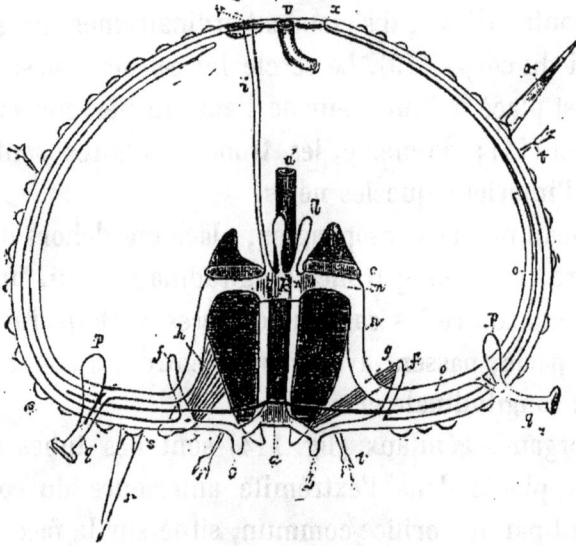

Fig. 115. — Diagramme représentant les rapports des différents systèmes organiques d'un *Echinus*, d'après Huxley-Spengel.

a, bouche ; *b*, dents ; *c*, lèvres ; *d*, alvéoles ; *e*. épiphyses ; *f*, oreillettes ; *g*, rétracteur et *h* propulseur de la lanterne ; *i*, canal pierreux ; *k*, vaisseau annulaire aquifère ; *l*, vésicules de Poli ; *m.n.o*, vaisseau aquifère ; *p*, vésicule ambulacrale, *q.q.* pieds ; *r*, piquant ; *s*, tubercule sur lequel il est implanté ; *t*, pédicellaire ; *u*, anus ; *v*, plaque madréporique ; *x*, tache oculaire.

soigneusement éloigné les piquants, on doit pratiquer les ouvertures sur les côtés, près du péristome, ou (dans les Oursins réguliers) sur plusieurs points de la périphérie du test, mais jamais au niveau des pôles buccal ou anal. Au moyen d'un petit grattoir pointu, ou de la pointe d'une paire de ciseaux, on doit perforer lentement le test, en faisant tourner l'instrument. Il serait désastreux de porter des coups violents.

Pour faire sécher les Oursins, on incise la peau de la bouche, on enlève les mâchoires, on enlève les différentes parties molles par l'ouverture qu'on vient de pratiquer; on rince alors soigneusement le test dans de l'eau douce où on le laisse quelques heures pour ramollir les débris d'intestins qui y adhèrent encore; ou bien, comme Mœbius le recommande, on le met, après le lavage, pendant quelques heures, dans de l'alcool concentré; on le laisse sécher dans un endroit bien ventilé, à l'abri du soleil, et on l'enduit du vernis mentionné page 299.

La conservation de la denture n'offre pas de difficultés.

Mœbius (27) recommande encore de conserver l'intestin dans l'alcool, ou de le faire sécher, à cause des Foraminifères et des Diatomacées qu'il contient quelquefois en grande quantité.

Les grands Échinodermes doivent être injectés avec de l'alcool. (Consultez la partie générale.)

Après avoir examiné les parties intéressantes extérieures de l'Oursin, les pédicellaires buccaux, pourvus de ventouses et placés sur la membrane buccale, les organes à pinces ou pédicellaires, l'arrangement et l'implantation des piquants mobiles (Radioli) sur les papilles; puis les dix branchies creuses placées sur la membrane buccale dans les échancrures interambulacraires, etc.[1], on doit, à l'aide d'une coupe horizontale, portant sur la plus grande périphérie du test, après avoir éloigné les piquants à cet endroit, partager l'animal en deux moitiés, ainsi que l'indique la figure 117 ; on peut se servir de ciseaux-pinces très tranchants, ou d'une forte paire de ciseaux. Il faut user de la plus grande prudence en enlevant une des moitiés du test; il

---

1. La description de ces organes nous mènerait trop loin. Voyez les ouvrages généraux cités.

arrive, en effet, souvent que dans cette opération on déchire l'intestin.

Les organes digestifs commencent par un orifice buccal à peu près rond, situé au centre de la membrane buccale et bordé de lèvres, entre lesquelles se montrent cinq dents

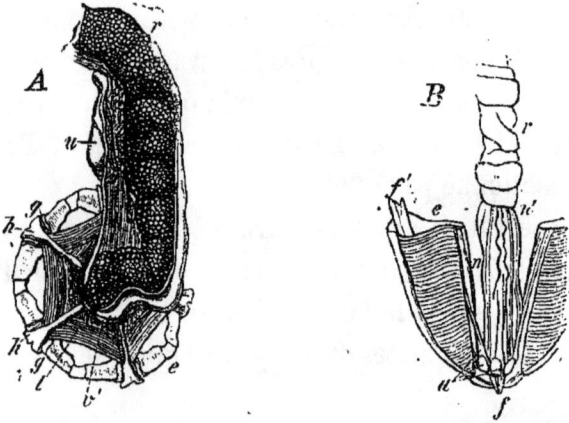

Fig. 116. — A. Péristome intérieur et mandibules, communiquant avec l'œsophage, le cœur et le canal pierreux, d'après Bronn.

e, mandibules ; *g*, pièces intermédiaires, rotules; *h.h*, pièces bifurquées, compas ; *l*, muscles transversaux; *v*, vaisseau artériel annulaire; *n*, cœur; *r*, œsophage.

B. Deux mandibules, écartées pour montrer la naissance de l'œsophage, avec le ligament qui l'accompagne (d'après Bronn).

f, dents ; *a*, fossettes labiales de l'œsophage; *e*, mandibules; *f'*, partie supérieure recourbée de la dent; *n*, pharynx; *n'*, limite de l'œsophage.

aiguës comme des ciseaux, placées dans cinq alvéoles creuses, cunéiformes. Dans chaque alvéole, une ligne médiane indique d'une manière rudimentaire la division des mâchoires en deux moitiés; on y remarque aussi une épiphyse supérieure et un segment inférieur. Les épiphyses de chaque paire d'alvéoles sont articulées, intérieurement et au sommet, avec cinq pièces intercalaires (*Rotules*, fig. 116), placées en rayonnant; au-dessus de ces pièces et parallèlement sont placées cinq pièces (*compas*) un peu courbes, articulées par leur extrémité interne et bifurquées au niveau de leurs extrémités qui sont crochues et dépassent la périphérie de la base de la pyramide. Ces vingt pièces principales forment le squelette buccal connu sous le nom de *Lanterne d'Aristote.*

Comme continuation du péristome extérieur, le péristome intérieur forme l'anneau auriculaire, constitué par des auricules [1] (*Auriculæ*) saillantes, auquel le squelette buccal est suspendu.

Le sommet du squelette buccal est à peu près conique ; il est fixé aux pièces bifurquées par une membrane buccale contractile, et, sur sa base, tournée vers l'intérieur, s'insèrent dix muscles pairs et cinq impairs insérés d'autre part sur l'anneau auriculaire. Les ligaments externes pairs se portent, en divergeant, des échancrures interambulacraires de l'anneau auriculaire vers les extrémités extérieures de deux pièces bifurquées, de manière que chaque branche de celles-ci reçoit ses deux ligaments de deux bords interambulacraires différents. Les cinq ligaments externes droits impairs vont des auricules vers l'extrémité intérieure des pièces bifurquées [2].

Les muscles de tout cet appareil si compliqué sont plus vite préparés que décrits ; on trouve (voy. fig. 115) : 1° Cinq paires de muscles rétracteurs courts et forts, allant intérieurement des auricules vers la face maxillaire externe. 2° Du bord interambulacraire du péristome partent cinq paires de longs muscles masticateurs, insérés sur les pièces arquées qui relient les faces latérales de la pyramide. 3° (voy. fig. 116 *l*).

---

1. Ce sont des prolongements des plaquettes ambulacraires.

2. Voyez 3. — On peut se convaincre facilement de cette disposition des ligaments qui sont mous et transparents, en soulevant une pièce bifurquée avec la pince.

Cinq muscles transversaux supérieurs et courts relient les pièces bifurquées. 4° Des muscles inter-pyramidaux situés dans chacune des fentes qui séparent deux mandibules (cinq en tout[1].)

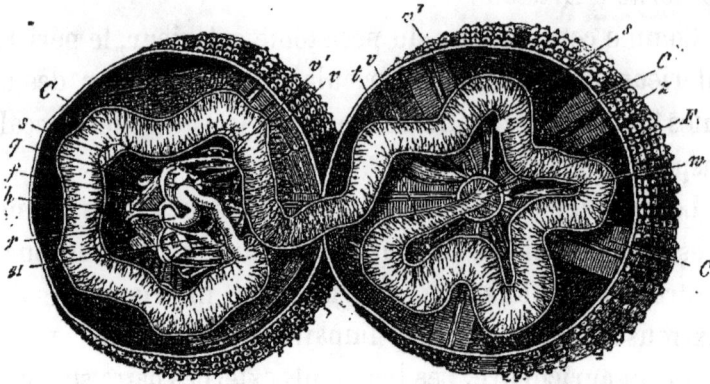

Fig. 117. — *Toxopneustes lividus* Desor (d'après Bronn) coupé horizontalement et ouvert, la moitié abdominale à gauche, la moitié dorsale à droite. Outre l'intestin avec deux demi-circonvolutions, on voit les ovaires et les doubles rangées des vésicules et des pédicellaires avec les vaisseaux correspondants.

C, doubles rangées des vésicules et des pédicelles (ampoules) ; *r*, œsophage ; *s*, intestin ; *t*, rectum ; *F*, anus ; *q*, vésicules de Poli ; *f*, muscles transversaux ; *h*, pièces bifurquées (compas) ; *u*, cœur (?) ; *v*, vaisseau intestinal (artériel) ; *v'*, vaisseau intestinal (veineux) ; *z*, circulus analis ; *uv*, ovaire.

Au pharynx (fig. 116 B), qui commence par cinq tubercules labiaux (*a*) et pui est pourvu de cinq paires de ligaments fixés aux rotules (3), se relie l'œsophage (*r*) ; celui-ci conduit dans un intestin plus large, pourvu d'un cæcum et suspendu à un mésentère mince (fig. 117) ; après deux circuits[2] l'intestin passe dans le rectum qui est plus étroit[3] (*f*).

L'orifice de l'anus se voit dans la fig. 118. Le système

1. Ces muscles rapprochent les mandibules et compriment l'œsophage (3).
2. D'après Brown, il fait d'abord un tour de gauche à droite, il se relève ensuite et fait un second tour de droite à gauche ; chaque plaque ambulacraire coïncide avec une courbe descendante, et chaque plaque interambulacraire avec une courbe ascendante.
3. L'anus a un muscle spécial, le Moteur de l'anus (3).

vasculaire aquifère est formé du canal annulaire (fig. 115
K),qui entoure l'œsophage, et qui est pourvu de cinq appendices vésiculaires pédonculés, les *vésicules de Poli*
(fig. 115). Celles-ci sont appliquées contre la membrane qui
ferme la lanterne au sommet (3). En alternance avec elles,

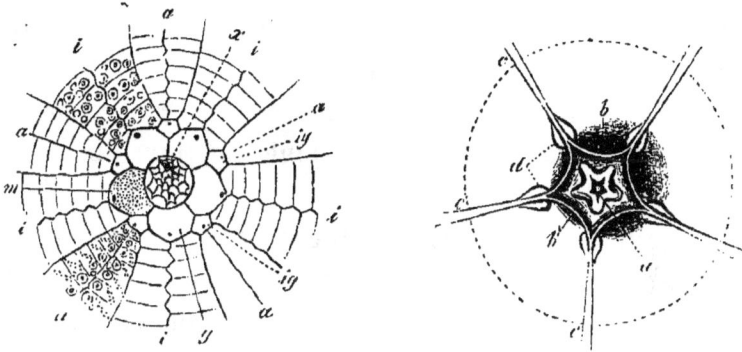

Fig. 118. — Pôle apical d'un test d'*Echinus*, avec les extrémités supérieures
des séries de plaques, d'après Gegenbaur.

a, aires ambulacraires; *i*, aires interambulacraires; *g*, plaques génitales; *ig*, plaques intergénitales; *m*, plaque génitale jouant le rôle de plaque madréporique; *x*
orifice anal dans le champ apical. — Les tubérosités des plaques n'ont été figurées
que sur une des aires interambulacraires et une ambulacraire, et les pores sur une
de ces dernières.
(Explication de la fig. d'après le n° 14.)

Fig. 119. — Système nerveux de *Toxopneustes lividus*, d'après Krohn.
(L'appareil de mastication est enlevé.)

a, coupe transversale de l'œsophage; *b*, commissures des troncs nerveux, formant
un anneau œsophagien pentagonal; nerfs ambulacraires; *d*, attaches qui unissent
entre eux les sommets des pyramides de l'appareil masticateur.

se trouvent cinq troncs ambulacraires radiés, passant sous les
rotules et par les orifices des auricules, pour finir dans
l'anneau vasculaire de l'anus, sur la ligne médiane des
plaques ambulacraires ; d'après le nombre des paires de
pores situés sur ces plaques, ces vésicules envoient des
deux côtés et à angle droit des petits rameaux pour les pédicellaires qui naissent des ampoules (fig. 117 C). Le canal
madréporique monte (à peu près dans l'axe principal du

corps) du canal annulaire vers la plaque madréporique (fig. 115.)

Le système vasculaire sanguin (voy. 9, 14 et 19) consiste en un vaisseau annulaire, entourant l'œsophage, et émettant cinq rameaux ambulacraires (radiés), qui recouvrent les nerfs correspondants (14). On décrit aussi un anneau anal (*Circulus analis*, voy. fig. 117), qui se rattache au vaisseau annulaire œsophagien par un vaisseau élargi dans le bas « le cœur » qui suit la direction du canal madréporique; deux vaisseaux suivent l'intestin, l'un du côté du mésentère, l'autre du côté libre.

Le système nerveux (fig. 119) consiste en un anneau œsophagien de couleur violette et de forme pentagonale, placé au-dessus du plancher de la cavité buccale, et retenu par cinq paires de rubans; les cinq nerfs ambulacraires descendent entre les mandibules et sous les arcades des auricules.

Les organes génitaux, qui ne diffèrent dans les deux sexes que par la couleur[1], sont des glandes assez considérables, lobées, très ramifiées, placées sur les rangées de plaques interambulacraires (fig. 117), et débouchent par un court conduit à travers les plaques génitales du pôle apical (fig. 118.)

C. Astéridés.

Représentant : *Astropecten aurantiacus.*

Pour la conservation dans les liquides et pour la dessication; voyez ce qui a été dit dans les deux articles précédents.

---

1. Les testicules sont d'un blanc jaunâtre, les ovaires d'un brun foncé.

Avant d'entreprendre la section de l'animal, il faut examiner la position des organes les plus importants, comme
nous les voyons dans la figure 120.

Le mieux est d'enlever le test dorsal du corps; ceci se
fait en commençant par les extrémités des cinq bras, et en

Fig. 120. — Vue dorsale, amoindrie avec la plaque madréporique   d'un
Astropecten, d'après BRONN.

enlevant avec les ciseaux-pinces, la peau, qui est coriace
et couverte de nombreuses papilles (la face adam bula-
craire), en suivant exactement la ligne médiane des plaques marginales supérieures (fig. 122 *mps*); on doit faire
attention : 1° à détacher délicatement avec la pince les
appendices stomacaux suspendus à la face antambulacraire,
sans quoi on les déchire ; 2° à n'enlever le péristome dorsal
qu'après que tous les bras, ou du moins leurs bases, sont
dénudés ; 3° avant d'ôter le péristome dorsal, on doit cher-

cher la position de la plaque madréporique, qui est souvent
peu visible dans les exemplaires conservés dans l'esprit
de vin. On doit en faire le tour par une coupe circulaire.
Pour enlever le test, il est bon de couper toutes les cloisons
interradiaires falciformes, excepté la cloison double du
canal madréporique, qui doit être épargnée. Après avoir
éloigné l'estomac, on doit examiner les organes représentés
dans la figure 122, que nous devons encore décrire; qu'ensuite on coupe un bras pour voir comment sont reliées les
plaques ambulacraires (vertébrales), et les plaques adam-

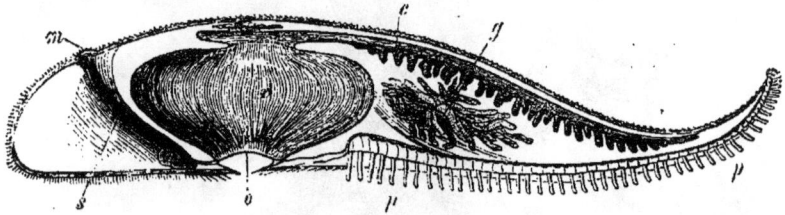

Fig. 121. — Coupe d'un bras et du disque de *Solaster* (d'après GEGENBAUR)
pour montrer la position des organes les plus importants. Vue radiaire d'un
côté et interradiaire de l'autre.

o, bouche; *v*, cavité stomacale; *c*, intestin cœcal radiaire; *g*, glande génitale;
m, plaque madréporique; *s*, canal pierreux avec l'organe appelé cœur; *p*, pédicellaires ambulacraux.
(Explication de la figure d'après 14.)

bulacraires, les plaques marginales supérieures et inférieures[1], ainsi que la formation de la gouttière ambulacraire; enfin, après avoir examiné les pédicellaires vus du
côté ventral (fig. 125), on achève la préparation de l'Étoile de
mer en suivant les lignes médianes des plaques adambula-
craires et en enlevant complètement les pédicellaires avec
leurs petites plaquettes marginales, tout au moins sur un
bras et jusqu'à la face buccale, pour voir le vaisseau an-

---

1. Les plaques interambulacraires intermédiaires servent à remplir l'interstice triangulaire qui se trouve quelquefois à la base des bras.

nulaire aquifère et le canal ambulacraire avec les vaisseaux oranges[1] ; il est utile d'enlever aussi une partie des rangées latérales de piquants.

De la bouche, placée sur la face ventrale, on arrive dans un estomac spacieux, pourvu de cinq boursoufflures radiées ; chaque boursoufflure émet deux intestins borgnes (donc dix en tout) pourvus de rameaux latéraux saillants ; il n'y a pas d'anus (fig. 123.)

Le système des vaisseaux aquifères commence par la plaque madréporique calcaire, poreuse, d'où le canal madréporique se dirige, en passant par un septum double, interradiaire[2] (canal utriculiforme) vers le vaisseau annulaire aquifère, qui reçoit cinq conduits interradiaires venant d'appendices piriformes, pédonculés, borgnes, « les vésicules de Poli. » Des deux côtés de ces vésicules se trouvent les appendices en forme de grappes (appelés aussi corpuscules bruns ou corpuscules de Tiedemann), qui ont chacun un orifice débouchant dans le vaisseau annulaire aquifère[3]. De ce vaisseau partent cinq troncs radiaires qui passent par la gouttière ambulacraire, et dont les rameaux se placent entre les prolongements transversaux de chaque paire de plaques ou « vertèbres », à côté de la ligne médiane, s'élargissent ensuite dans les ampoules ; celles-ci à leur tour donnent naissance aux pédicellaires qui rentrent dans la gouttière ambulacraire.

Ludwig a décrit récemment sous le nom d'*organe central du système vasculaire sanguin* un cœur formant un enchevêtrement très compliqué de vaisseaux, enfermé dans un

1. Pour la véritable signification de ces vaisseaux, voyez les ouvrages généraux ; en particulier : H. Ludwig, *Beiträge zur Anatomie der Asteriden*, in *Zeitschr. f. wiss. Zool*, XXX, p. 99-162.
2. Les quatre autres septa ligamenteux sont simples.
3. Dont ils peuvent être regardés comme des évaginations (H. Ludwig).

canal périhæmal (canal utriculiforme) et longeant le canal

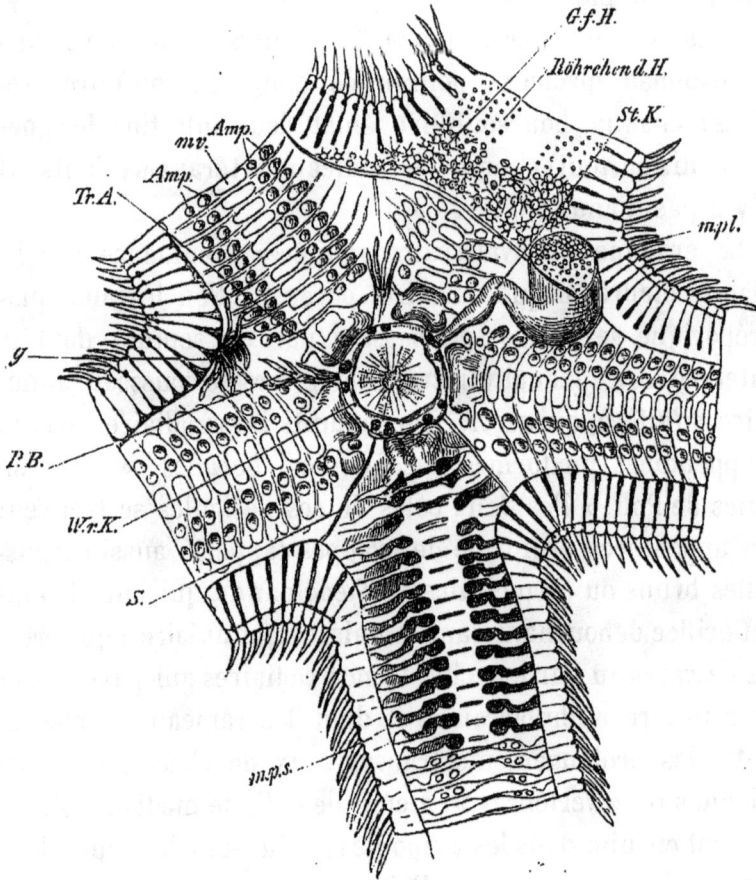

Fig. 122. — *Astropecten aurantiacus*, de grandeur naturelle. Ouvert par le dos ;
l'estomac et ses appendices sont enlevés, ainsi qu'une partie les vésicules de
Poli, les ampoules des vésicules ambulacraires et les organes génitaux.

W.r.K, canal annulaire aquifère ; *P. B*, vésicules de Poli ; *S*, cloison de séparation ;
g, organes génitaux ; *Tr.A*, appendices en forme de grappe ; *Amp.*, ampoules ;
m. v. partie médiane d'une vertèbre ; *G. f. H*, appendices pédonculés, étoilés de la
peau ; *Röhrchen d.H*, petits tubes de la peau ; *St. K*, canal pierreux ; *m.pl*, plaque
madréporique ; *m. p. s*, plaques marginales supérieures.

madréporique. Ce cœur se continue dans un vaisseau annu-

laire[1], décrit par Tiedemann comme un anneau blanc,
dont cinq vaisseaux radiaires se dirigent dans les bras ;

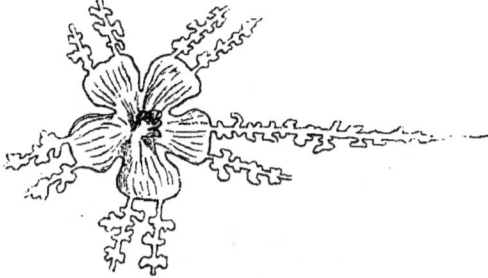

Fig. 123. — Estomac de l'*Astropecten aurantiacus* ; demi-grandeur naturelle;
avec ses appendices dont un seul est reproduit en entier; vue d'en haut.

il existe aussi un vaisseau annulaire dorsal, à partir duquel des vaisseaux se rendent aux organes génitaux et à
l'estomac[2]. Le système nerveux consiste en un anneau buc-

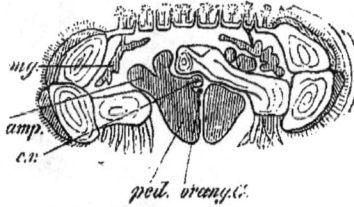

Fig. 124. — Coupe transversale d'un bras de l'*Astropecten aurantiacus* ; dessiné
un peu plus grand que nature ; à gauche on voit l'union du canal radiaire,
des pédicellaires et des ampoules, en haut les papilles de la face ambulacrale, latéralement et en haut les plaques marginales supérieures; au-
dessous de celles-ci, les plaques marginales inférieures; à gauche, en bas,
une plaque adambulacrale; à droite, une pièce vertébrale ou ambulacrale.
m.g, appendice de l'estomac; *amp*, ampoule; *c. r*, canal radiaire ; *ped*, pédicellaires ;
orang. G, vaisseau orange.

cal pentagonal, d'où partent cinq rameaux radiaires, se dirigeant sur la ligne médiane des gouttières ambulacraires,
en dehors des troncs vasculaires aquifères (fig. 124 et 125)

1. Il est placé entre deux canaux annulaires périhæmaux (un canal interne
et un externe); de même le vaisseau radiaire est contenu dans un canal
périhæmal radiaire.
2. Ces vaisseaux sont logés aussi dans des canaux périhæmaux.

Pour les organes des sens, voyez 9 et 14.

Les petits tubes de la peau, creux, coniques, placés sur la face dorsale du péristome, ont été décrits comme des branchies cutanées (fig. 122).

Les organes génitaux[1] (fig. 121, 122) sont interradiaires;

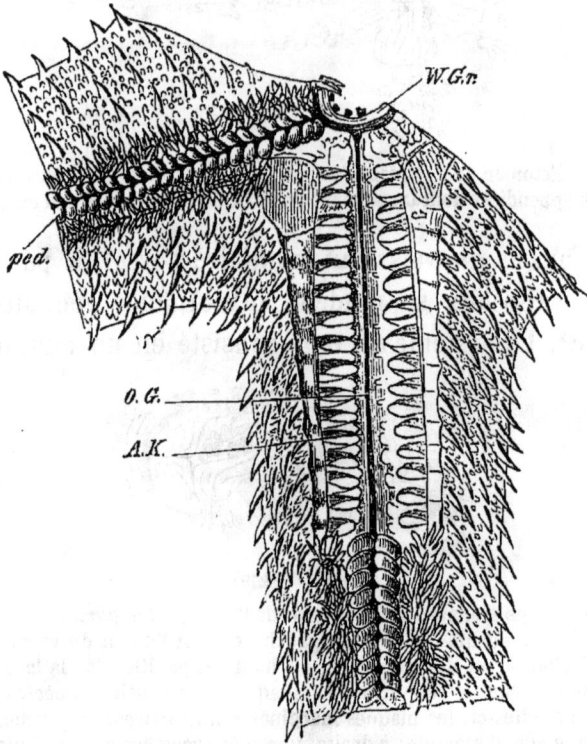

Fig. 125. — *Astrospecten aurantiacus.* Vue abdominale de deux bras, grandeur naturelle, représentés en partie; sur l'un des bras on a enlevé partiellement les pédicellaires ambulacraux et les piquants qui se trouvent des deux côtés.

W.G.r, vaisseau annulaire aquifère; *O. G*, vaisseau orange; *A.K*, canal ambulacral; *ped.* pédicellaires ambulacraux.

ce sont des glandes utriculaires, ramifiées, placées à côté d'un septum, et débouchant à l'extérieur à l'endroit même où ils sont fixés. (Ludwig.)

1. Les ovaires sont d'un brun jaunâtre, les testicules sont blanchâtres (5).

CHAPITRE XI

CŒLENTÉRÉS

Ce n'est que depuis peu de temps que nous avons appris à connaître plusieurs méthodes qui rendent possible de conserver en bon état, c'est-à-dire dans leur état à peu près naturel, les formes les plus délicates des Cœlentérés.

Pour conserver des animaux entiers, quelquefois assez grands, du type des Cœlentérés, afin de pouvoir les examiner au microscope, on se sert le plus généralement et avec le plus de succès d'alcool absolu, quoiqu'il décolore la plupart des objets et que tous soient plus ou moins contractés. Ce sont surtout les plus grands Discophores, tels que le *Potta marina* qui est très commune à Trieste, le *Rhizostoma Cuvieri*, qu'on jette immédiatement dans de l'alcool anhydre, renouvelé après quelques jours. Lorsqu'on a répété cette opération plusieurs fois, l'animal est devenu beaucoup plus petit, parce qu'il a perdu une énorme quantité d'eau ; cependant les parties les plus importantes sont bien conservées.

De petites formes de Méduses, de Polypes nageurs, etc. (d'après Möbius jusqu'à un diamètre de 5 cent.) peuvent être conservées dans une solution de 5 à 7 0|0 de bichromate de potasse.

Pagenstecher recommande de mettre les Méduses vivantes dans une forte solution de deux parties de sel de cuisine et d'une partie d'alun, de les y laisser vingt-quatre à vingt-huit heures, et de les transporter ensuite dans de l'alcool faible. Martin mélange l'alcool avec une solution d'alun, pour conserver les couleurs des Méduses.

Il est difficile de conserver les Actinies à l'état épanoui ; on recommande à cet effet de mettre les animaux dans un vase rempli d'eau de mer fraîche, et d'y mélanger peu à peu de l'eau douce ou de l'alcool (Möbius) ; cette méthode est quelquefois couronnée de succès, mais elle est souvent infructueuse. On a aussi essayé de tuer ces animaux en ajoutant goutte à goutte de la teinture d'opium, du bichromate de potasse, de l'acide picrique, de la solution de Müller, etc., et on prétend avoir obtenu de bons résultats. D'après Arthur von Heider, on ne peut se fier à aucune de ces méthodes ; elles sont donc peu recommandables. Il recommande de faire geler l'eau dans laquelle l'animal se trouve, méthode qui est tout au moins assez difficile dans l'application ; définitivement l'animal est toujours conservé dans de l'alcool.

Des Actinies durcies dans l'alcool peuvent aussi être utilisées pour faire des coupes, sur lesquelles on peut étudier à la loupe la distribution des organes, après les avoir colorées au carmin ou à l'éosine. Mais des coupes de cette espèce ne peuvent pas servir à l'étude histologique au moyen du microscope composé. La soustraction de l'eau par l'acool produit un tel changement dans les éléments histologiques, qu'il n'est plus possible de les distinguer nettement. A cet effet, il vaut mieux placer l'animal frais dans une solution de 1 p. 100 d'acide osmique. Après cinq minutes, on peut mettre les objets traités ainsi dans de l'alcool à 45 p. 100, et, après vingt-quatre heures, on peut faire les coupes.

Sur de plus grands animaux, ainsi que sur les Actinies, on coupe la partie du corps qu'on veut étudier et on la jette immédiatement dans la solution osmique. Les objets durcis sont coupés dans cet état, ou bien après avoir été placés dans la parafine ; les coupes sont rapidement et parfaitement colorées dans une solution d'éosine et conservées dans de la glycérine phéniquée ou, si on les a traitées à l'alcool et à l'huile de girofle, dans du baume de Canada.

Récemment, on a obtenu d'excellents résultats par la méthode de Hertwig, qui consiste à mélanger de l'acide osmique et de l'acide acétique en parties égales.

La méthode indiquée par F. E. Schulze[1] convient surtout pour tous les petits Cœlentérés transparents ; on arrose les animaux encore vivants, placés dans un petit plateau rempli d'eau de mer, avec une solution de 0,2 p. 100 ou un peu plus d'acide osmique ; on laisse agir la solution pendant deux ou trois minutes ; on fait alors écouler le liquide, et on le remplace par de l'eau distillée pour enlever l'acide qui adhère encore mécaniquement. Les animaux traités de cette manière sont ensuite colorés avec une faible solution de picro-carminate ou d'éosine et renfermés dans de petits tubes de verre avec de l'alcool, ou lutés avec du baume de Canada (d'après le procédé exposé antérieurement), ou mis dans la glycérine phéniquée pour servir de préparations microscopiques. On sait que l'osmium colore et durcit très rapidement, mais ne pénètre pas dans la profondeur des tissus ; je conseille donc de ne prendre pour les recherches histologiques, que des pièces d'environ la grosseur d'un pois. Il

---

1. *Ueber den Bau und die Entwicklung von* Cordylophara lacustris ALLMAN, Leipzig ; W. Engelmann, 1871, p. 14.

n'y a pas de mesure générale quant au temps nécessaire à

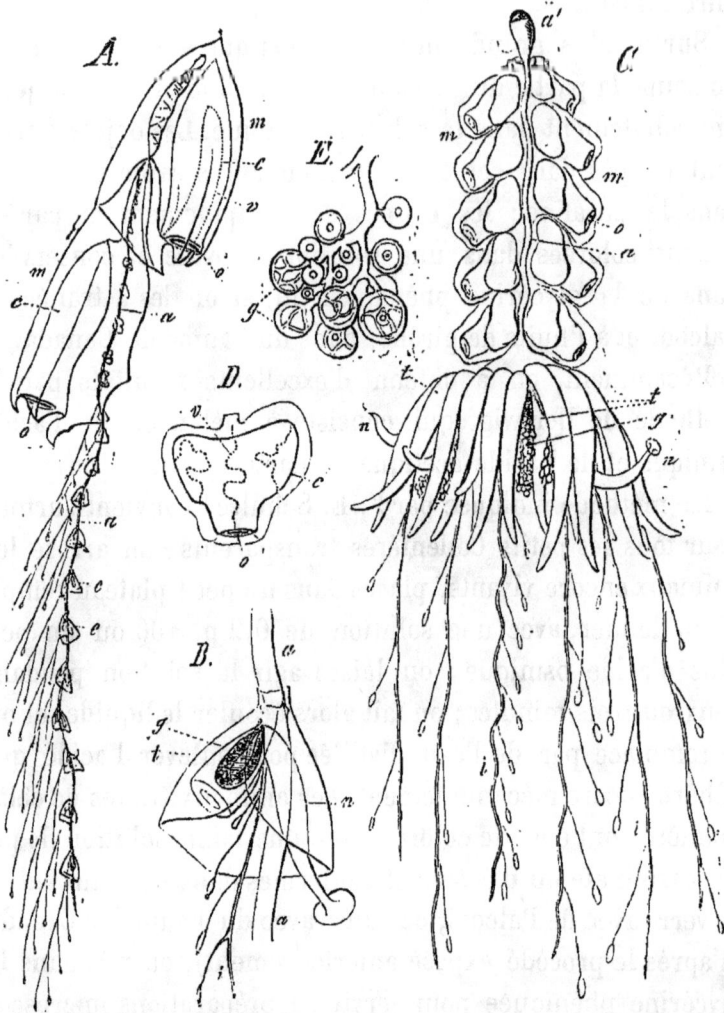

Fig. 126. — A. *Diphyes campanulata* ; B, un groupe des appendices de la souche de ce *Diphyes* ; C, *Physophora hydrostatica* ; D, cloche natatoire isolée ;
E, grappe sexuelle femelle de *Agalma Sarsii* (d'après GEGENBAUR).

a, souche ou axe de la colonie ; a', vésicule aérienne ; m, cloche natatoire ; c, sa cavité,
tapissée d'une membrane contractile ; v, canaux creusés dans la paroi de la cavité
des cloches natatoires ; o, ouverture de la cloche ; t, plaques tutrices (en C elles sont
transformées en organes tactiles) ; n, estomac ; i, fils pêcheurs ; g, organes sexuels.

l'imbibition ; elle varie d'après la qualité de l'objet, et d'après le degré de concentration de la solution employée, de quelques minutes à plusieurs heures et au delà. Souvent il n'est plus besoin alors de teindre les coupes, les moyens ordinaires, tels que le carmin et le bois de campêche n'y suffisent même plus. Ce n'est qu'avec l'éosine qu'on peut encore colorer intensivement quelques éléments, surtout les

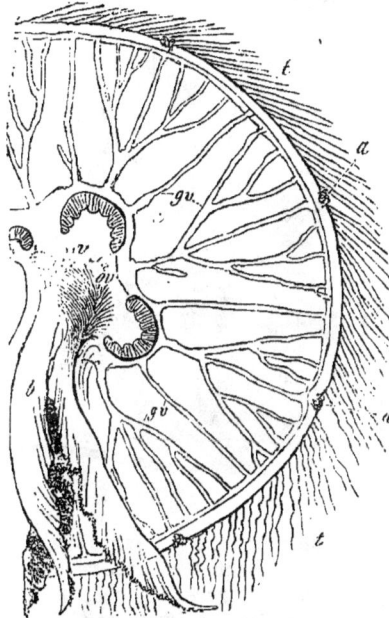

Fig. 127. — Moitié d'*Aurelia aurita*, vue en dessous (d'après GEGENBAUR).

a, corpuscules marginaux ; *t*, tentacules marginaux ; *b*, bras buccaux ; *v*, cavité sto-macale ; *gv*, canaux du système gastro-vasculaire, qui se ramifient vers les bords et se jettent dans le canal circulaire ; *ov*, ovaires.
(Explication d'après le n° 14.)

tissus conjonctifs qui sont restés les plus clairs et les cap-sules urticantes.

Pour les Anthozoaires à squelette calcaire, on recommande, après les avoir tués par l'acide osmique, de les priver de la chaux en les plongeant pendant un mois ou deux dans du vinaigre de bois avec 0,1 p. 100 d'acide chlorhydrique, ou

dans un mélange d'acide chromique et de solution de
Müller. On dit qu'on obtient de bons résultats en faisant
imprégner des morceaux de Coraux par du baume de Canada, et en les séchant et les polissant ensuite.

G. v. Koch a recommandé récemment de préparer les
tranches de Coraux de la manière suivante : des morceaux
aussi petits que possible sont complètement colorés (Koch

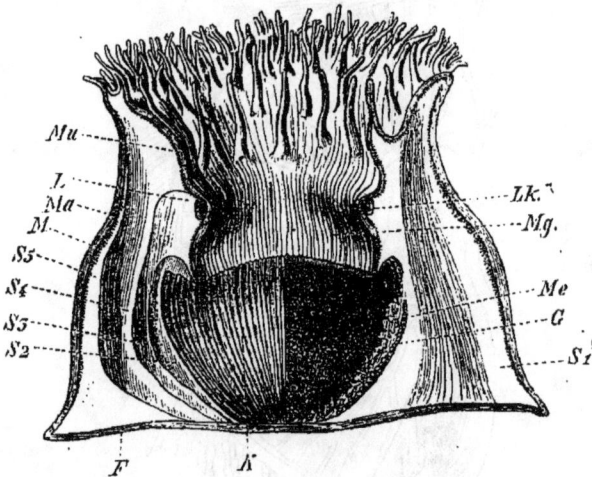

Fig. 128. — Coupe longitudinale avec un premier cycle de douze tentacules ;
à gauche les filaments mésentériques et les organes génitaux sont coupés.
A droite un septum de premier ordre ; à gauche des septums de deuxième
et cinquième ordre ; figure à demi schématique (d'après Heiden).

S¹ S⁵, septums de 1-5, correspondant avec cycles de tentacules 1-5 ; Mu, surface buc-
cale ; Ma, paroi du corps ; M, couche musculaire ; L, voile ; LK, canal du voile ;
My, cavité stomacale ; F, surface du pied ; K, cavité viscérale ; G, organes génitaux ;
Me, filaments mésentériques.

se sert à cet effet d'une solution concentrée de carminate
d'ammoniaque), on les rince et ensuite on en retire l'eau en
les mettant dans l'alcool. Les morceaux sont placés ensuite
sur un plateau avec une solution très faible de copal dans
le chloroforme ; on fait évaporer la solution aussi lentement
que possible (sur une plaque de faïence chauffée), jusqu'à
ce qu'elle se laisse étirer en filaments, qui deviennent cas-

sants lorsqu'ils sont refroidis ; alors on ôte les morceaux du
plateau et on les pose pendant quelques jours sur la plaque
de faïence, pour les faire durcir plus vite. Lorsqu'on ne
peut plus y faire des empreintes avec l'ongle, on partage les
morceaux en plaques très minces, à l'aide d'une scie de
tourneur, et on frotte d'abord un côté de ces plaques sur
une pierre à aiguiser ordinaire, pour les rendre bien lisses;
ensuite on les lute par ce côté, sur un porte-objet, avec du
baume de Canada ou une solution de copal, et on les
place de nouveau sur la plaque de faïence chauffée. Après
quelques jours, lorsque la préparation est devenue entièrement ferme, on la fait passer d'abord sur une meule (ou
sur une pierre plate) et ensuite sur une pierre à polir, jusqu'à ce que la petite plaque ait l'épaisseur voulue. On la
nettoie en la rinçant dans l'eau et on la recouvre de baume
de Canada et d'un coveret.

S'il s'agit de trouver des quantités minimes de matière
organique dans un tissu calcifié, on traite la plaque comme
il vient d'être dit ; mais avant de la mettre sous un coveret
on la place dans du chloroforme, jusqu'à ce que toute la résine en soit sortie ; on la décalcifie alors avec précaution et
enfin on la colore. On prépare encore mieux les parties
organiques sans déranger aucunement leur position, et en
ôtant la résine comme nous venons de le dire ; on place
ensuite la plaque sur un porte-objet avec du baume de
Canada très épais, et on ne décalcifie que la face libre avec
précaution. Pour faire dessécher rapidement les Coraux
(voy. Mœbius, *loc. cit.*), on les laisse macérer dans l'eau
douce pendant deux jours et on enlève ensuite les parties
molles qui recouvrent le polypier. Pour les conservations de
ces animaux dans les liquides, on emploie l'alcool ou l'acide
chromique. Ces mêmes moyens conviennent pour les Éponges.

L'étude des Cœlentérés comporte une véritable préparation macroscopico-zootomique ; les Actinies sont ceux qui s'y
prêtent le mieux, mais seulement après avoir été traitées
d'après une des méthodes décrites; parmi les Actinies qui
vivent dans le golfe de Trieste, il n'y a que le *Cerianthus
membranaceus* qu'on puisse préparer à l'état frais; il ne se
rétrécit relativement que fort peu, même exposé à des irrita-
tions mécaniques très grossières; il peut donc être fendu
par une coupe longitudinale et fixé avec des épingles pour
être examiné sous l'eau.

Toutes les autres espèces se contractent, à la moindre irri-
tation, en une boulette informe.

Chez les Hydroméduses et les Acalèphes, dont la structure
anatomique ne peut être étudiée qu'au microscope, l'étude
macroscopique ne peut s'étendre qu'à la reconnaissance et
à la signification des organes reconnaissables à l'œil nu.
Cette dernière condition disparaît entièrement chez les
Eponges dont les caractères spéciaux, à de rares exceptions
près, ne peuvent être déterminés que microscopiquement.

Je renvoie aux deux figures ci-jointes (fig. 126, 127),
pour s'orienter dans l'examen des groupes nommés en premier lieu.

Nous examinerons, rapidement de plus près, au moins un
représentant des Cœlentérés, le *Sagartia troglodytes* GOSSE[1],
qui est commun à Trieste.

La figure 128 nous montre son organisation, autant
qu'elle peut être vue dans une coupe longitudinale : le
disque buccal (M*u*) communique directement avec le tube
stomacal (M*g*); la cavité du corps est limitée par ces deux

---

1. Voyez la belle monographie de cet animal par Av. HEIDER : *Sagartia troglodytes* GOSSE; *Ein Beitrag zur Anatomie der Actinien*, in *Wiener Academie
Sitzungsber.*, I, Abth., 1877.

parties, ainsi que par la plaque pédieuse (F) et la membrane murale (Ma). Les septums (S1 jusqu'à S5) partent de la paroi du corps; ils divisent l'intérieur en de nombreux compartiments « espaces interseptaires », qui débouchent librement dans la cavité centrale de l'animal, et qui communiquent par en haut avec les cavités des tentacules correspondants. Les cloisons sont de minces lamelles, transparentes chez l'animal vivant; elles se distinguent en général par des faisceaux de muscles longitudinaux régulièrement distribués (l. c.)

Une partie seulement des cloisons s'étend jusqu'au tube stomacal et s'y insère; les autres restent libres depuis le bord intérieur du disque buccal jusqu'à leur base et se divisent en plusieurs groupes qui sont en rapports très directs avec les rangées de tentacules. Un tentacule correspond à deux cloisons; les septums alternent de telle manière qu'entre deux paires qui traversent toute la largeur de la cavité supérieure et qui s'insèrent au tube stomacal, il s'en trouve dont les bords internes sont libres. D'après A. V. Heider, on appelle les premières, des paires complètes, et les secondes, des paires incomplètes de cloisons.

Les tentacules du premier, deuxième et troisième cycles correspondent à des paires de cloisons complètes, ceux des trois cycles suivants à des paires incomplètes.

Près de l'endroit où le disque buccal se confond avec la membrane murale (fig. 128), il n'y a que des cloisons complètes[1]; chaque paire enferme un espace interseptaire et communique avec un tentacule.

Au fond de la cavité du corps, les bords libres des cloisons sont couverts en partie par les filaments mésentéroïdes (Me),

1. En tout il y en a 96.

qui sont des corps munis de nombreuses glandes et de capsules urticantes, fonctionnant comme des organes de sécrétion et servant aussi d'armes offensives et défensives, et en
partie par les organes génitaux.

La bouche est une longue fente elliptique, entourée par
les lèvres (L); les cloisons complètes ne s'insérant pas par
toute leur longueur sur le tube stomacal, mais laissant
une partie libre dans la région des lèvres, il se forme ainsi
ce qu'on appelle le canal labial (L*k*). En examinant les tentacules à la loupe on reconnaît à leur extrémité une petite
ouverture.

CHAPITRE XII.

PROTOZOAIRES.

Pour étudier les Protozoaires, on établit ce qu'on appelle des cultures. De petites cuvettes plates en verre sont remplies d'eau tirée d'un marécage ou d'un réservoir (on fait de riches trouvailles dans l'eau des bassins des jardins botaniques); on les couvre avec du tulle ou du papier brouillard pour les préserver de la poussière, et, après les avoir examinées avec soin, on y met les étiquettes voulues. Pour prendre de l'eau dans les petites cuvettes ou dans des réservoirs peu profonds, on se sert de tubes de verre de la longueur voulue; on les plonge verticalement dans l'eau, en fermant l'extrémité supérieure avec le doigt; arrivé à l'endroit désiré, on soulève le doigt, on laisse le tube se remplir en partie, on le clôt de nouveau, et on fait tomber des gouttes dans un récipient ou sur le porte-objet. Pour se rendre plus vite compte de ce que contient l'eau qu'on a récoltée ainsi, on fait tomber simplement une seule goutte d'eau sur un grand nombre de porte-objets, on les recouvre d'un coveret et on les examine à un faible grossissement.

On fait bien de ne pas se laisser distraire par d'autres

phénomènes intéressants, si l'on est à la recherche de Protozoaires déterminés; on obtiendrait ainsi peu de résultats.

Si l'on veut examiner longtemps un Protozoaire sous le microscope, on doit prendre soin de le tenir mouillé au moyen d'un petit morceau de papier brouillard imbibé d'eau ou bien au moyen d'un petit tube, etc. Si l'on veut empêcher la préparation de se dessécher pendant longtemps, on fabrique un cadre de papier brouillard un peu plus grand que le coveret, on le mouille et on recouve le tout avec un gobelet de verre fermant bien; la conservation dans des gouttes suspendues est une méthode très recommandable; on se sert à cet effet soit d'un porte-objet très creux, soit de ce qu'on appelle une Jodkammer, ou bien on fait quatre supports de cire, qu'on fixe sur le porte-objet, d'après la forme du coveret; on dépose une goutte du liquide qu'on veut examiner sur le coveret, on retourne celui-ci, c'est-à-dire on le pose sur les pieds de cire ou sur le cadre de papier de telle manière que la goutte soit à la face inférieure; on dispose tout autour du papier brouillard bien humecté, et le tout est également recouvert d'un gobelet.

Pour retirer des coquilles de Rhizopodes d'un échantillon de terre, on l'étend sur une feuille de papier ou sur une assiette plate et on le laisse sécher; il est très recommandable d'employer à cet effet la chaleur artificielle ou l'action de la lumière solaire. Pendant la dessication, les coquilles des Rhizopodes se remplissent d'air, et si l'on verse l'échantillon lentement dans un verre d'eau, elles restent à la surface ou y remontent, tandis que les parties sablonneuses et vaseuses, plus lourdes, vont au fond. On enlève les coquilles avec un petit tamis; on les fait sécher et, après les

avoir imbibées d'huile de girofle, on les conserve dans le
baume de Canada (F. E. Schulze, Möbius et autres). Malheureusement on ne connaît pas encore de méthode sûre pour
conserver autre chose que les dures coquilles des Protozoaires ; certains Infusoires gardent, il est vrai, à peu près leur
forme primitive quand on y ajoute graduellement de l'acide
osmique ; mais le racornissement qui continue dans la glycérine est ordinairement si considérable, qu'après quelque
temps on peut à peine encore déterminer avec certitude
l'espèce de l'animal.

Fr. Meyer recommande, pour la conservation des Infusoires, d'étendre une partie de glycérine avec quatre parties
d'eau distillée, et d'ajouter, à dix parties de cette solution,
une partie d'acide salicylique [1].

Je ne connais pas encore de méthode permettant de conserver les corps sarcodiques des Rhizopodes.

Quant à l'examen microscopique des Protozoaires, il faut
recourir aux ouvrages généraux et spéciaux d'histologie
pour connaître les méthodes qu'on emploie afin de trouver
le noyau.

1. M. Certes recommande un procédé de préparation et de conservation des
Infusoires qui consiste à les fixer dans leur forme par l'acide osmique puis à les
colorer et à les conserver dans la glycérine. Il se sert d'une solution de 2 par
ties d'acide osmique dans 100 parties d'eau. Il expose les Infusoires sur une
plaque de verre pendant 10 à 20 minutes aux vapeurs de l'acide osmique ;
ou bien, il place une goutte de sa solution sur le corevet qu'il applique ensuite sur la goutte d'eau contenant les Infusoires. Il colore ensuite soit avec
l'aniline, soit avec le picrocarminate de Ranvier, étendu de glycérine et d'eau,
dans la proportion d'une partie de chacun de ces corps. Il remplace ensuite
la glycérine diluée par de la glycérine pure et ferme les préparations avec du
baume de Canada.

Tout récemment, M. Certes a signalé un moyen de colorer les Infusoires vivants qui facilitera, sans nul doute, l'étude de ces organismes. Il est parvenu
à les colorer avec une solution faible de *bleu de quinoléine* ou *cyanine*. Le noyau
reste incolore, les cils également, ce sont surtout les granulations du proto-
plana qui se colorent.   TRAD.

TABLE DES MATIÈRES

Imprimerie A. Lahure, 9, rue de Fleurus, à Paris.

www.ingramcontent.com/pod-product-compliance
Lightning Source LLC
Chambersburg PA
CBHW061113220326
41599CB00024B/4030